专家寄语

"我国已正式进入 5G 商用时代，继大数据、人工智能之后涌现出的边缘云计算让我们再次瞄准了世界科技的前沿。通过撰写《5G 边缘云计算：规划、实施、运维》，谢朝阳博士用单刀直入的风格引导读者以科学的态度来研究和学习 5G 边缘云计算，同时毫无保留地将其经历或参与的数次 IT 行业重要发展与变迁中积聚的造诣和经验介绍给广大读者。"

——中国工程院院士 倪光南

"5G 边缘云不是 5G 与云计算的简单叠加，在实际应用中有很多新的问题需要研究。本书是谢朝阳博士的《云计算：规划、实施、运维》与《大数据：规划、实施、运维》的姐妹篇，凝聚了作者在科研和工程实践中勤于思考与善于总结的心得体会，可谓是云计算、大数据、5G 边缘云计算共同在规划、实施、运维三部曲上演奏的三重奏。"

——中国工程院院士 邬贺铨

"未来网络迎来发展机遇，5G 边缘云计算将支撑万亿级、人/机/物、全时空、安全、智能的连接与服务。计算不仅是一种技术，同时也是一种思维模式。在《5G 边缘云计算：规划、实施、运维》中，谢朝阳博士按照'云层、雾层、薄雾层和器件层'的分层架构阐述了 5G 边缘云计算课题，并上升到了联邦计算的合众计算范式的高度。"

——中国工程院院士 刘韵洁

"柔性电子可谓是最接近用户的边缘，5G 边缘云计算——第五代移动通信技术与边缘云计算的融合——将带来诸多新的应用场景。谢朝阳博士的新作《5G 边缘云计算：规划、实施、运维》融通了信息技术和通信领域，对如何将 5G 作为接入技术有效地提升边缘计算的能力进行了翔实的阐述。"

——中国科学院院士 黄维

U0217768

"随着第五代移动通信技术——5G 的到来，万物互联将不以人的意志为转移。但 5G 的应用首先需要有明确的需求和务实的规划先行。本书对企业 5G 边缘云系统的规划、建设、运维和应用给出了实用的、深入浅出的解读。"

——北京邮电大学教授 吕廷杰

"5G 是一个重资产的'游戏'，谢朝阳博士的《5G 边缘云计算：规划、实施、运维》对于日升这样的最接近客户、处在 5G 时代转型升级期的服务商来说真是恰逢其时。本书对于 5G 边缘云计算的正确理解、新基础设施的建设、企业信息系统的云边分工与协同，以及相应的商业模式的探索均具有实际指导意义，可以帮助企业减少巨额投资带来的经营风险。"

——日升天信董事长 方伟

"第五代移动通信技术引发的不单是接入侧传输和时延在数量级上的进步，同时使得移动组网开放性变得实用化，更是对整个传输网、核心网在安全、容量和性能等各方面提出的新的挑战。谢朝阳博士作为云计算的实干家，在《5G 边缘云计算：规划、实施、运维》一书中对企业 5G 边缘云系统建设中可能遇到的规划、实施、运维问题逐一进行解答，并且指出联邦计算将会成为新的主流计算范式。"

——宽带资本董事长 田溯宁

工业和信息产业科技与教育专著出版资金资助出版

5G边缘云计算
规划、实施、运维

谢朝阳　编著

电子工业出版社
Publishing House of Electronics Industry
北京·BEIJING

内 容 简 介

本书通过展现国内外 5G 边缘云计算一线的实际案例，从经济价值、商业模式、网络拓扑、系统框架、安全防护、人员能力和后续运维管理多个维度，以及基础设施、中间件、重点应用等多个层面进行系统阐述，将 5G 边缘云计算概念落地。

本书聚焦于 5G 带来的移动接入端网络的进步，同时特别强调这些进步也在倒逼整个大网的升级改造，建成面向服务的未来网络；5G 带来的不仅仅是边缘计算能力的提升，更是计算范式的变化，合众计算范式的联邦计算（Federated Computing）将会成为主流并保持相当长的时间；5G 的云计算内涵就是边缘计算。

本书按照"云层（Cloud Layer）、雾层（Fog Layer）、薄雾层（Mist Layer）、器件层（Device Layer）"的分层架构逐层递进，阐述与 5G 边缘云计算密切相关的课题，给出从规划到实施再到后续运维的完整路线图。本书同时重点介绍 5G 边缘云计算在新媒体、云游戏、智慧医疗、智能制造、城市治理等典型行业中的应用，为消费互联网的升级、产业互联网快速发展提供了丰富翔实的案例。附录部分给出了亚马逊边缘云解决方案，介绍了如何搭建基于开源的边缘云计算平台，以及用于边缘云运维的常用工具。

本书读者对象为 5G 边缘云计算产业政策制定者、从业者和分析师，包括政府与企业 IT 负责人、首席信息官（CIO）、IT 架构师、IT 产业从业者和分析师、网络与系统管理人员、应用开发人员，以及高校或研究院所教师、学生、其他研究人员等。

图书在版编目（CIP）数据

5G 边缘云计算：规划、实施、运维 / 谢朝阳编著. —北京：电子工业出版社，2020.7

ISBN 978-7-121-39335-8

Ⅰ. ①5… Ⅱ. ①谢… Ⅲ. ①无线电通信—移动网—云计算 Ⅳ. ①TN929.5②TP393.027

中国版本图书馆 CIP 数据核字（2020）第 140186 号

责任编辑：冉　哲

印　　刷：北京盛通数码印刷有限公司

装　　订：北京盛通数码印刷有限公司

出版发行：电子工业出版社

　　　　　北京市海淀区万寿路 173 信箱　邮编　100036

开　　本：787×1 092　1/16　印张：21.5　字数：509 千字

版　　次：2020 年 7 月第 1 版

印　　次：2025 年 2 月第 5 次印刷

定　　价：79.00 元

序言1

当前，中国已正式进入 5G 商用时代。乘着新一代信息技术蓬勃发展的东风，处在新一轮科技革命和产业变革的浪潮之中，大家都在关注 5G 的发展。对照发达国家科技发展水平，中国在一些重要的技术方面曾经相对落后。经过 70 年的努力，1G、2G、3G，中国属于"跟跑"；发展到了 4G，中国主导的 TDD 和发达国家主导的 FDD 基本处于"并跑"；进入 5G 后，中国在很多城市推进 5G 基础设施建设，有望"领跑"。那么 5G 将会给人民生活和社会经济带来什么转变？继大数据、人工智能之后涌现出的边缘云计算，让我们再次瞄准了世界科技的前沿。为了使中国的相关从业者赶上这波变革的浪潮，有必要尽快培养他们的 5G 边缘云计算实践能力。

我曾为作者的《云计算：规划、实施、运维》和《大数据：规划、实施、运维》——两本既有系统工程的方法论同时又具有实用性的力作——作序，现在见到作者的新作《5G 边缘云计算：规划、实施、运维》及时推出，感到异常欣喜。

本书是国内为数不多的阐述 5G 边缘云计算的著作，从方法论、原理、实践等多个层面进行了详尽解读，为读者展现了 5G 边缘云计算项目规划、实施、运维各阶段的全景图，从帮助读者正确认识 5G 边缘云计算的概念，到指导读者真正将 5G 边缘云计算实施落地，再到引导读者把握 5G 发展趋势以及 5G 与边缘计算等的衔接，均有实际的价值。本书贯彻了作者写作的"实"的特色和"单刀直入"的风格，融入了作者从事一线工作的工程实践经验，从科学的高度出发，对工程领域内共同关心的问题从规划、实施到运维进行了详尽的、切合实际需求的介绍。本书举例丰富、深入浅出，既有一定的理论高度，又直接贴近一线实战，显得难能可贵。

作者从自己在 IT 领域几十年的实践经验出发，提炼出 IT 系统的本质，即围绕数据做采集与价值体现两件事，明确了 5G 边缘云计算是以 5G 为接入技术、以云的范式进行的边缘计算，并针对当前的一些认识误区，理清了思路，帮助读者建立正确的 5G 边缘云计算观念。作者从产业链入手，阐述如何正确认识该产业的业态，以明确自身的定位和价值点，解答读者共同关心的问题，从而帮助读者建立起理性的预期与合理的规划。作者通过深入剖析 5G 边缘云计算落地的规划、实施、运维这三部曲，针对可能遇到的困惑和问题，给出特别需要注意的事项及指导原则，帮助读者在较短的时间内推出成本可控且能满足需求的 5G 边缘云计算产品与服务，最终产生经济效益，指导企业实践。

作者沿着几条主线对 5G 边缘云计算进行了探讨。首先正如书名所体现的，5G 边缘云计算的交付就像创作一部大型交响乐，需要遵循规划、实施、运维三部曲。规划篇帮助读者了解 5G 边缘云计算，了解企业自身业务、IT 系统的愿景与现状。弄清楚了这些，5G 边缘云计算才能被规划好，派上用场，并且当变化来临时具有可扩展性。5G 边缘云计算的实施具有较高的复杂度，涉及的技术组件很多，而这些组件本身发展也比较快。

实施篇分析了在 5G 边缘云计算实施过程中应遵循的一般方法和特别之处，以及关键技术点。最后，作者反复强调了好的 5G 边缘云计算系统应该具有的运维特性是 RASSM-I（Reliability，Availability，Security，Scalability，Manageability，Intelligence），以及"三分建设，七分运维"的重要性。

作者对 5G 边缘云计算"就近处理"的工作方式与"仿生学"进行的类比别具一格：5G 边缘云计算本身也是一个复杂的多层体系，从遥远到邻近，经历着"云、雾、薄雾、器件"的递进，进而引导读者以科学的态度来研究和学习 5G 边缘云计算，以问题为导向、以应用为牵引，遵循规划、实施、运维的三部曲，高效地进行 5G 边缘计算。

作者在美国从事 IT 行业期间经历和参与了数次 IT 行业重要的发展和变迁，其中包括开放式系统、互联网和云计算。作为国家级特聘专家被引进回国后，作者的工作聚焦在大数据和云计算领域，组建中国电信云计算公司，并通过各种途径，包括撰写本书在内，毫无保留地将其在 5G 边缘云计算方面的造诣和经验介绍给广大读者，为推进中国 5G 时代云计算的健康发展做出了诸多贡献。

相信本书的内容一定可以在各行各业的 5G 边缘云计算项目实践中给读者带来很大的裨益。在此，我谨将本书推荐给涉及 5G 边缘云计算工作的政府、企业 IT 负责人员，相关 IT 产业的从业者，高校和研究院所的教师、研究员及学生。

倪光南，中国工程院院士

序言2

互联网发明到现在也有 50 年的历史了，尤其是 20 世纪 90 年代 WWW 的出现，以及互联网商业应用的开始，使得信息化迅速渗透到生活和社会经济的方方面面。现在正处在信息化深入发展的时代，数据爆炸产生了对信息资源集约化的需求，云计算应运而生。这与电气化时代有类似之处：在一开始，企业纷纷自建发电设施；现在，企业用的是供电公司的电力，因为集约化供电方式的效率高、成本低、可靠性高。公有云为多租户共享，资源按需调用，同样具有效率高、成本低、可靠性高的优点。近 10 年来，云计算发展很快，带动了数据中心的建设。随着工业互联网、车联网、虚拟现实和增强现实等应用的兴起，既需要上云获得后台大数据与人工智能计算能力的支持，也需要保证高可靠低时延的服务，解决办法是使云的能力下沉靠近终端，改善用户体验。边缘计算正是为适应这一需求而出现的。

边缘计算并不是对集中的云计算（中心云）体制的否定，它与中心云是互补的。边缘计算具有存储与计算功能，可以称之为边缘云，它就近处理对时延敏感的业务。中心云与多个边缘云合作，利用从边缘云收集并过滤后的数据来训练与优化数学模型，再将模型下发给边缘云应用。IDC 咨询公司报告提出，未来 50% 的数据需要在边缘侧处理，边缘云与中心云组合的方式可以做到比单一中心云的成本更低。边缘计算平台可以是独立的设备，也可以是网络设备中嵌入的功能，还可以作为物联网基础设施的一部分。5G 的超宽带、高可靠、低时延和大连接应用场景都需要边缘计算来支撑。在 5G 网络中，边缘计算可以嵌入基站系统的 DU（分布单元）中，或嵌入基站系统的 CU（集中单元）中，或者 CU 和 DU 都具有边缘计算能力，也就是说，边缘计算可以不止一层。

5G 边缘云是一个新的概念，在实际应用上有很多新的问题需要研究。从云计算体系上看，需要研究 5G 边缘云究竟是物理分布逻辑集中的 5G 中心云架构组成部分，还是中心云的派出机构，两者的功能定位会有所不同。5G 的终端在业务持续期间会移动，可能会快速地从所归属的一个边缘云切换到相邻的另一个边缘云中，对该业务的存储、计算和处理工作需要在边缘云之间进行接力，有必要比较这种接力采用的各种方案。例如，在边缘云之间直接通信，还是经过上级边缘云或经过中心云来实现间接通信，需要考虑边缘云之间的协同以及边缘云与中心云之间功能的合理分配和时延性能。更进一步，需要研究 5G 网络中边缘云的层级设置、部署的位置和管理的范围。另外，在 5G 基于服务的体系（SBA）中可以把边缘云看作一种服务，简称边缘云即服务，包括边缘云向第三方开放应用，这将涉及边缘云的管理权限，以及网络安全边界的划分问题。总之，5G 边缘云不是 5G 与云计算的简单叠加，它既是移动网络发展的机遇，也将带来新的挑战。

现在关于 5G 和关于云计算都有不少出版物，但少有将 5G 与云计算有机地融合起来论述的出版物。当前 5G 网络正在建设中，《5G 边缘云计算：规划、实施、运维》一书的出版非常及时。本书由浅入深地总结了云计算从传统的中心云计算到 5G 边缘云计算的范式变化，形象地描述了合众的联邦计算范式；介绍了 5G 边缘云的基础设施层、接入层、云边协同层的功能划分；对 5G 和边缘云两者融合过程中可能遇到的实际问题，从规划、实施和运维的角度进行阐述，描绘出一幅 5G 时代边缘云计算的全景图，引导读者了解如何基于 5G 边缘云计算来应对网络通信一系列新挑战。

　　本书的作者具有在国内外 IT 企业和云计算企业及运营商工作的经历，积累了丰富的云计算和大数据从整体架构到实施细节的工程经验，以计算机的专业背景来研究通信，用通信的眼光重新审视计算技术，将两者融会贯通。作为《云计算：规划、实施、运维》与《大数据：规划、实施、运维》的姐妹篇，本书同样凝聚了作者在科研与工程实践中勤于思考与善于总结的心得体会。虽然关于 5G 边缘云的认识还会随着 5G 网络建设的实践而进一步得到深化，但本书提出的问题和解决思路会启发更多关心 5G 与云计算结合的工程技术人员开展进一步的研究，同时丰富 5G 边缘云的理论与工程技术创新成果。相信本书的出版有助于普及和推广 5G 边缘云计算知识，对中国 5G 网络建设和边缘云计算产业及应用服务的发展起到积极的推进作用。是为序。

邬贺铨，中国工程院院士

现阶段，互联网业务形态和业务需求正在发生巨大变化。"尽力而为"的传统网络架构难以支撑工业互联网等对差异性服务保障、确定性带宽/时延的需求，以 5G 为代表的未来网络迎来发展机遇。未来网络也就是第三代互联网将与实体经济深度融合，实现智能、柔性、可定制的愿景。未来个性化制造的数字化协同过程，在带宽、时延、抖动等方面，都将对网络提出精细量化的指标要求，这些都离不开 5G 与未来网络的支持。面对未来网络技术发展，需要支撑万亿级、人/机/物、全时空、安全、智能的连接与服务，建设面向服务的未来网络。未来网络架构将朝着海陆空天一体化、软件定义与硬件白盒化、毫米波和太赫兹通信、确定性网络、泛在网络、计算与存储融合、网络人工智能等趋势变革。

边缘计算是伴随 5G 的关键技术之一，它以一般云数据中心为中心，构成区域、本地、边缘的分层架构。5G 和边缘计算的融合是实现网络云化和云网一体的基础，需要构建大规模多云交换平台，具备灵活业务控制能力，支持私有云、行业云、公有云资源统一编排，支持异构厂商多云交换、多云互联，具备小时级业务开通能力。如何控制端到端时延是目前 IP 网络面临的重要问题之一。使用边缘计算技术，可以将 uRLLC（超高可靠和低时延通信）场景的应用下沉到 CU（集中单元）中，将 eMBB（增强型移动宽带）场景的应用下沉到城域核心机房中，有效地控制请求到响应的时延。面向大规模网络管理的迫切需求，全面突破通信网络人工智能核心基础算法与理论，攻克大规模复杂网络训练、多级人工智能协同设计关键技术，实现通信网络高效自治，打破人的管理能力极限，这些都需要发展通信网络的人工智能技术。5G、云计算、AI 必然会成为未来解决实体经济的重要途径；云服务、边缘计算是 5G 服务的最重要环节，是中国数字经济发展战略的重要组成部分。

本书引导读者正确认识 5G 边缘云计算概念，理解 5G 边缘云计算如何通过云计算实现计算和存储能力下沉、就近服务用户、降低访问时延、提升用户体验，从而应对网络通信一系列新要求和新挑战。计算不仅是一种技术，也是一种思维模式。作者指出，联邦计算将代表新一代的计算范式。信息系统的计算、通信和存储这三种能力是可以互换的。增强的计算能力可以节省通信带宽，提升的通信性能可以促进计算处理的分布式布局。信息系统不是通信能力越强越好，还需要统筹考虑、全局优化。未来的信息化建设特别需要总揽全局的专家，而不是只熟悉某一代通信技术的工程师。作者将 5G 和边缘计算两种时新技术融会贯通，使其优势得以充分发挥，对"5G 融百业，互联赢未来"具有实践指导意义。

作者沿着规划、实施、运维的路径对 5G 边缘云计算进行了探讨。从规划入手，帮助读者理清产业的价值链、供应链；从实施角度剖析"确定性网络"如何在一个网络域内为承载的业务提供确定性业务保证的能力；再到运维涉及的 5G 网络运维特性和边缘云环境治理，强调了"三分建设，七分运维"的重要性。

本书围绕"云、雾、薄雾、器件"的分层图景讲解了 5G 边缘云计算。作者由浅入深地总结了云计算从传统的中心云到 5G 边缘云的变化，并由此引出了联邦计算范式，这一范式变化将影响并挑战 IT 行业的多个领域和环节：从购买 IT 资产到按需获取服务，从前期资本投入到向运营维护要效率，从投入大量人力物力建设 IT 系统到集中精力在自己擅长的核心业务上，等等。这一范式变化也改变了客户与技术提供者的关系，孕育了新的商业模式，催生了新的 IT 产业。

最后，一部能够做到理论密切联系实际的著作也必然需要一位具备足够理论基础和丰富实践经验的作者。本书作者是早期由海外引进的国家级特聘专家，对云计算和大数据从整体架构到细枝末节都有着难能可贵的实践经验。作者在中国电信、中国电科、中国联通的云计算业务的实践中担当了重要工作，与此同时，还加班加点，笔耕不辍，将自己长期积累的经验、教训毫无保留地奉献给读者，实属难能可贵。

这部将 CT 和 IT 有机融合的著作的出版一定会对 5G 时代云计算的健康发展起到积极的推进作用。仅将此书推荐给读者。

刘韵洁，中国工程院院士

前 言

5G 来了。

云计算方兴未艾，边缘云计算还未具雏形，在 5G 元年的当口，把 5G 和边缘云计算放在了一起，笔者是不是在赶时髦？当完成《云计算：规划、实施、运维》和《大数据：规划、实施、运维》两本书的时候，虽觉得颇有乐趣，却也深感吃力，曾发誓不再写这类书了。云计算的本意是资源的复用，以提高效率，然而现在看到的却是数据中心越建越多，各种"烟囱云"拔地而起，笔者内心感到十分惊讶，甚至有些痛惜。不仅如此，目力所及相关作品的水准，往往停留在朋友圈分享文章的层面上，正应了评论互联网时常说的：只有链接没有答案（All cross references no answers）。面对这种状况，笔者只能挽起袖子再次操刀了。

事实上，无论是 5G，还是边缘云计算，媒体都有着过高的渲染，以致对 2022 年市场规模给出了 10 多万亿元的惊人估值。不仅充斥着 5G=IT 的味道，甚至唱出了 5G 改变社会的高调，使得各路玩家绞尽脑汁地想要在 5G 边缘云计算业务中开拓新市场。再极端一些，可能还会出现面对新东西的"国王的新衣综合征"。在此大胆地引用笔者的朋友 William Webb 的说法："5G 是一个现实与愿望脱节的'Myth'，其支持者都是为了各自的利益：学术界希望借此得到更多的科研经费；厂家借机来提升价格；运营商担心如果他不做会丧失竞争力；各国政府则以此作为政治噱头……谁都不愿把这'Myth'说穿。"

这里，我们先试着探讨 5G 究竟是什么、5G 能做什么。在人们通常理解的 5G 带来的移动端大带宽、低时延、泛连接的背后，还隐藏着什么秘密？云计算、大数据、人工智能和区块链等新技术一波接着一波，5G 边缘云计算和这些技术是什么关系？5G 会对哪些行业带来深刻的影响？甚至，5G 和读者你之间会有怎样的关系？

5G 边缘云计算系统的自治能力以及与其他系统的接口尤为重要，系统的架构及任务分工（Tasks Partition）与协同编排（Orchestration）会使中心云与边缘云出现紧耦合、松耦合和半松半紧耦合这些不同程度的耦合，并催生出一种全新的合众计算范式（Computing Paradigm），即联邦计算（Federated Computing）。5G 的到来，不仅仅促进了移动接入侧网络的进步，更是在倒逼整个大网的升级改造，建成面向服务的未来网络；不仅仅是边缘算力的提升，更是计算范式的变化，合众的联邦计算将会成为主流并保持相当长的时间；5G 时代云计算的多数创新必然会出现在边缘计算上，不夸张地说，5G 时代的云计算就是边缘云计算。

在技术层面上，相较于 4G，试商用的 5G 频率在高频段提高到了 28GHz 附近，频率的提高导致波长变短，进入了毫米波的范围。5G 将 4G 的大规模天线阵列技术和波束赋形与毫米波配合使用，从而提升了天线增益。5G 的同时同频全双工技术使得频谱资源的使用更加灵活，而终端直通技术（Device to Device，D2D）则实现了终端之间的直接通信。5G 采用低密度奇偶校验（LDPC）信道编码，提高了数据传输速率，以 C-RAN（Centralized Radio Access Network）架构实现了集中化处理，使得 5G 系统的峰值速率提升了 10～20 倍，达到 10～20Gbps；用户体验速率提升了 10～100 倍，达到 0.1～1Gbps；流量密度提升了 100 倍，达到 10Tbps/km²；连接数密度提升了 10 倍，可接入设备数量达到 100 万个/km²。可以说，在移动应用场景下，5G 的优越性是显而易见的。但与此同时，5G 场景也带来了诸多新的挑战。泛连接的终端将产生海量的数据，使得原有的大数据变得更大，从而对数据的处理能力提出了新的要求；从中心，到边缘，再到器件的分层结构所形成的复杂性，对运维提出了更高的要求，并使得采用人工智能（AI）的方式来实现组网、重构和运维成为必然趋势；安全作为一直存在的问题，对 5G 网络边缘而言，显得格外突出，急需制定边缘侧的安全技术标准和规范，而区块链技术或将成为使能者。

　　边缘计算（Edge Computing，EC）可谓是一个老话题。在云计算兴起之前，几乎所有的 IT 系统都是客户侧（On Premise）——贴近企业的计算。随着端（User Equipment，UE）的"动中通"能力的提升，就有了移动边缘计算（Mobile Edge Computing，MEC）。随着端的接入技术的多元化，进而有了多接入边缘计算，同样保留了英文缩写 MEC，但字母 M 代表的是多接入（Multi-access）。其中的接入方式可以为有线方式，也可以为无线的 Lora、NB-IoT、Wi-Fi、4G 等。5G 边缘云计算则是以 5G 为接入技术，以云的范式进行的边缘计算，即"Run edge computing in a cloud fashion"。

　　5G 边缘云计算将给产业互联网带来诸多优越性。5G 具有增强型移动宽带（eMBB）、大规模机器类型通信（mMTC）、超高可靠和低时延通信（uRLLC）的特性，可以惠及当前各行各业，如新媒体、云游戏、智慧医疗、智能制造、智慧城市等。而要想让 5G 真正发挥出优势，又离不开与云计算、大数据、人工智能等技术的深度融合。由此呈现出了"云就是网，网就是云，云网一体"的云联网格局。这也再一次印证了笔者在美国工作过的 Sun 公司所倡导的"The Network is the computer"。可以认为，5G 技术既是边缘侧无线通信技术的进步，更是对核心网的挑战。产业互联网应用正逼迫着整个网络由 IP"尽力而为"（Best Effort）的网络向需要 QoS（Quality of Service，服务质量）保证的"确定性"网络的方向升级改造。

　　在新媒体领域，不同于传统的语音业务和常规数据业务，更要求网络能够提供大带宽、低时延、"动中通"的移动网络。例如，在 2019 年两会期间，中央广播电视总台首次使用专业级 4K 超高清视频直播技术，并结合 5G 网络资源及边缘计算技术，确保满足 4K 超高清视频信号的传输要求，完成了画质更清晰、互动更流畅的会议报道。新的技术让制作人员不仅可以回传采访的超高清视频，还可以在云平台上进行节目内容的直接编排与制作。

　　在游戏领域，通信网络连接游戏终端的"最后一公里"成为云游戏的瓶颈。5G 采用大规模天线阵列技术建造本地基站解决了"最后一公里"的连接问题，由边缘机房中的云计算服务器承载云游戏服务端程序，保证了足够高的数据传输速率和足够短的响应时间。云游戏有了 5G 边缘云的助力，将会带动消费互联网的升级。消费者说的"建了半天的 5G，就是打了个游戏"虽像是戏言，但云游戏确实最有可能成为率先具有清晰商业模式的领域。

在智慧医疗领域，以中国联通为例，他们借助 5G 通信技术，成功实现了心脏介入手术的跨国展示，使得远在巴勒斯坦的医疗工作者可以在大屏幕上实时观看青岛阜外医院进行的心血管手术。整个直播期间画面清晰无卡顿。更重要的是，5G 边缘云计算技术使得智慧健康真正上升为智慧医疗。它一方面提升了医疗供给，实现了患者和医疗资源的信息连接，更大程度地提高了医疗资源利用效率；另一方面，医疗数据的价值也将会被进一步挖掘出来，产生新的基于 5G 边缘云计算技术的移动医疗服务。

在智能制造领域，工业互联网需要将传感器、大数据、云计算等新一代信息技术与制造业进行深度的融合，而 5G 边缘云计算技术非常适应制造领域的大体量、毫秒级时延要求。例如，潍柴集团搭建的数字工厂，利用 5G 及相关技术，打造了无人生产车间，将生产设备、物品直接连接到网络中，实现了对生产现场的实时数据采集。与此同时，5G 边缘云计算技术也促进了生产系统（Manufacture Execution System，MES）、供应链系统（Supply Chain Management，SCM）、客户关系管理系统（Customer Relationship Management，CRM）、企业资源计划系统（Enterprise Resource Planning，ERP）等的重新分工与协同。

在智慧城市领域，5G 边缘云计算作为智慧城市发展的新引擎，将会推动城市现代化治理与运营升级。城市中的人、物、景都将成为智能个体而被连接起来。5G 边缘云计算为城市智能个体提供随时随地的连接能力，进而构成了城市“数字孪生”。新加坡是智慧城市的典范，其以 3C 与 3I，即“连接（Connect）、收集（Collect）和理解（Comprehend）”与“创新（Innovation）、整合（Integration）和国际化（Internationalization）”，作为建设原则。在 5G 边缘云计算推动下，将有望出现更多的“虚拟新加坡”，通过先进的建模技术为 3C 与 3I 注入静态和动态的城市信息，赋能城市运营，并形成多服务的闭环，为快速发展数字经济，助力智慧城市升级打下基础。

离开应用场景谈技术是没有意义的，而且把一种技术局限于某个例应用上，也很难称其为一个时代。事实上，类似上述列举的案例还有很多，但必须指出，这些应用还是比较初级的，5G 边缘云计算的商业模式需要我们进一步认真探索，其技术潜能尚有待释放。技术促生新的应用场景，新的应用场景产生新的需求，新需求对技术提出更高的要求，倒逼着技术进一步的发展，由此，技术和应用就像是一对孪生子，两者手拉手，相互促进。

5G 网络中，毫米级波段的电磁波在介质中的衰减加剧，波的绕射能力变差，这样一来，现存的 4G 天线将不适用于 5G 网络。为了获得比较好的覆盖和连接效果，5G 的基站将越来越密集，这意味着大量的资金投入，这正应了那句话：天下没有免费的午餐（Good stuff comes with a great price）。国内要建设完整的 5G 网络需要数百万个 5G 宏站及上千万个基站。即便将来 5G 基站的成本会下降，投资也要在万亿元级规模。为了达到端到端的效果，5G 网络部署中的传输网折合到单个基站上的成本也在万元级。面对如此巨大的投资成本，非常需要对 5G 边缘云的应用场景进行细致分析，明确哪些可以用，哪些不可以用，哪些没必要用。另外，5G 边缘云既要建得好，更要用得好。例如，现代企业需要更多有用的信息来快速应对市场、竞争对手以及商业环境的变化。又如，以前没有得到足够重视的生产过程信息，对企业的重要性越来越高。在这种情况下，为了将企业的运作变得更快（Faster）、更好（Better）、更经济（Cheaper），企业需要成为技术的聪明消费者，合理地将 5G 边缘云计算技术运用到生产与运营过程中。

2019 年中国手机用户总数已超过 10 亿，东南沿海有些地区达到人均 1.5 部手机，甚至更多。而家庭宽带用户超过 3.8 亿户，按照 1 户 4～5 人的规模，其普及率也超过了 85%，所以公众对 5G 的需求迫切性可能不如前面几次技术更迭时强烈。从扩大用户范围的角度看，5G 的增长空间有限。就像人们常说的：你选丰田汽车还是凯迪拉克汽车？可能作为产品供应者，更应该关注的是买得起凯迪拉克汽车的高价值客户。当然，4G 最早出现的时候，很多人说 3G 已经足够用了，还搞什么 4G？但是从 4G 发展到今天的 10 年来看，其应用场景的丰富程度已经远远超出了当时人们的想象。人们对 5G 会不会也有同样的看法？已经有 4G 了，还要什么 5G？甚至可能会问，5G 真能发挥出它的速度吗？这种看法其实也不无道理，因为端到端的应用很少会达到传输的理论极限值。其原因是多方面的，问题可以出现在移动端，也可以出现在大网上。换句话说，网络的总体性能取决于网络中最差的一环（As fast as the slowest link）。这更说明我们需要重新审视端到端网络的架构、功能与性能。这里，运用人工智能进行 SDN（软件定义网络）组网会有效地提升网络质量，降低运营成本，建成面向服务的未来网络。

现阶段对 5G 边缘云计算，从概念到应用仍然没有一个标准的范式，往往将狭义的、广义的、泛义的、伪义的 5G 边缘云计算混为一谈，很难谈得上商业方面的深度应用。所谓狭义，是指在技术的初期，5G 边缘云计算停留在技术处理的层面，它只具有工具性；而广义的 5G 边缘云计算则包含了相关产业链的各个环节所提供的产品和服务，通常带来的是架构性的变化；泛义的 5G 边缘云计算则扩展到相关的细分行业中，通常带来的是系统性的变化；伪义的 5G 边缘云计算则以营销为目的，包含了相当多的炒作成分。例如，在某城市中心的一个高楼上安置了一个可旋转的高清摄像头，可以覆盖 20km²，就号称用了 5G 边缘云计算技术，但实际上只是拉了光纤进行直连，就是在摄像头上"贴"了一个 5G 标签。即便围绕"云"这一概念本身，也还存在争议，以致云服务提供商之间用"云清洗"（Cloud Washing）一词相互指责竞争对手用"云"字眼为旧的产品冠名进行炒作。如何将 5G 边缘云计算的处理能力结合到具体的业务中，探寻正向的商业模式，创造价值，是现阶段我们最应关注的问题。对于提供的产品和服务，谁买的单？客户、用户是谁？现金流从哪里来？到哪里去？如果这些都搞不清楚，也不能够自负盈亏产生收益，就不可能称其为一个产业。无论如何，现阶段只是 5G 边缘云计算的开始，不要忘了它的工具性。作为工具，要让工具用得好，首先要用对地方，其次要知道工具怎么用。

边缘是相对中心的，中心就是通常的云，这种由分散到集中，又由中心到边缘，颇具"分久必合，合久必分"合众联邦的味道。边缘的第一层含义是指 5G 边缘云计算相对于一般意义上的云，也就是中心云来说，是处于边缘侧的。将一些应用布置在边缘侧去进行处理和运算，其在效果和成本上的综合表现可能要优于放在中心位置。中心云提供弹性的计算、存储和网络，其弹性体现为，在工作负载驱动下，资源精确到秒级并呈波动状动态供给。这种云的方式正是在边缘侧管理工作负载时必需的。以前没有边缘云的时候，终端侧更像是一个"瘦终端"；而 5G 的出现，使得终端侧更像一个"胖终端"。边缘的另一层含义则是指相对于使用者的生产系统来讲，IT 系统就属于"边缘"系统，因为使用者可能更关心的是处于中心位置的 MES、SCM、CRM 和 ERP 等系统。对于企业来说，将面对一个"中心云+边缘云"的架构，需要考量工作负载在中心云和边缘云之间的可移植性，以及实现某项功能所需要完成的任务在中心位置与边缘侧的再分配，使用统一的控制平面管理中心云和多个边缘云，提供异构计算的能力支持，以及如何让边缘云和客户侧保持中心云水平的资源高利用率等现实问题。由此可见，想要利用好 5G 边缘云计算，就需要对业务有深刻的理解，具备深厚的专业知识。

基于以上认知，笔者深感为 5G 边缘云计算从业者提供系统、全面的技术和行业认识的必要性。借由本书，笔者将多年的从业实战经验以及思考心得，从科学的高度出发，带领读者走进 5G 边缘云计算，并帮助读者创作出属于自己的大型交响乐：规划、实施、运维三部曲。书中，对于可能遇到的困惑和问题，甚至是误区，将会阐述必要的注意事项和指导原则，帮助读者快速推出满足 SLA 需求的 5G 边缘云计算产品和服务，最终产生经济效益。

本书读者对象为 5G 边缘云计算产业政策制定者、从业者和分析师，包括：政府与企业 IT 负责人、首席信息官（CIO）、IT 架构师、IT 产业从业者和分析师、网络与系统管理人员、应用软件开发人员，以及高校或研究院所教师、学生、其他研究人员等。

本书在撰写时遵循了以下原则。在阅读对象方面，兼顾专业性和大众化，采用笔者在《云计算：规划、实施、运维》和《大数据：规划、实施、运维》两本书中深受读者喜爱的"单刀直入，直奔主题"的风格，尽量通过合适的例子将问题说清说透；在知识的深度和广度方面，既保持高校学生与研究生的水平，又适应 5G 边缘云计算从业者的需求；在内容方面，将学术性与实用性相结合且着重突出实用性，针对与 5G 边缘云密切相关的课题，如 AR/VR、机器学习、人工智能，以及 MES 等专业知识进行讨论。对于 5G 边缘云计算，本书采用"云层（Cloud Layer）、雾层（Fog Layer）、薄雾层（Mist Layer）、器件层（Device Layer）"的分层架构，逐层递进，一一阐述。

一个典型的 5G 边缘云计算体系涉及的云有成百个，雾有成千层，薄雾和器件有上百万个，再加上需要相关技术人员有一定的行业知识，面对这样一个庞然大物，开源社区涌现出了一些 5G 边缘云软件堆栈，如 LF（Linux 基金会）Edge 旗下的 Akraino Edge Stack 项目，为用户提供了可较快扩展的边缘云，这里也会有一定篇幅的讨论。全球各大公有云服务提供商先后发布了客户侧云解决方案和产品，以提升其 On Premise 的服务能力，这是从公有云的禀赋出发进军边缘云计算领域。

在 5G 和边缘计算的诸多出版物中，谈 5G 的着重从标准角度介绍 5G 无线通信技术和网络架构，关于边缘计算的则侧重介绍边缘计算的原理。然而，5G 和边缘云计算作为独立的技术，其应用场景和潜力的发挥是非常有限的，因此两者的结合是非常必要的。将 5G 和边缘云计算放在一起进行一定深度的介绍，同时对两者融合过程中所遇到的实际问题从规划、实施、运维的角度进行阐述，描绘出一幅 5G 时代边缘云计算的全景图，这正是笔者的愿望。

在撰写架构方面，先从 5G 开始，再到边缘云计算，后是 5G 与边缘云计算，按照规划、实施、运维逐一展开。

本书主要内容分为 5 篇。

第 1 篇（第 1～4 章）为导论篇。5G 的产生，迫使产业链上的各企业重新审视当前已有的业务形态，优化自身的战略。本篇引领读者回顾移动通信系统的演进历史，简要介绍 5G 的驱动力、基本概念，边缘云计算的架构和本质，5G 边缘云计算的应用和发展机遇，与 5G 边缘云计算相关的产业链以及商业模式，正式引出合众的联邦计算范式。

第 2 篇（第 5～7 章）为规划篇。规划是需要调研的，离开了具体的业务场景，5G 边缘云计算是没有意义的。规划阶段是一个了解 5G 边缘云计算的过程，也是了解企业自身的过程。5G 边缘云计算的规划和其他项目的规划非常类似，需要在"时间—范围—成本"项目铁三角之间进行平衡。企业需要评估 5G 边缘云计算能够给自身带来多大的价值，以及如何能够让价值最大化。这是一个重资产的游戏，5G 有风险，投资需谨慎，风险管控至关重要。

第 3 篇（第 8～12 章）为实施篇。实施是需要取舍的，5G 边缘云计算的规划落地，需要选择具体的技术路径，此时又会受到"功能—性能—成本"产品铁三角的制约。本篇尝试分析在 5G 边缘云计算实施过程中所应遵循的一般方法和特别之处，并且就实施中的关键技术点依次展开分析。本篇重点阐述 5G 边缘云技术，并对无线接入网技术和核心网技术等新技术进行分析。本篇还将对 AR/VR、机器学习、人工智能领域的相关技术体系进行介绍，探讨 5G 边缘云计算与上述领域的协同和发展。

第 4 篇（第 13～16 章）为运维篇。"三分建设，七分运维"，运维是持久战。5G 边缘云计算的运维与一般云计算的运维相比，有大量共性，但也有其自身独特性。为保持运营的持续性，需要采取必要的技术手段和人力资源来保证运维的实施，AIOps 是一个重要方向。好的运维是多要素的融合，包括规范的流程和技术。因此，达到智能化的可靠性（Reliability）、可用性（Availability）、安全性（Security）、可扩展性（Scalability）、易管性（Manageability-Intelligence）——简称 RASSM-I——是运维的终极目标（Nirvana）。

第 5 篇（第 17～21 章）为实例篇。5G 边缘云计算为有效打通企业生产销售全流程的信息流提供了工具，为产业互联网的快速发展与升级提供了必要的手段。本篇重点介绍 5G 边缘云计算在典型行业：新媒体、云游戏、智慧医疗、智能制造、智慧城市中的应用。该篇也可用于单独阅读，笔者希望这部分内容能对相关企业进军 5G 边缘云计算有所帮助。

最后为结束语，将对本书内容做简要的回顾并就当前的实际情况和趋势，探讨 5G 边缘云计算领域的技术演进方向。要想实现系列影片《星球大战》（Star Wars）中的全息通信，所需要的数据传输速率要在 Tbps 级，时延要在 0.1ms 以下，这仅仅依靠提高电磁波频率是远远不够的，需要的是颠覆性创新。即使在现有的应用场景中，涉及的云、雾、薄雾和器件数量之多，使得其所面临的挑战也是多方面的。未来的 5G 边缘云计算，最先可能出现的是终端通信技术上的突破，频率可以继续增高，并随着通信协议的演进，进入 6G 甚至 7G；同时也需要器件层的演进，特别是低功耗基带芯片和新型电池技术的进步；再者，在云计算架构上，特别是分层部署的智能化等方面，也需要创新；另外，应用软件为了实现从中心云到边缘云各层级的无缝迁移和运行，需要进行符合云原生架构的重构实践。产业分工必须明确，"一家通吃"不利于 5G 边缘云计算的健康发展。新应用场景的出现，使得 5G 边缘云计算很可能形成一种组合式的突破。但无论如何，在后消费互联网时代，5G 边缘云计算一定是赢在特定场景的应用上。

本书附录部分将介绍亚马逊的边缘云解决方案，内容包括如何搭建基于开源的边缘云平台，以及用于运维的常用操作系统层面的工具。

笔者在美国从事 IT 前沿工作多年，是早期云计算服务设计的主要参与者，亲身经历和参与了数次 IT 行业重要的发展与变迁，包括开放式系统、互联网、云计算等。笔者曾经任职的世界 500 强企业，对 IT 系统的功能和性能有着非常苛刻的要求。早在 2000 年，笔者作为美国索尼电子北美 IT 总经理，就已经使用边缘计算来支持公司 VAIO 产品的18 条生产线。2011 年，笔者被中国电信作为国家级专家聘请回国，同年组建中国电信云计算公司，投入云计算的规模化应用中。在这样的从业背景下，笔者非常希望结合自己国内外 5G 边缘云计算的相关技术和工程实践，通过全面的论述和比较，为政府和企业合理又经济地发展 5G 边缘云计算提供有价值的、理性的参考意见，避免低水平或过度建设。

从初步构想到最后出版，笔者对本书品质的方方面面，都希望能做到尽职尽责。唯成书仓促，难免有诸多缺失甚至偏颇，祈业内先进赐教，以匡正之。

笔者能够完成此书，需要感谢的人很多。

首先感谢中国工程院邬贺铨院士、倪光南院士、刘韵洁院士在百忙之中拨冗为本书作序。中国科学院黄维院士，北京邮电大学吕廷杰教授，日升天信董事长方伟先生，宽带资本董事长田溯宁先生的推荐评语对笔者的努力给予了很大的鼓励与肯定，在此笔者一并表示诚挚的谢意。同时在本书的写作过程中，电子工业出版社的冉哲老师提供了全程帮助，特别是面对我的英式中文，耐心、细致、不厌其烦地进行修改，没有冉老师的帮助，本书难以与读者见面。

笔者特别感谢以下几位：时文丰按照笔者的思路和录音整理出了最初文稿；房秉毅和张文召交叉校阅了实施篇与运维篇；于璐帮助准备了 5G 边缘云计算的案例；刘中帮助准备了附录；徐小飞帮助进行了最后的文字整理。当然，书中的任何瑕疵完全是笔者的责任。

最后声明：笔者虽任职中国联通，但书中的观点仅代表笔者自己，与中国联通无关。

谢朝阳

2020 年 5 月

目录

第 2 篇　规　划　篇

第 4 篇　运　维　篇

第 5 篇　实　例　篇

结　束　语

附　　录

第1篇

导 论 篇

G 是 Generation 的第一个字母，直译就是代代相传的"代"字。频率是电磁波的重要属性，按照频率的分布顺序将电磁波排列起来形成了电磁波谱，频率与波长相乘就是电磁波在介质中的传播速度，即光速（是一常数）。在什么样的频率或波段，采用什么样的技术来利用相应频率段的电磁波进行无线通信就构成了移动通信不同的 G。5G，就是电磁波频率在 Sub-6GHz（低频）和 28GHz（高频，波长在 1.2ms）这两个频率段附近的第五代移动通信技术。

自 4G 以来，美国、欧盟、日韩等世界各国纷纷布局 5G。2019 年 10 月 31 日，三大电信运营商共同宣布 5G 商用服务启动，发布相应的个人用户套餐，5G 正式进入商用阶段，2019 年成为中国的 5G 商用元年。5G 无线通信技术的进步，以及相关一系列的技术创新，开启一个突破限制、加速进步的无线通信网络新时代。5G 的增强型移动宽带（eMBB）、大规模机器类型通信（mMTC）、超高可靠和低时延通信（uRLLC）三大特征，惠及民生、产业、社会的方方面面。5G 不仅能够大幅提升移动互联网用户的大带宽业务体验，更能契合物联网大连接、广覆盖的业务需求，不仅是移动通信市场的重要增长点，也将成为密切相关业务创新的重要驱动力，为新媒体、高清视频、AR/VR、云游戏，以及产业互联网的各个领域，如电力、交通、制造、教育、医疗、智慧城市场景的创新应用提供坚实的网络基础。

边缘计算是在工业生产制造中早就使用的一个老名词，其是指在靠近生产环境或者数据源头的网络边缘部署计算设备，就近提供数据采集、处理、数据分析、压缩、传输、反馈结果等。边缘云计算则是在云计算的范式下使得计算能力下沉至网络边缘，使得边缘以更加协调、有效的方式发挥其作用。通过与通常的中心云进行云边协同，充分实现场景应用对接近实时的业务、快速反应、安全保护等方面的关键需求的满足。5G 带来的大带宽、低时延、泛连接，在网络边缘以云计算的范式部署数据的采集、计算、存储及相关的数据处理应用，无疑将减少数据的传输距离，降低时延。5G 网络技术在接下来的三到五年将逐步成熟，将驱动边缘云计算产业的发展。5G 与边缘云计算技术融合发展而来的 5G 边缘云计算无疑将为 5G 能力更好地发挥、使用、提高带来新的改变。既为消费互联网领域赋能，更加速了产业互联网的数字化转型升级。

本篇首先回顾第 1 代移动通信系统到第 4 代移动通信系统的发展历程以及每一代移动通信系统的典型代表技术，同时分析了第 5 代移动通信系统的主要应用场景。在前 4 代移动通信系统中，主要针对数据传输进行技术创新，诞生了大哥大、小灵通、移动电话、移动互联网等一系列划时代的通信、网络产品，主要关注的是人与人之间的连接。在第 5 代移动通信系统中，实现物与物、物与景的连接，赋能于物联网的升级和创新。接下来，描述云计算与边缘计算的发展历程，帮助读者了解云计算、边缘计算、边缘云计算，和在 5G 时代下边缘云计算的发展机遇。

5G 时代下边缘云计算其实就是边缘云计算与 5G 网络技术的融合应用，既包括了 5G 核心网元的云化部署、面向 5G 的通信云平台等边缘计算在 5G 网络中的应用，又包括了智能制造、智慧医疗等边缘云计算在行业场景下的应用。5G 既提高了边缘云计算应用的有效性，又为降低 5G 边缘云计算的建设开支、提升网络服务质量起到不可或缺的作用。随着应用场景的丰富，边缘的概念和内涵不断进化，边缘云、分布式云共同入围 Gartner

2020 年十大战略技术。5G 网络技术在各行各业的发展应用，也必将促进中心云与多模式边缘的协同，业务下沉与治理，动态智能化自适应，已经云范式的全局资源调度，为边缘云计算的快速发展，起到巨大推动作用。同时，为了达到端到端的有效性，5G 边缘云计算对核心网提出了相应的新的要求，从而导致由消费互联网的不确定性、尽力而为的网络向强调 QoS 的确定性网络的升级改造。

5G 边缘云计算催生了一种计算平台范式——联邦计算（Federated Computing）。联邦计算是由中心云和边缘云组成的计算平台范式，在中心云和边缘云之间建立联盟关系的网络连接和运算协作，代表下一代计算平台在分布式管理、资源编排和应用负载分配等方面的新范式。

面对 5G 到来带来的网络边缘的进步，各路玩家争先恐后生怕赶不上，设备商力保线下基本市场，中心云服务提供商致力于不会由于边缘云发展而被"边缘化"，运营商为 5G 竞争力而布局，应用厂商积极探索新场景、新商业模式带来的差异化竞争，资本市场也跃跃欲试。可谓是 5G 领域的战国时代。在这样一个大的生态体系中，不同的厂商在这样一个大的生态体系中，扮演着不同的角色。伴随着国际政治经济格局、营商环境，以及产业结构的变化，技术的进步需要企业重新审视自身的运作。各个参与者需要从多个角度重新审视自己的已有业务，改进（Reshape）自身的战略，并确实落实和执行战术（Realize）。具体而言，企业需要有新的形象（Reimage），需要新的整体解决方案（Renew），需要理解并能帮助客户重新设计业务（Reengineering），需要新的技术手段（Retooling）使 5G 边缘云计算实施落地。只有这样，企业才能有机地将技术与业务相结合（Realizing），在 5G 边缘云计算新的 IT 时代保证不落伍，进而能够胜出。本篇最后探讨 5G 边缘云计算的相关产业链，包括主要参与企业、市场规模、上下游产业等内容，为相关厂商在 5G 边缘云计算的定位及商业模式的确定提供参考。

第1章

初识5G

所有技术进步都是围绕着解决问题而来的。客户的 IT 应用场景不断变化，需求越来越复杂，对端到端的整体性能提出了新的要求。5G 始自"端"，从最早的台式机、笔记本再到移动端手机、平板等终端，从最开始 1G 的语音业务、2G 的短信业务、3G 的图片业务，到 4G 的视频多媒体等业务与应用，对带宽、时延提出了更高的要求，这就导致了5G 技术的产生。

IT 的发展，无非是围绕着数据做两件事，一是采集有质量的数据，二是针对数据提出算法，发挥出数据的价值。而 IT 的部署形态是一个由分到合、由合到分的过程，经历了三大平台：第一平台是大型机，第二平台是开放式系统和 x86（C/S 架构），第三平台是 CAMS（云计算、大数据、移动互联网、社交网络）。随着 5G 的到来，这三个平台的划分依然如此。

1.1 移动通信系统的发展

移动通信系统经历了数次代际更迭，从模拟时代、数字时代、数据时代、移动宽带时代，步入了多场景融合发展的 5G 时代，渗透到了社会各个领域，成为移动互联网、产业互联网发展的重要驱动力量。

移动通信系统怎样才算得上是一个 Generation，要从普通物理学说起。电磁波按照频率的分布形成一个电磁波谱，而频率与波长的乘积是一个常数（光速）。频率越高，波长就越短，反之亦然。在什么样的频率下，采用什么样的技术来利用这个频率的电磁波进行无线通信，就构成了不同的 Generation（简写为 G），如图 1-1 所示。

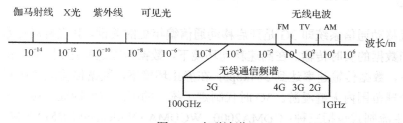

图 1-1 电磁波谱

1.1.1 1G

1G 即第一代移动通信系统，采用蜂窝结构组网，使用模拟通信传输技术，并通过频分多址（FDMA）调制方式增加系统容量。1978 年，1G 时代的典型移动通信系统诞生于美国芝加哥，即美国的 AMPS（Advanced Mobile Phone System）。随后各国和地区分别发展了自己的移动通信系统，包括英国的 TACS（Total Access Communication System）、日本的汽车移动电话系统（HAMTS）、北欧的 NMT（Nordic Mobile Telephone）系统和加拿大的 MTS（Mobile Telephone System）。中国的移动通信系统在 1987 年亚运会时，由广东省引入并开始使用。

虽然第一代移动通信系统取得了巨大的商业成功，但是其传输带宽受到限制，因此存在众多性能方面的不足，例如，无法支持长途漫游，无法上网和短信，只具备电话以及区域性的移动通信功能，同时存在声音质量低、收听不稳定、安全能力保密能力低等缺陷。

1.1.2　2G

为摆脱 1G 模拟调制的技术缺陷，第二代移动通信系统即 2G 应运而生。第二代移动通信系统使用时分多址、码分多址的数字化通信方式代替 1G 时代的模拟调制方式，主要在通信质量、安全保密性、通信系统容量方面产生了重大突破。2G 时代的主要移动通信系统有两个，即欧洲主导的 GSM（Global System for Mobile Communications）系统和美国主导的 CDMA（Code Division Multiple Access，码分多址）系统。

2G 的主要特征是数字化，可以提供语音业务及 10kbps 以下的低速数据业务，并且可以实现自动漫游功能，提高了区域移动性。GSM 系统采用时分多址（TDMA）调制方式和频分双工（FDD）方式，标准体制及技术发展较为完善，在全球范围内使用较广。CDMA 系统采用码分多址（CDMA）调制方式及数据加密技术。相较于 GSM 系统，其通信容量得到了大大提高，达到 10 倍以上，同时在安全性上也得到了提高，CDMA 技术主要在美国和日本的移动通信系统中使用。GSM 系统和 CDMA 系统在我国均得到应用，在 1995 年建设使用了 GSM 系统，2002 年正式开通了 CDMA 网络。

2G 虽然在一定程度上克服了 1G 时代的通信质量问题，但受限于通信带宽，无法适应更高速的数据业务的发展，同时由于采用两种制式发展，导致标准不统一，无法适应全球漫游业务。

1.1.3　3G

第三代移动通信系统即 3G 是开启移动通信编年史的关键，其支持高速数据传输，可实现语音和数据的实时传输。在高速移动环境下，数据传输速率达到 144kbps；在中低速移动环境下，数据传输速率达到 384kbps；在静止环境下，数据传输速率达到 2Mbps。同时可支持全球范围内无缝漫游。3G 时代制定了统一的国际技术标准，命名为 IMT-2020。3G 技术的主流制式包括三种：CDMA2000、WCDMA（Wideband CDMA）和 TD-SCDMA（Time Division-Synchronous CDMA）。在 3G 系统中，CDMA 成为主流的多址接入技术，具备众多优点，如抗多径衰落性较强、系统容量大、软切换等。

CMDA2000 是北美基于 IS-95 CDMA 系统提出的，使用 2110～2170MHz 频段，采用直接序列扩频码分多址和频分双工（FDD）方式；WCDMA 技术是欧洲和日本提出的，使用 1900～2025MHz 频段，同样采用直接序列扩频码分多址和频分双工（FDD）方式；TD-SCDMA 则是中国提出的具备自己知识产权的第三代移动通信系统，使用 2110～2170MHz 频段，采用时分双工（TDD）与 FDMA、TDMA、CDMA 相结合的方式。

3G 时代标志着移动多媒体时代的到来，3G 技术已经能够支持图像、音频、视频等多媒体形式的数据的传输。人们可以在手机上直接浏览网页、视频通话、收看直播、收发邮件。3G 技术提高了 2G 时代的语音通话安全性，同时采用更宽的频带，大大提高了数据传输的稳定性与速率，适应了移动互联网时代对网络和数据高速传输的需求。

1.1.4 4G

第四代移动通信系统即 4G 是专为满足移动多媒体业务而设计的,其以正交频分复用（OFDM）技术和多输入多输出（MIMO）技术、智能天线技术、基于 IP 的核心网技术等为核心,主要应用于移动宽带业务,追求增强通信网络容量以及更加高速的网络传输速率。与 3G 技术相比,在网络速度、系统容量及安全稳定性方面,4G 技术均得到较大提高。4G 技术存在两种制式,包括 TD-LTE 和 FDD-LTE。这两种制式的主要区别在时分与频分双工方式上。

TD-LTE 采用时分双工（TDD）技术,以 TD-SCDMA 技术为基础演进发展而来。值得说明的是,TD-LTE 是中国主导制定的一项国际通信标准。时分双工通信使用同一个载波频率,在接收和发送数据时工作在同一载波的不同时隙中,能够充分利用有限的频谱资源。FDD-LTE 采用频分双工（FDD）技术,上下行链路工作在不同的载波频率上,但是工作在同一个时隙中。从频谱资源利用率的角度讲,TD-LTE 相较 FDD-LTE 更节省频谱资源,但是在速度方面弱于 FDD-LTE。

从第一代移动通信系统到第四代移动通信系统,每一代都有标志性的关键技术及关键性能指标。1G 时代采用频分多址及蜂窝系统覆盖小区技术,实现了移动系统从无到有的突破;2G 时代采用 GSM、CDMA 等数字化技术,改善了 1G 时代模拟通信频谱利用率低下、系统容量小的问题,并开始支持数据业务;3G 时代的无线通信能力使得无线系统与互联网连接起来,适应传输图像、音频、视频等多媒体数据所需流量大幅上升的需求,以及网页、视频会议等应用需求,提供的主要制式包括 CDMA2000、WCDMA 和 TD-SCDMA;4G 时代采用正交频分复用技术及 MIMO 技术,能够适应各种移动宽带业务的需求,用户体验速率可达 100Mbps。主要技术进步总结如下:

- 网络 IP 化;
- CDMA 转向 OFDMA（正交频分多址）;
- 带宽由 5Mbps 提升至 20Mbps;
- 软切换转为快速硬切换;
- 语音数据化（VoLTE）;
- 频谱效益更高（1.5～2 倍）,采用多通道 MIMO 传输、多天线发射与接收,正交振幅调制（QAM）由 16 升至 64,能够有效进行干扰协调和消除。

随着增强现实与虚拟现实（AR/VR）、4K/8K 超高清视频、云游戏等大带宽应用的增多,各种智能终端的普及,物联网设备的大规模部署,移动流量及终端设备的激增,4G 移动通信系统已经难以满足应用对更大带宽、更广连接、更低时延的需求。再加上 4G 投放市场已经有 10 年的时间,技术的不断改进、成功与失败的经验也为移动通信向第五代即 5G 的发展打下了基础。

1.2　5G 驱动力

与 4G 相比，5G 试商用的频段提高到了 28GHz 附近，频率的增高导致波长变短，进入了毫米波的范围。5G 将 4G 的大规模天线阵列技术和波束赋形技术与毫米波配合使用以提升天线增益。5G 的同时同频全双工技术使得频谱资源的使用更加灵活，而终端直通（Device to Device，D2D）技术则实现了终端之间的直接通信。5G 采用低密度奇偶校验（Low Density Parity Check，LDPC）信道编码，提高了数据传输速率。以 C-RAN 架构实现集中化处理，使得 5G 系统的峰值速率提升 10～20 倍，达到 10～20Gbps；用户体验速率提升 10～100 倍，达到 0.1～1Gbps；流量密度提升 100 倍，达到 10Tbps/km²；连接数密度提升 10 倍，每平方千米（km²）可接入设备数量达 100 万个。可以说，在移动应用场景下，5G 的优越性是显而易见的。

世界各国均对 5G 产业投入大量资金与研发资本，积极布局 5G 产业，中国、美国、日本、德国、英国、法国、法国、韩国在 5G 投入上走在了世界前列。目前各国也都在频率规划、技术标准、产业发展等方面全力推进 5G 的商用部署。

5G 蕴藏巨大的经济效益，推动着 5G 技术革新与产业的快速发展。IHS Markit 预测，从 2020 年至 2035 年，5G 为全球 GDP 创造的净值将达 2.1 万亿美元，相当于当前世界第七大经济体印度目前的 GDP。可以说，5G 技术迅速发展的背后，是问题导向和社会效益的多重驱动。

1.2.1　问题导向

近几年，移动互联网与物联网飞速发展，AR/VR、超高清视频、云游戏等网络服务与应用已经成为社会生活中不可缺少的一部分，影响着人们生活的方方面面。这些新应用在满足人们应用需求的同时，也对通信基础设施带来了巨大挑战。视频流量、移动流量及接入智能设备的激增，无不对移动网络架构的重新设计与调整提出新的要求。此外，移动通信产业正处于从"以人为中心"的移动互联网向"以物为中心"的产业互联网的发展变革过程中，人工智能、大数据等技术在制造业、农业、物流、智慧城市、可穿戴设备等行业将与生产环节紧密结合，智能制造、智慧医疗等应用场景也对通信网络提出了新的技术要求，亟须 5G 技术赋能行业应用。个人应用及行业应用对 5G 移动通信系统的总体要求体现在三个方面：大带宽、泛连接、低时延。

（1）大带宽的要求

根据思科从 2017 年到 2022 年的流量趋势分析及预测报告，到 2022 年，全球年度互联网流量将达到 4.8ZB，其中视频流量占比将达到 82%，移动流量在 2017 年到 2022 年将增长 7 倍以上，来自移动设备的流量将占总流量的 71%。随着个人用户创新应用及技术的发展，移动互联网将继续呈现高速增长的态势。此外，远程手术、远程互动教学等创新行业应用也将产生大量流量。移动流量和行业应用流量的快速增长对未来通信系统的设计提出了大带宽的应用要求。

（2）泛连接的要求

随着技术及应用创新的发展，智能设备、增强现实设备、车联网设备呈现爆发式增长态势，对网络接入的容量要求越来越高。尤其是工业互联网应用，工厂内的生产设备、信息采集设备逐渐实现直接互联，无线技术、网络技术与工业应用加速结合，在工厂生产区域内可能部署数以万计的传感器和执行器，在工厂外需要实现生产企业与供应链、物流链企业的广泛互联，对未来移动通信系统的海量连接能力提出了更高要求。

（3）低时延的要求

AR/VR、无人驾驶等场景对网络时延提出了较高要求，以 VR 应用为例，为了解决使用者的晕眩问题，需要提高刷新率并降低时延，时延通常需要低于 20ms。另外，语音识别、头部运动跟踪、视线跟踪、手势感应等都需要低时延处理。网络时延通常需要降到毫秒级时延。在工业应用场景下，以精准控制为例，对于通信网络的端到端时延要求低至 1ms，并且支持 99.999%的连接可靠性。

面对新业务应用提出的超高数据传输速率、海量设备接入、低时延端到端通信场景的需求，4G 网络已经难以满足。2019 年 6 月，爱立信发布了移动市场报告，从移动用户、物联网、移动流量等方面对当前移动市场规模进行了统计，并对未来移动市场的发展趋势进行了预测。在移动用户方面，报告显示，全球移动用户以每年 2%的增长率不断增加，目前已经达到 79 亿户。在新增用户方面，2019 年第一季度全球移动用户增加了 4400 万户，其中中国新增移动用户增加了 3000 万户，排名世界第一。随着 5G 在多个市场的商业部署，5G 终端数目将迎来快速增长，到 2019 年年底，全球有超过 1000 万户的 5G 用户，预计到 2024 年年底，5G 签约用户将达到 19 亿户，占到当时移动签约用户总数的 20%以上。

当前 3G、4G 等移动技术已经推动蜂窝物联网在多个领域得到广泛应用，而随着 5G 技术的发展，未来物联网终端的数目也将飞速增加。报告显示，到 2024 年年底，窄带物联网（NB-IoT）和 4G LTE Category M（Cat-M）有望占所有物联网连接的 45%，将可以与 5G 新空口（5G New Radio）完全共存于统一频段中。到 2024 年年底，近 35%的以 4G 为主导的窄带互联网和蜂窝物联网，如果转向大带宽、低时延的 5G 网络，吞吐量可高达数十 Gbps，时延可降至 5ms 以下。

随着终端类型、数目的增加，2019 年第 1 季度全球移动数据每月已有近 29EB，同比增长约 82%，未来全球移动数据总流量将继续增长，2018 年到 2024 年间的复合年均增长率为 30%，到 2024 年年底有望达到每月 131EB。到 2024 年年底，预计有 35%的移动数据总流量将由 5G 网络承载，同时 5G 的人口覆盖率有望达到 65%。

1.2.2 社会效益

2019 年成为全球 5G 商用元年，在未来几年，5G 技术将与云计算、物联网、人工智能、区块链等技术交织前进，对行业变革及社会经济发展带来极其深刻的影响。围绕行业规则制定、关键资源获取等方面的话语权，甚至会成为大国博弈的关注点。

在全球 5G 竞争态势上，中国政府在政策层面给予了大力支持，大量涉及 5G 的政策密集出台，包括《关于进一步扩大和升级信息消费持续释放内需潜力的指导意见》《2018 年新一代信息基础设施建设工程拟支持项目名单》《扩大和升级信息消费三年行动计划》等，推动了信息基础设施的提速升级，要求确保 2020 年启动 5G 商用。

在 2018 年 12 月初试验牌照发放后，国内三大运营商全面启动 5G 规模试验和行业应用示范，积极运营 5G 进行融合创新。中国联通在北京、上海、广州等 7 个特大及重点城市实现城区连续覆盖，在 33 个大城市实现热点区域覆盖，同时推出 N 个面向行业的定制化 5G 专网。中国移动在 5 个城市开展网络规模试验，在 12 个城市进行 5G 业务示范试验网建设，建设 31 个应用场景 5G 示范点。中国电信在 17 个城市进行 5G 试验网建设，积累了 200 多家 5G 应用创新实践联合试验客户。

中国具有体量巨大的移动市场，截至 2018 年年底，拥有 12 亿户独立用户，规模几乎是北美地区的 4 倍。其中，超过 97% 的用户来自中国内地，其余用户分布在香港、澳门和台湾地区。同时值得注意的是，中国移动互联网普及率在不到 10 年的时间内增长了三倍。巨大的市场规模及增长率将带来非常高的经济效益。中国信息通信研究院预测，2020 年 5G 正式商用，将带动中国直接产值约 4840 亿元，其中网络设备和终端设备占 4500 亿元，间接产值 1.2 万亿元；到 2035 年，将分别带动直接产值 6.3 万亿元，间接产值 10.6 万亿元。5G 技术的应用与普及也将在世界范围内带来非常巨大的经济效益，德勤咨询公司预测，2020—2035 年期间，全球 5G 产业链投资总规模将达到 3.5 万亿美元，由 5G 技术驱动的行业应用销售额将达到 12 万亿美元。

国外也纷纷将 5G 定为新一代移动通信技术，投入巨大力量。在 2018 年 9 月，美国联邦通信委员会（FCC）发布"5G 加速计划"，从频谱分配、基础设施及监管方式的现代化三方面促进 5G 发展。2018 年 10 月，发布了《关于制定美国未来可持续频谱战略的总体备忘录》，呼吁 2019 年中期制定国家频谱战略。同时，美国运营商 T-mobile 与 Sprint 合并，合作发力 5G。Verizon 全球首发 5G 固网无线接入业务，2019 年在芝加哥和明尼阿波利斯推出 5G 超宽带网络。在产业链方面，硅谷科技企业掌握多项 5G 技术核心，合力发展 5G。从加快部署、解除管制、促进技术扩散三个维度扩大 5G 应用。

韩国也在 5G 方面走在前列。在 2018 年 4 月，韩国发布《创新增长引擎》计划。在 2019 年 4 月，发布 5G+战略，鼓励政府与民间资本携手推进 5G 发展。2019 年，韩国三家运营商均提前商用 5G 移动网业务，共享通信基础设施，线路相互引入，改善通信瓶颈，并计划于 2022 年建设成熟的全国性 5G 网络，覆盖 93% 的人口。

日本在 2019 年正式分配 5G 频谱，内政和通信部发布"到 2020 年实现 5G 应用"的政策，促进 5G 发展。提出"超智能社会 Society 5.0"战略，旨在通过信息通信技术实现网络空间与现实空间的高度融合。日本运营商积极响应政府号召，面向社会整体 ICT 化拓展 5G 场景和服务。Softbank 侧重于互联网业务，并开始探索卫星行业，推动现有通信与 IT、互联网等新业务的协同。NTT DoCoMo 关注非电信增值业务，通过合作、投资、收购等方式，向提供整合服务的公司转型。

欧盟在 5G 发展上稍慢于东亚、北美，在 2018 年 5 月联合发布 5G 合作协议。北欧五国表示，要在信息通信领域加强合作，提出一系列举措。但是由于频谱资源匮乏等原因，5G 研究开发和商业化布局进展缓慢。北欧五国签署合作协议，有限投资本地 5G 网络建设，并鼓励北欧国家之间在 5G 领域更密切合作。

数字化转型是未来中国的发展趋势，5G 技术革新是支撑数字化转型的核心关键技术，技术创新也是 5G 发展的内在驱动力。5G 时代基础通信仅是应用中的一小部分，5G

技术在商业、工业、医疗、教育等领域的创新应用才是 5G 价值真正体现的蓝海，5G 技术将大力推动移动互联网向产业互联网的发展进程。5G 技术改变了以往以语音、流量业务为主的无线通信服务方式，加入了跨界垂直应用，如车联网、工业控制、远程医疗、智能家居、环境监测等，从前几代通信系统对无线技术的要求转变为对无线、网络领域众多关键技术的总体要求，呈现出体系化发展的新特性。

针对多业务场景对网络通信的不同要求，5G 非常强劲地促进了技术创新，推动了无线技术、网络技术的革新与发展。大规模天线阵列（Massive MIMO）技术通过提高系统的频谱效率，在容量提升、干扰抑制、边缘覆盖、多场景支持等方面起到非常大的性能改进作用。MEC（移动边缘计算）技术针对本地化、大带宽、低时延业务提供优化的服务运行环境，同时提供虚拟迁移技术，实现内嵌应用在不同位置的迁移。网络切片技术基于统一物理基础设施的逻辑网络，面向不同用户提供定制的网络功能和服务特性。高频通信及混合波束成形技术同样得以迅速发展。

未来，5G 无线通信技术的迅猛发展，将促进无线技术在各行业的广泛应用，推动各行业数字经济的转型。

1.3　5G 的特点

1G 到 4G 时代的移动通信技术已经对人们的生活方式产生了深刻的变革，5G 时代将面对更加多样化的通信场景需求，包括移动流量的激增、海量设备互联、AR/VR 等创新行业应用，5G 时代将是万物感知、智能互联的新时代。

根据不同业务场景，5G 网络需要满足多种多样的应用需求，例如，智慧能源、智慧农业、智慧电网等应用存在大量的物联网设备接入需求，自动驾驶、工业应用、远程控制等场景要求网络时延达到毫秒级，高清视频、AR/VR 应用要求移动网络带宽足够大。这些不同的场景需求对 5G 网络的智能性及灵活性提出了较高的要求。国际电信联盟（ITU）根据应用需求不同，对 5G 主要应用场景及关键性能指标进行了分析归纳，包括增强型移动宽带（eMBB）、大规模机器类型通信（mMTC）、超高可靠和低时延通信（uRLLC）三大特征，以及峰值数据传输速率、用户体验数据传输速率、时延等八大关键性能指标。

1.3.1　三大特征

增强型移动宽带（eMBB）、大规模机器类型通信（mMTC）、超高可靠和低时延通信（uRLLC）是 ITU 给出的 5G 三大特征。这三大特征可以惠及各个行业，覆盖了当前各行业对网络通信的应用需求，在网络层面对各行业的应用创新提供了强力支持和保障，促进了诸如无人驾驶、AR/VR、工业控制、远程医疗等行业的跨越式发展，如图 1-2 所示。下面我们对 5G 三大特征进行简要的介绍。

1. 增强型移动宽带

增强型移动宽带（eMBB）场景主要面向人们日常数据应用，支撑超高用户体验数据传输速率及流量密度。随着 AR/VR、超高清视频等新媒体业务的快速发展，通信网络面临着数据流量的激增。前面提过，2019 年第 1 季度全球移动数据每月已有近 29EB，同比增长约 82%，未来全球移动数据总流量将继续增长。超高清视频将成为未来新媒体行业的基础业务。各大媒体集团包括广电和腾讯视频、优酷视频等互联网媒体都在积极布局超高清视频直播业务，未来视频分辨率将从高清进入到 4K、8K 超高清阶段。VR 全景视频能够为用户提供沉浸式、代入感极强的视觉体验，赛事直播、音乐会欣赏、虚拟教学等场景将在 5G 时代得到全面商用推进。新媒体业务具有业务量大、数据传输速率高、时延短的特点，需要网络提供大带宽和低时延的支持，为了保障业务质量、提升用户感受，对 5G 提出了增强型移动宽带场景的应用需求。

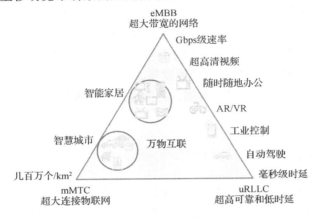

图 1-2　5G 三大特征

2．大规模机器类型通信

大规模机器类型通信（mMTC）场景主要面向物联网设备应用，如智能抄表、智能家居、智慧城市应用等。该场景具有连接设备数量庞大的特点，每平方千米（km^2）可接入设备数量最大可达几百万甚至上千亿个，对 5G 网络的连接能力提出了前所未有的挑战。对于电网采集业务，连接数密度为几百万个/km^2。如果将采集范围扩展到电力二级设备及各类环控、物联网、多媒体场景，连接数密度将成倍增加。大规模机器类型通信场景下，设备通常需要传输相对少量的非时延敏感数据，同时对设备有电池续航时间及成本控制的需求。

3．超高可靠和低时延通信

超高可靠和低时延通信（uRLLC）场景主要面向工业控制、自动驾驶、智能电网、智慧医疗等对时延和可用性要求十分严格的场景。在工业控制场景下，闭环控制系统在控制周期内接收每个传感器的测量数据，典型的闭环控制过程周期为毫秒级，对系统的通信时间则提出了更高的要求。在自动驾驶、远程驾驶、编队驾驶场景下，需实现车端感知信息和车辆状态信息的实时上传，保障对车辆的实时控制，对 5G 网络时延提出了较高要求，远程监视应用时延应小于 50ms，对于编队驾驶的时延要求将会更加严苛。在智能电网、智慧医疗场景下，为了实现业务的精确性，同样存在大量应用对未来 5G 网络通信的时延要求达到毫秒级。

1.3.2 八大性能指标

5G 时代，面临移动互联网和物联网快速发展的挑战，场景更加复杂多样，AR/VR、超高清视频等应用将带来移动流量超千倍的增长，工业控制、车联网、环境监测、智能家居等应用将推动物联网设备数量的爆发，数以千亿计的物联网设备存在网络接入需求，以实现万物互联。因此，5G 时代不再单独追求速率及带宽的提升，而是要考虑众多场景，满足应用需求。ITU 在 5G 建议书中定义了 5G 的八大关键性能指标，如图 1-3 所示，包括峰值数据传输速率、用户体验数据传输速率、频谱效率、移动性、时延、连接数密度、网络能效、区域通信能力。

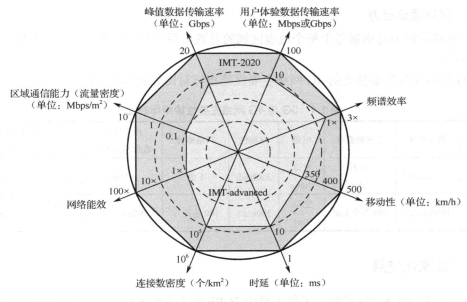

图 1-3 5G 的八大关键性能指标

1．峰值数据传输速率

每名用户/每个设备在理想条件下可以获取的最大数据传输速率（单位：Gbps）。

2．用户体验数据传输速率

移动用户/设备在覆盖区域内随处可获取的可用数据传输速率（单位：Mbps 或 Gbps）。

3．时延

无线电网络对信源开始传送数据包到目的地接收数据包的时间造成的延迟（单位：ms）。

4．移动性

属于不同层或无线电接入技术（多层/多种无线接入技术）的经界定 QoS 和无缝转换能够达到的最快速度（单位：km/h）。

5.　连接数密度

连接数密度是指单位面积内可接入设备或可访问设备的总数（单位：个/km²）。

6.　网络能效

网络能效包括两个方面：在网络层面上，指无线接入网络（RAN）之单位能耗的用户传输或接收的信息比特数量（单位：bit/Joule）；在设备层面上，指通信模块之单位能耗的信息比特数量（单位：bit/Joule）。

7.　频谱效率

频谱效率是指单位频谱资源和每小区的平均数据吞吐量相较 4G 的提升倍数。

8.　区域通信能力

区域通信能力是指服务于每个地理区域的总通信吞吐量，以流量密度来衡量（单位：Mbps/m²）。

5G 网络和与其最接近的 4G 网络主要性能指标对比如表 1-1 所示。

表 1-1　5G 与 4G 网络主要性能指标对比

网络	流量密度	连接数密度	时延	移动性	网络能效	用户体验数据传输速率	频谱效率	峰值数据传输速率
4G	0.1Mbps/m²	10 万个/km²	空口 10ms	350km/h	1 倍	10Mbps	1 倍	1Gbps
5G	10Mbps/m²	100 万个/km²	空口 1ms	500km/h	100 倍提升	100Mbps～1Gbps	3～5 倍提升	10～20Gbps

1.3.3　标准化进展

目前，5G 网络的标准制定工作主要由 3GPP 的工作组 SA2、RAN2、RAN3 等完成，涉及核心网和无线接入网的相应标准。5G 网络架构的标准化工作将由多个版本完成，包括 Rel-14、Rel-15、Rel-16 等阶段。

在核心网标准制定方面，3GPP SA2 成立了 NextGen 研究项目，进行 Rel-14 阶段的 5G 标准化研究。在 Rel-14 阶段，3GPP 重点研究 5G 新型网络架构的功能特性，聚焦网络切片、移动边缘计算、新型接口和协议等技术的标准化工作。

为了加速 5G 标准的制定，新一代移动通信技术标准分成了 Rel-15、Rel-16 两大阶段。在 Rel-15 阶段，包括非独立组网模式 NSA 标准、独立组网模式 SA 和延迟交付模式标准。目前 Rel-15 版本已经完成并冻结，全球的商用服务主要基于 Rel-NSA 模型。

Rel-16 主要涉及 5G 垂直行业应用，包括 5G-V2X、工业 IoT 等，同时还涉及 5G 整体系统的性能提升。Rel-16 版本已于 2020 年 3 月完结。

对 5G 边缘云计算产业而言，无论在技术和产品的提供方面，还是在环境的搭建和应用的开发方面，标准都有着重要意义。5G 边缘云计算产业生态参与者可谓方方面面。除 IT 巨头之外，相关的标准组织可谓数不胜数，如 ITU、IEEE、IETF、DMTF、OASIS 等。

业界各大佬都想争做领头羊，且在相关领域互不相让。

标准的出台是为了兼容、互通，促进产业生态的健康发展和共赢。这里以笔者直接参与的 OASIS 的 WSDM 与 DMTF 的 WS-MAN 之间的标准"大战"为例。假设英特尔（Intel）要设计一款外带（Out Band）管理芯片，使得当系统出现故障时，管理软件可以对系统进行故障诊断或重启机器等。如果芯片的设计不遵从已有的标准，很可能已有的管理软件无法"知道"它的存在，更无法对其进行操作，这肯定不是英特尔所希望的。为了配套芯片的使用，英特尔需要发布一整套自己的设计指标，编写一套专门的协议。如果这套指标和协议与已有的标准有出入，那么英特尔会面临两个选择，一个是改变自己的设计，另一个是说服其他厂家接受英特尔的设计从而制定一个新的标准。因为改变自己的设计可能要花费很大力气，并且有些新的功能可能难以实现，因此从标准入手就是明智的选择。

与此同时，现有的各大管理软件，例如，微软的 MOM（Microsoft Operation Manager），惠普的 HP Openview，IBM 的 Tivoli 都有自己的设计和方法。如果不支持英特尔，它们就会失去这个市场机会；而如果完全按照英特尔的标准，它们就需要花费力气重新设计，并且有可能不得不改变各自原来的产品路线图。这个时候就需要大家坐下来谈，并且经过多轮谈判，达成最大程度的共识从而形成新的"标准"。而那些更多的、影响力较小的管理软件公司，应该做的就是快速学习跟进。

5G 边缘云计算涉及的技术领域非常广泛，标准也非常多，不可能也没有必要把每个标准都拿来面面俱到地去研究。而应该把注意力放在围绕边缘资源的描述（Description）和使用（Access）相关的两大标准体系上，这也是 5G 边缘云计算服务的提供者和消费者共同关心的。特别是对于 5G 边缘云计算技术和产品的提供者来说，要学会明智地参与到标准体系的建设中。所谓"明智"，就是不要为参与标准而参与，而是要根据自身的产品技术方向和在 5G 边缘云业态中的位置，同时参考竞争对手的动向，有目的地参与。先进去和"高手"学学，在有条件、有必要的时候再成为引领者。

需要指出的是，5G 边缘云计算涉猎领域很广，再加上 5G 通信技术，就标准化而言，一劳永逸（One size fits all）是不可能的，但为每个行业制定一个标准也不现实。一个合适的做法，应该是求同存异（One size fits many），应该集中在几个相对"大"的行业上。现阶段只是 5G 的开始，什么样的行业真正称得上"大"是需要进一步研究的。

1.4　小结

移动通信经历了 1G 时代的语音业务，2G 时代的短信业务，3G 时代的图像业务，4G 时代的视频业务，每个时代的业务类型都和网络能力有很大关系。与 4G 相比，5G 涉及全频谱、新型多址、新型调制编码等多种无线技术，以及 SDN/NFV、网络切片等众多核心网技术。5G 的三大重要特征惠及消费互联网与产业互联网的各行各业，构成 5G 边缘云计算的网络基础。5G 发展的根本驱动力是问题导向和社会效益。新媒体、AR/VR、云游戏、工业互联网、智慧医疗等场景的创新应用都会得益于 5G 网络。

第2章

初识边缘云计算

边缘计算（Edge Computing，EC）可谓是一个老话题。在云计算兴起之前，几乎所有的 IT 系统都是 On Premise 贴近企业的计算。随着端的"动中通"能力的提升，发展出了移动边缘计算（Mobile Edge Computing，MEC）。随着端的接入技术的多元化，进而有了多接入边缘计算，同样保留了英文缩写 MEC，但字母 M 所代表的则是多接入，即 Multi-access Edge Computing。其中的接入方式可以是有线的，也可以是 Lora、NB-IoT、Wi-Fi、4G 等。5G 边缘云计算是以 5G 为接入技术、以云的范式进行的边缘计算，即 Run edge computing in a cloud fashion。

应用场景的丰富和技术的快速发展导致了 IT 系统的合久必分。对时延、数据传输速率、带宽的要求，使得一些应用必须部署在靠近边缘侧；同时边缘计算能力的提升，也使得这些业务的部署成为可能。边缘云计算将计算能力部署在网络边缘，赋予网络边缘设备一定的计算和存储能力，对实时性要求较高的数据将直接在网络边缘侧得到处理，减少了网络操作和服务的交付时延。边缘云计算起源于云计算技术，随着行业应用的兴起，将迎来快速发展契机，特别是面向物联网、大流量等场景实现更广的连接、更低的时延、更好的控制，在新媒体、工业、医疗等领域将得到越来越广泛的应用。

2.1　边缘云计算的起源

第 1 章已介绍过，从整体的 IT 格局来看，信息化系统大致经历了三个大平台，从大型机时代到开放式系统和 x86 的兴起，最后走到 CAMS（云计算、大数据、移动互联、社交网络）。在这个过程中，企业产生的数据量在不断增加，同时应用场景要求的时延则越来越低。在数字化转型上，最初从聚焦企业的 ERP 系统，转换到直接帮助生产的边缘系统，信息量规模不断增大，要求处理后数据的返回时延越来越低。原来的信息化系统主要满足 ERP 等传统业务的需求，但是现在信息化更多的是要渗透到具体的生产中，不再是一个原来的辅助系统。

在以前，边缘侧对待数据无非做这 4 件事情：数据采集、简单的数据格式化、数据压缩、数据传输。以一个边缘侧的应用为例，用户在购物时，需要在终端购物 APP 中输入商品信息，即为最初的数据采集。随后，APP 将按照购物软件的要求对采集到的数据进行格式化处理，转换成符合应用的数据格式。当与商家进行交流时，如果涉及图片等数据量较大的信息，APP 将会对内容进行压缩，最后将处理好的数据传输到商家服务器端。这是在没有边缘计算时的一个典型边缘侧应用，在面向个人用户时，对数据传输的准确性和网络时延要求不高，即使在传输过程中出现少量的丢包或者时延高了零点几秒，对用户的应用影响也不大，是尽力而为的应用。但是在边缘计算时代，如远程医疗手术场景下，些许的时延将造成很严重的后果。

边缘计算是在实际应用场景驱动下发展起来的。随着多种业务应用的发展，对时延性能的要求越来越高。如果将所有的计算均集中到云数据中心处理，将导致非常高的时延，为了应对业务发展的需求，需要将云数据中心要处理的业务下沉至网络边缘，这促进了边缘计算的发展，即 IT 基础设施的合久必分。边缘能力的增强，使得原来的数据采集、格式化、压缩、传输 4 项基本要求在性能上得到了提升。

在讲边缘计算起源之前，我们先对边缘计算、雾计算、云计算的关系进行澄清。边缘云计算是边缘计算和云计算的结合。雾计算可被认为是云计算的子集，其初衷是为了将计算能力下沉至网络边缘，在靠近数据源头的位置进行部分数据处理，实现处理时延的降低、减少发送到云端的数据量等。而边缘计算在众多 IoT 垂直领域，如工业、智慧城市、石油、天然气等，通常被认为是一种成熟的技术，主要用于提供控制功能。目前，对于边缘计算和雾计算的概念区分日渐模糊。边缘计算可以看作雾计算的一个子集，其与雾计算最本质的区别在于边缘计算更贴近数据源头，在承担应用功能方面相对简单。图 2-1 表示了边缘计算、雾计算和云计算之间的关系，可以看出它们在功能上的重叠。

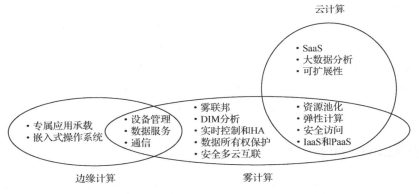

图 2-1　边缘计算、雾计算和云计算之间的关系

边缘计算通常使用嵌入式设备，主要用于少量的设备感知和服务感知，但无法感知到整个域的设备状态，也没有物联网的垂直感知和整合，而安全范围与数据分析范围仅限于单个设备。雾计算的计算和感知范围较边缘计算的范围要广。雾计算使用嵌入式设备，同时也使用物理机和虚拟机承载用于实时控制的软 PLC（可编程逻辑控制器）。雾节点能够为应用程序提供虚拟化环境，支持丰富的虚拟化，在边缘提供数据分析和故障检测服务。雾计算将云计算连续扩展到雾级别，拥有完整的网络，可感知整个雾域，控制域中的所有设备，支持连接多个物联网垂直域，能够从边缘的多个设备收集、处理数据，并进行进一步的分析、异常检测和系统优化，甚至进行机器学习。

当前，边缘云计算正在重新定义边缘计算的范畴，包含了一些雾计算的功能，如互操作性、本地安全等。边缘计算与雾计算的边界正趋向融合。在后续章节中，本书将边缘计算和雾计算统称为边缘云计算，或边缘云。

"中心云"采用集中式部署的方式，通过云数据中心对数据进行集中处理。随着应用场景及技术的发展，计算开始呈现分散化处理的趋势。以前，CPU 等计算单元价格相对较贵，生产中产生的数据量相对较少。此时，数据能够围着计算跑，可以把所有的数据集中到云数据中心进行计算，而且在这种情况下性价比最高。随着边缘侧计算能力的提升，产生的数据越来越多。在互联网特别是移动互联网、大数据、人工智能时代，数据量非常大，数据传输的成本非常高，远大于将计算部署在本地的成本。此时，需要计算围着数据跑，将计算能力部署在数据源侧，降低成本。除传统的 CPU 外，又有了 GPU 芯片，可以进行人工智能的训练；还有智能网卡，在网卡上可以叠加计算能力，处理更多网络数据；还有智能存储设备，在存储器上增加芯片，进行加密算法处理等。这一切核心都是让数据不再跑"冤枉"路，而把计算能力靠近数据进行本地化处理，形成了计算的分散化部署，促进了边缘计算的发展。

随着物联网发展和 5G 的到来，需要对原本在云数据中心进行计算的集中式数据处理方式进行重新审视。在传统云数据中心部署有计算、存储资源，所有的数据均在云数据中心处理。这种集中处理的模式，虽然可以在一定程度上创造规模经济效益，但是在万物互联的时代，也会出现一些难以解决的问题。

首先，云计算面临低时延处理瓶颈。5G 提升了网络的大带宽、泛连接、低时延特性，面向个人用户及行业用户催生了一系列的创新应用，如 AR/VR、互动直播、自动驾驶、智能制造等。这些应用的使用，除需要满足计算能力之外，对网络时延也提出了极高的要求。AR/VR 的网络时延通常需要低于 15ms，以实现对视频的实时渲染；互动直播的时延通常需要低于 10ms，以实现对视频的转码；自动驾驶的时延通常需要低于 1ms，以实现 AI 推理；智能制造应用的时延通常需要低于 1ms，以进行基于 AI 的精准控制。当前的云数据中心，由于计算资源部署位置远离数据源，在时延上不能满足应用需求，因此时延问题是边缘云计算要解决的首要问题。

其次，云计算面临数据处理的网络压力。随着工业互联网、智慧城市、能源互联网等传感器应用的快速发展，网络边缘侧存在着数以亿计的海量互联设备。通过对各种类型数据的采集，将产生无比巨大的数据，数据增长呈现爆发式趋势。传统线性增长的云计算模式无法跟上爆发式增长的数据计算要求。部署在网络边缘侧的传感器设备，如工业互联网、智慧城市等，将产生大量生产环节的关键性实时数据。大量数据的集中处理，对网络带宽提出了较高的要求。如果将数据传输回云数据中心，将对网络产生巨大压力。

另外，云计算面临安全隐私方面的问题。随着社交、购物、视频等应用的开展，越来越多的用户信息被传输到云数据中心进行处理。用户平面临着越来越严重的隐私泄露等问题。例如家庭摄像头应用，用于家庭监控等目的，在监控过程中，产生了大量视频数据，增加了泄露隐私数据的风险，同时也出现了关于摄像头入侵、视频泄露的案例。如果在边缘侧对数据进行类似云计算的安全加密等隐私保护处理，将大大增强对用户隐私安全的保护。促进边缘侧的计算，以协调、整体考虑的云计算范式进行。边缘云计算就是为解决上述问题而生的。

2.2　边缘云计算的定义

边缘云计算是云计算概念的一种延伸，通过将计算能力部署在网络边缘，降低业务处理时延，同时满足现场计算能力的要求。边缘云计算和云计算是相互协同的关系。由于场地、电力等资源限制，边缘云计算通常采用轻量级的部署方式，计算能力是相对有限的，通常用来承载时延敏感性业务，实现局部性、实时、短周期数据的处理与分析，支撑本地业务的智能决策。对于大规模数据分析业务，如 AI 模型训练、大数据分析等，往往还是需要云数据中心进行。图 2-2 所示为从时延的角度看边缘云计算。

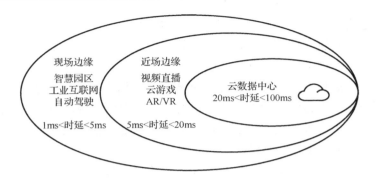

图 2-2　从时延的角度看边缘云计算

对于边缘云计算平台，各个厂商都有自己不同的产品，目前还没有统一的标准。华为云按照对时延的要求，将边缘云分为现场边缘和近场边缘，这就是所谓的"端—边—云"。对于时延要求比较苛刻的业务，如工业互联网、自动驾驶等应用，要求时延在 1～5ms 之间，通常称为"现场边缘"。在这种场景下，计算能力要求以 AI 推理为主，部署平台需要提供 GPU 能力，承载机器学习、深度学习应用。对于时延要求在 5～20ms 的业务，如云游戏、视频直播、AR/VR 等应用，通常称为"近场边缘"，以视频服务为主。在这种场景下，计算能力要求包括 AI 推理、视频渲染编码。对于时延要求不高（20～100ms）的应用，通常部署在云数据中心，计算能力包括机器学习等智能服务、虚拟化、物理机。

美国国家标准与技术研究院（NIST）给出了边缘计算的参考架构，参照云计算将边缘计算分为边缘 IaaS 层、边缘 PaaS 层、边缘 SaaS 层，分别对应云计算的 IaaS、PaaS、SaaS 三层。边缘 IaaS 层主要提供包括虚拟化服务、网络等基础设施资源服务；边缘 PaaS 层主要提供包括控制层面、管理层面等服务；边缘 SaaS 层主要提供行业的应用。边缘云与云数据中心是相互协同的关系。通过云边协同，使用边缘节点承载时延敏感的数据，使用云数据中心承载 AI 模型训练等对计算能力需求较大的业务及对时延要求不高的业务。边缘计算与云计算在 IaaS、PaaS、SaaS 层面应能够实现合理分工与全面协同。

边缘云计算通常包括边缘网关、边缘一体机，以及具备计算、存储、网络能力的边缘云平台等。边缘网关实现边缘设备的接入，实现多种边缘网络协议的转换整合、数据采集处理。根据应用场景的不同，边缘计算需要提供多种类型的计算能力，支持包括 x86、ARM、GPU 等多种类型的芯片。由于边缘场地的限制，现场往往无法满足标准的机房条件，因此各厂商为解决机房问题纷纷推出了边缘一体机、边缘服务器等增强硬件设备。边缘一体机将计算资源、存储资源、网络资源、虚拟化平台整合到一个机柜中，加快了边缘云的安装部署，缩短了上线时间。边缘云计算平台通常采用轻量级虚拟化技术，其中云原生技术成为一种常见的部署技术，华为、金山、百度等厂家纷纷发布了基于云原生技术的边缘云平台。对于承载边缘云平台的边缘服务器，通常部署在运营商地市级核心机房、县级机房、企业机房等位置。在边缘场景下，对边缘智能是有一定要求的，因此需要 AI 的边缘部署，要求边缘云服务器配备相应的能力。

边缘是相对于中心的，中心就是通常的云，这种由分散到集中，又由中心到边缘的发展过程，颇有"分久必合，合久必分"的味道。边缘的第一层含义是指边缘云计算相对于一般意义上的云，也就是中心云来说，是处于边缘位置的。将一些应用布置在边缘侧去处理和运算，其在效果和成本上的综合表现可能要优于放在中心侧。以前，没有边缘云的时候，相对于中心云，终端侧更像是一个"瘦终端"，而边缘云的出现，使得终端侧更像一个"胖终端"。对于一个有实用价值的边缘云计算，我们会看到一个云层（Cloud Layer）、雾层（Fog Layer）、薄雾层（Mist Layer）、器件层（Device Layer）的分层架构。对于一个典型的边缘云计算体系，其中的云有成百个，雾有成千层，薄雾和器件有上百万个。

边缘的另一层含义则是指相对于使用者的生产系统来讲，IT 系统就属于"边缘"系统。使用者可能更关心处于中心位置的 MES、SCM、CRM 和 ERP 等生产系统。由此可见，想要利用好边缘云计算，就需要对业务有深刻的理解，具备深厚的专业知识功底。

2.3　小结

边缘云计算是以云的范式运行的边缘计算。边缘云计算通过赋予边缘侧计算、存储能力，使得时延敏感数据可以在边缘侧得到处理，降低了应用的响应时延。边缘云的计算能力和数据的传输密不可分，如果将这两方面割裂开来，边缘云计算技术的作用很难得到充分发挥。5G 将通信网络转化为计算平台，带来了计算能力和传输的有机结合，将为边缘云计算带来前所未有的发展契机。

第3章

5G边缘云计算

边缘究竟在干什么？前面提过，在 5G 之前，主要工作无非是数据的采集、格式化、压缩、传输。随着应用场景的丰富，对边缘侧的要求主要体现在计算能力的提升和结果的迅速呈现上。然而，由于边缘侧的资源限制，无法将所有数据都在边缘侧进行处理，加之边缘侧的数据很可能是不够的，需要来自相似行业更大的数据集，所以存在很大一部分数据需要传输到云数据中心，和中心云的大数据集一并进行处理。数据的传输依然是"房间里的大象"，是避不开的。5G 无线传输技术的出现，释放了网络对各行业信息传输的限制。本章简要介绍 5G 技术带来的云计算格局的变化。

3.1 5G 边缘云计算网络

与 4G 相比，5G 网络在无线接入网和核心网的设计上采用了众多新技术，在连接数密度、带宽、时延等性能指标上得到了大幅度提升，能够满足工业、医疗、新媒体等众多行业的网络应用需求。随着各行业应用场景的不断丰富，终端设备产生的数据量不断激增，同时业务对时延的要求也越来越高，产生了对边缘计算的应用需求。5G 网络为边缘计算在众多行业的落地提供了网络基础，为边缘计算提供了良好的发展契机。

5G 试商用的频率段在 28GHz 附近，频率的增高导致波长变短，进入毫米波的范围。5G 将 4G 的大规模天线阵列技术和波束赋形技术与毫米波配合使用，以提升天线增益；同时，同频全双工技术使得频谱资源的使用更加灵活，终端直通技术实现了终端之间的直接通信；低密度奇偶校验信道编码的使用，提高了数据传输速率；以 C-RAN 架构，实现了设备接入的集中化处理。另外，在移动应用场景，5G 的优越性是显而易见的，能够充分满足边缘计算在各个应用场景中对设备接入的要求。

在核心网方面，5G 采用扁平化设计，充分利用 SDN/NFV 技术优势，实现网络的快速部署、资源的灵活调度。SDN 技术实现了网络控制平面与转发平面的分离，可以让网络管理员在不改动硬件设备的前提下，以中央控制方式用程序重新规划网络，为控制网络流量提供了新的方法。NFV 技术可以通过软硬件解耦及功能抽象使网络设备功能不再依赖于专用硬件，使资源可以充分灵活共享，实现新业务的快速开发和部署，并基于实际业务需求进行自动部署、弹性伸缩、故障隔离和自愈等。为满足不同的场景应用，5G 引入网络切片技术。针对不同场景应用，能够构建低时延网络集群、大带宽网络集群、高服务质量集群，满足各业务场景对不同 QoS 的需求。随着虚拟化技术的发展成熟，网元的云化部署成为 5G 的重要建设方式，为实现灵活的网络建设提供了技术保障。通过构建电信级云平台，承载 5G 网络的虚拟化服务。同时，通过控制器实现网络服务编排，实现网络的灵活资源配置，缩短业务上线周期。总的来说，5G 核心网能够为边缘计算的各个场景应用带来传输时延的降低、链路容量的提升、服务质量的改善。

5G 网络将促进云边协同的发展，边缘计算再强大也无法替代云计算。云边协同是满足业务应用的必然选择，云边协同不仅是网络的连通，还是任务的再分配。5G 网络的强大性能，无疑将为云边协同发展提供有力支撑。一个完整的业务通常需要边缘和云数据中心的计算资源同时来完成。边缘云需要在资源、数据、安全等方面实现与中心云的全面协同。边缘云和中心云均提供计算、存储、网络、虚拟化等基础设施资源，时延敏感数据可以通过 5G 无线接入网在边缘云平台进行处理。经边缘云处理后需要进行大规模数据分析的业务，能够根据业务的不同 QoS 要求，在 5G 核心网中构建不同的切片，传输到中心云进行最终处理，实现中心云对边缘云的资源调度管理。

3.2　5G 边缘云计算典型架构

5G 叠加边缘计算，将成为 IT 基础设施新的发展趋势。在传统的云计算架构中，所有数据处理任务均在核心网中的云数据中心完成，这要求数以亿计的终端设备将它们的数据通过核心网传输至云数据中心。如此庞大的通信量将削弱前端容量，并可能使核心网负担过重，产生网络拥塞，最终将影响用户的 QoS 体验。解决这个问题最直观的方法是，将计算和存储资源从云数据中心下沉至网络边缘，由终端产生的数据将在边缘侧得到处理，不需要全部发送到中心云中，进而减少核心网流量的激增。5G 边缘云计算的分层架构如图 3-1 所示，包括云计算层、边缘层和终端层。

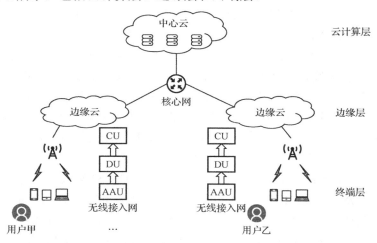

图 3-1　5G 边缘云计算的分层架构

终端层包括所有连接到无线接入网中的终端设备，包括传感器等 IoT 设备，智能电话、平板电脑等移动终端。这些设备直接与网络进行数据交换，或者这些设备之间进行数据交换。作为所有进入网络的数据源和执行任务的主要执行器，这些设备是底层的设备。

边缘层由终端层与云计算层之间的中间网络设备组成。这一层的第一个数据处理点是直接与核心网相连的射频拉远头和小站，在这里处理数据将大大减少回传的负担。宏站同样作为数据处理点，通过回程链路将处理后的数据发送到核心网中。前传和回传都是通过以太网链路实现的。从射频拉远头到核心网路径上的路由器和交换机等中间设备也是计算与存储任务可以处理的潜在场所。虚拟化技术的进步使得在这些设备上部署应用程序成为可能。每个应用程序都以虚拟机的形式打包，并在适当的设备上运行。

云计算层位于最顶层，云虚拟机作为计算的处理点。理论上无限的可扩展性和云的高端基础设施，使得处理对计算和存储资源有大量需求的应用成为可能，而这些在边缘设备上是无法做到的。

为实现时延的降低，5G 对 4G 的核心网和无线接入网进行了重新设计。将核心网进行了下沉，从骨干网下沉到城域网，将无线接入网分为 AAU、DU 和 CU。AAU 为有源天线单元，包括天线、滤波器、功放、数模转换、数字中频，部署在接入机房的基站位置。DU 为分布单元，负责处理物理层协议和实时协议，一般接近接入机房部署。CU 为集中单元，负责处理非实时协议和服务，可部署在无线/接入机房、普通汇聚机房、重要汇聚机房及核心机房。CU 和 DU 既可以分开部署，也可以部署在同一个硬件设备上。

通信时延主要由空口时延、核心网传播时延、核心网转发时延、业务处理时延组成。空口时延为无线接入侧时延，与帧长等因素有关。在 5G 标准中对空口时延的要求是 1ms。核心网传播时延为数据传输过程中的时延。以光纤传输为例，每千米时延约为 5μs。核心网转发时延为设备接收到数据并转发出去的时延，与设备的处理能力有关，涉及差错控制、查找路由表等操作。以光转换设备 OTN 和路由器为例，OTN 设备时延大概为 100μs，路由器时延大概为 1ms。业务处理时延主要取决于服务器的性能及业务涉及的数据量，与具体业务相关。

下面以图 3-1 中的用户甲为例说明 5G 网络对时延的优化。假设云数据中心与用户甲和用户乙的位置相距均为 300km，数据从用户甲和用户乙所处位置发送到云数据中心需要经过 6 个 OTN 设备及两跳路由器的转发，边缘云平台部署在核心网边缘机房中。用户甲发起的通信分为三种业务场景：（S1）用户甲的业务需要由位于云数据中心处的服务器进行处理；（S2）用户甲的业务需要由边缘云平台处理；（S3）用户甲与用户乙通过云数据中心进行数据交换。由于业务处理时延与具体业务相关，在分析网络时延时暂不考虑。各业务场景下的网络时延状况如表 3-1 所示。

表 3-1　各业务场景下的时延状况

时延	5G 网络（S1）	4G 网络（S1）	5G 网络（S2）	4G 网络（S2）	5G 网络（S3）	4G 网络（S3）
空口时延	1ms	10ms	1ms	10ms	2ms	20ms
核心网传播时延	1.5ms	1.5ms	0	1.5ms	3ms	3ms
核心网转发时延	2.6ms	2.6ms	0	2.6ms	5.2ms	5.2ms
网络总时延	5.1ms	14.1ms	1ms	14.1ms	10.2ms	28.2ms

在第一种业务场景（S1）下，用户甲的业务需要由位于云数据中心处的服务器进行处理。对于实时性要求不高的业务，像传统网络一样，将数据传输至云数据中心进行处理。用户甲在无线接入网处的空口时延包括用户甲在 AAU、DU、CU 之间的信令处理时延及传输时延。假定已满足 5G 网络空口时延要求，为 1ms，从用户甲传输至云数据中心的核心网距离为 300km，传播介质为光纤，每千米时延约为 5μs，则核心网传播时延约为 1.5ms。经过 6 个 OTN 设备的总时延为 0.6ms，经过 2 个路由器的总时延为 2ms，则总的单向时延为 5.1ms。在 4G 网络下，无线接入网的时延大约为 10ms。在这种情况下，5G 网络的时延优势主要在无线接入网处得到体现。此时与 4G 网络相比，用户甲主要在无线接入网处降低了时延，至少能够降低约 9ms。

在第二种业务场景（S2）下，用户甲的业务需要由边缘云平台处理。边缘计算的引入，将计算、存储资源部署在网络边缘。与传统将所有数据均上传至云数据中心进行处理相比，边缘计算的引入使得用户甲的数据无须进入核心网，减少了从无线接入网到核心网的路由跳数，以及从核心网到云数据中心的路由跳数，进而实现了整体传递时延的下降。在这种情况下，去除具体的业务处理时延，主要时延为无线接入网的空口时延，即 1ms。与使用 4G 网络相比，至少能够减少约 9ms 的无线接入网时延以及约 4ms 的核心网时延，总计可减少约 13ms 的时延。因此，边缘计算的引入实现了计算资源的下沉，在网络边缘即实现了数据的处理，无须将数据传输至云数据中心，进而降低了整体的传输时延。

在第三种业务场景（S3）下，用户甲与用户乙涉及同一业务的数据交互，服务器位于云数据中心处。此时用户甲与用户乙的通信时延同样主要由空口时延、核心网传播时延、核心网转发时延、业务处理时延组成。在无线接入网处的时延，包括用户甲和用户乙在无线接入网处的时延，为 2ms。核心网传播时延为用户甲和用户乙从无线接入网到核心网的时延，以及从核心网到云数据中心的时延，为 8.2ms。此时，用户甲与用户乙的通信时间为 10.2ms。与 4G 网络相比，5G 网络主要为无线接入网处时延的降低，至少能够降低约 18ms。同时，结合网络切片技术，对于时延敏感数据，5G 网络将构建低时延传输路径，可进一步降低时延。

除了降低链路时延，边缘云还具备提高链路容量、改善服务质量的优势。部署在 5G 无线接入网的计算能力，能够对接收到的数据进行处理。在接近数据源侧进行处理，可以避免数据进入核心网，避免占用数据传输通道，从而提高网络的总体链路容量。以超高清视频服务为例，当前视频数据量呈现爆发式增长，大量视频用户在同一时间请求网络服务，如果视频服务器位于云端，所有数据均进入核心网，将大大地损耗链路容量。如果将视频服务器部署在网络边缘，数据将在边缘侧进行传输，从边缘侧响应，减少了对带宽的损耗，从而提升网络的总体链路容量。

云计算层、边缘层和终端层分别对应本书前言中为 5G 边缘云定义的云层、雾层、薄雾层和器件层，其中边缘层细分为雾层和薄雾层。从计算能力角度考量，5G 边缘云在不同层次上使用特定体系架构的服务器，满足计算能力和环境要求。在云层采用搭载多 CPU 多核的 x86 服务器，安装 CentOS、Ubuntu 或者 Oracle Linux 操作系统，以满足普适需求（General Purpose）；雾层比云层的规模要小一些，采用低功耗的 x86 服务器，如搭载 Celeron 处理器、Atom 处理器的服务器，同样需要安装普适的操作系统，也可以引入 ARM 和 RISC-V 架构服务器；薄雾层所需要的计算能力相比之下更弱，一个明显的标志是不再需要散热风扇，适合使用树莓派（Raspberry Pi）等轻量级设备，安装轻量级的相对专用的操作系统；器件层则包括各种传感器。以上构成了由器件层到薄雾层、雾层和云层的"三级跳"。就目前的状况看，Ubuntu Linux 在这"三级跳"中有相对完整和清晰的路线图。让人惊奇的是，Oracle 发布的 Oracle Linux 也在边缘云上进行了大量投入，在这"三级跳"中同样有相对完整和清晰的路线图。加上 Oracle 在云计算上的积累，在 5G 边缘云中，Oracle 是一支不可小觑的力量。CentOS 则在云层占据着相当大的份额，目前尚看不出从中心云到边缘云的完整方案。在每层中选取服务器体系架构和操作系统应以人员能力积累和复用为原则，尽量避免出现"三级跳"过程中需要更换环境（如.NET、Java）和操作系统的问题。

3.3　联邦计算的概念

对于企业来说，边缘计算将面对一个"中心云+边缘云"的架构。边缘云和中心云均提供计算、存储、网络、虚拟化等基础设施资源，时延敏感数据可以通过 5G 无线接入网在边缘云平台进行处理。这种架构类似于半松半紧耦合，相应地还有紧耦合和松耦合。

首先解释一下联邦的含义。实行联邦制的国家，采用地方分权的治理体系，它可以简单地分为联邦、州、地方等各级政府。州政府不属于地方政府，而是构成联邦的成员政府，州以下的县、市、乡、镇和特别区为地方政府。按照自治耦合度来划分的话，联邦治理可以分为紧耦合；面积、经济体量大的州与联邦政府的耦合度就相对松而自治度大；而其他的州则介于两者之间，可以说是半松半紧的耦合度。

其中，松耦合的一般都是大的州，其自治性强，发展快，经济水平更高；而紧耦合的州，自治性相对弱，经济体量和发展规模也小；而半松半紧耦合度的州，属于中等水平，既受惠于联邦政府的政策法规，又具备本身相当的自治能力。

正是基于这种紧耦合、松耦合和半松半紧耦合的自治体系，5G 边缘云计算不仅是对边缘计算的增强，而且是由此催生出来的一种新的计算范式（Computing Paradigm），即联邦计算（Federated Computing）。联邦计算是"合久必分"哲理的自然结果，特别是在后消费互联网时代，面对各种各样的产业互联网，联邦计算是一种范式变化（Paradigm Shift）。正如 IDC 宣称的：未来，企业中的边缘云部分将占用一半的投入，边缘云的发展与中心云相辅相成，为企业和消费使用者提供更大的价值，同时意味着企业将在边缘云领域进行更多的投入。由此一来，联邦计算将会成为主流计算范式。

在 5G 边缘云计算的前景下，联邦计算将满足行业在数字化转型过程中对海量异构连接、业务实时性、数据优化、安全与隐私保护等方面的关键需求。下面详细介绍联邦计算的自治架构及具有的特性和未来发展前景。

3.4　联邦计算的架构

一个完整的业务通常需要边缘云和中心云的计算资源来同时来完成。边缘云需要在资源、数据、安全等方面实现与中心云的全面协同。"中心云＋边缘云"的设计参见联邦政府的耦合度及结构。如图 3-2 所示，联邦计算拥有三种自治架构：

1）计算主要在中心云；

2）计算在边缘云和中心云，两者协同；

3）计算主要在边缘云。

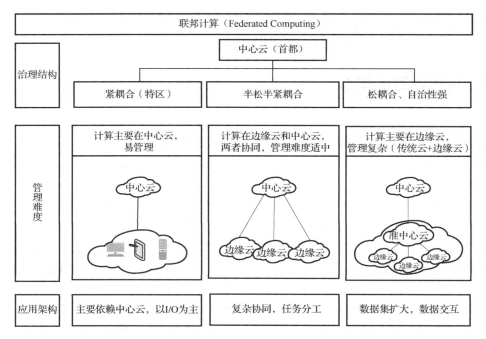

图 3-2　联邦计算

3.5　联邦计算的特征

相较于将数据运算任务集中在核心网中的云数据中心进行处理的传统云计算架构，联邦计算采用直观的方法——将计算和存储资源从云数据中心下沉至网络边缘，由终端产生的第一手数据将在边缘得到处理，通过这种自治方式解决边缘数据问题。

除中心云管理之外，边缘云的资源管理、任务分配（Task Partition）与协同（Orchestration），以及边缘云之间相互作用时产生的博弈过程，是应用、计算、存储与网络在边缘侧实现优质配置的核心。联邦计算带来的是合众计算能力，实现资源的分布式布局。但是，再强大的边缘云计算也无法替代资源"无限"丰富的中心云计算，边缘云与中心云之间的分工与协同至关重要，联邦治理是必需的。

如图 3-3 所示，以中心云为主，紧耦合的边缘云，云形态小，自治性弱；而松耦合的边缘云（私有云），云形态大，其内部由传统中心云和边缘云组成，组织结构复杂，但具有自治性强的特点，发展前景广阔；半松半紧耦合的边缘云居于两者之中。整体来看，每种云结构都离不开中心云的协同和分工。相对来讲，自治性越强的云，其上行到中心云的数据传输相对较少，同时，自治性越弱的云，其接收中心云下行的数据传输相对较多。

由此，联邦计算的组成主要应该有三部分：传统云的管理（TC-MGR）、任务分配控制（Task Partitioner）和交响协同指挥（Orchestration Director），如图 3-4 所示。

很明显，图 3-4 显示了三块区域，左右两侧简单地表示博弈协同的特点，中间区域由传统云组成，包括 IaaS 层、PaaS 层和应用层。而联邦计算的特殊性是，其拥有左右两侧的云层交响协同指挥与任务分配控制，共同维持和保障应用的正常运行和数据传输。

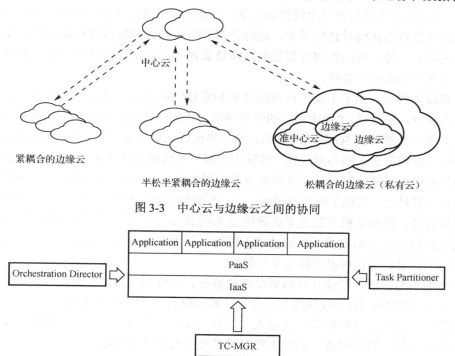

图 3-3　中心云与边缘云之间的协同

图 3-4　联邦计算的主要组成元素

通过与中心云进行云边协同博弈，充分实现场景应用对接近实时的业务，以及在快速反应、安全保护等方面的关键需求的满足。5G 带来的大带宽、泛连接、低时延，在网络边缘以云计算的范式部署数据的采集、计算、存储及相关的数据处理应用，无疑将缩短数据的传输距离，降低时延。

3.6　5G 边缘云计算的发展机遇

5G 边缘云计算在产业互联网中带来的优越性，促使相关产业蓬勃发展。5G 的增强型移动宽带（eMBB）、大规模机器类型通信（mMTC）、超高可靠和低时延通信（uRLLC）三大特征，几乎覆盖了当前各行各业，譬如新媒体、智能制造、智慧医疗等。这些都离不开 5G 与云计算、大数据、人工智能等技术的深度融合。体现出"云就是网，网就是云，云网一体"的云联网格局。Sun 公司倡导的经典"The Network is the computer"又回来了。5G 是在边缘侧无线通信技术的进步，更是对传输网和核心网的挑战，从而倒逼传输网和核心网升级改造。

5G 边缘云计算是云计算服务的自然延伸和全新升级。5G 业务已经不再限于简单的语音、上网服务，而是面向移动用户提供超高清视频、AR/VR 等新媒体服务，面向物联网用户提供工业互联网、无人驾驶、智能家居、智慧医疗等服务。为了充分发挥 5G 的优势，云服务必然要进行服务升级以满足下一代业务的需求。5G 推动世界进入万物互联时代、无人驾驶的兴起、工业互联网的场景应用需求，也将为边缘计算的广泛使用带来发展机会。在 5G 大规模机器类型通信场景下，既要为百亿级设备提供网络连接，又要满足实时运算及毫秒级传输时延的需求。边缘计算的引入则为实现该目标提供了必要的技术支撑。采用云、边、端的协同计算框架，能够满足不同场景下的计算需求，为物联网应用提供更实时的响应和效率。

在新媒体领域，由于不同于传统的语音和常规数据业务，新媒体要求通信运营商能够提供大带宽、低时延、"动中通"的移动网络。新媒体领域超高清视频数据量巨大，通过将视频服务器部署到 5G 移动网络的边缘，将使资源更加贴近客户侧，就近提供服务。这将避免大量数据进入核心网传输，能够大大缓解传统网络的压力，并且降低响应时间，提升用户对赛事直播、超高清视频等业务的应用体验。在 2019 年两会期间，利用 5G 网络和边缘计算技术，完成了画质更清晰、互动更流畅的会议报道。首次使用专业级 8K 超高清视频直播，终端单机下载速率实测超过 800Mbps，确保满足码率为 300Mbps 的 8K 超高清视频信号的传输要求。新的技术不仅可以让收视人员回传采访的超高清视频，还可以在云平台进行节目内容直接编排与制作。

在智能制造领域，工业互联网需要将传感器、大数据、云计算等新一代信息技术与制造业进行深度的融合。5G 网络与边缘云计算的融合，在工业领域实现多样化服务，包括无线工厂、工业精准控制等，能够大大提升企业的生产效率。通过在边缘环境中安装部署计算、存储、智能设备，能够实现对时延敏感数据的就近处理，避免将所有数据传输到云端，大大缓解了云端数据处理的响应时间。在工业环境下，中心云与边缘云实现云边协同工作，利用边缘云进行初步的数据处理，自主判断问题，快速检测异常状况，及时响应应用服务，实现更好的预测性监控，提升工控效率及故障响应效率。例如，潍柴集团搭建的数字工厂，在工厂内部将生产设备、物品直接连接到 IT 网络中，实现了对生产现场的实时数据采集。5G 边缘云计算技术非常适用于这种大体量、毫秒级的延时处理。与此同时，5G 边缘云计算技术促进了生产系统、供应链系统、客户关系管理系统、企业资源计划系统等的重新分工与协同。可见，5G 边缘云计算系统与其他的信息系统的接口显得尤为重要，对上述系统的架构及部署需要重新进行审视。

在智慧医疗领域，医疗云实现了医院的 IT 基础架构云化，支撑医院信息系统的部署。5G 网络的大带宽、低时延、实时通信等特性，增强了医疗领域高清图像、视频的传输能力，可以支持高清医疗影像的快速传输，实现了 5G 技术在医疗行业的众多创新应用，包括远程手术示教、远程重症监护、智能阅片等。5G 技术满足这些应用对可靠性、安全性等要求，促进医疗云进一步发展。例如，中国联通借助 5G 技术，成功实现了心脏介入手术的跨国展示，让远在巴勒斯坦的医疗工作者在大屏幕上实时观看青岛阜外医院进行的心血管手术，直播画面清晰无卡顿。

通过简单介绍这些应用场景，可以领略到，边缘云其实就是中心云将其服务伸展到包括 IoT 器件和其他设备的客户侧（On Premise），也就是边缘。不同服务商的边缘云基本上都是对图 3-1 所示分层架构的细化，并且基本上没有超出欧盟标准组织（ETSI）的参考架构（见图 3-5）。该架构中主要分为体系层和主机层。体系层作为边缘云的 OSS（Operation Support System，运营支撑系统），通常部署在中心云上，其中最重要的是移动边缘编排器（Mobile Edge Orchestrator），由它来实现边缘云的协同治理。

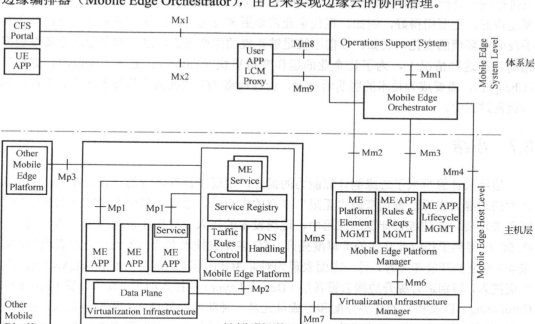

图 3-5 ETSI 边缘云的参考架构

主机层主要由两部分组成：边缘平台（Mobile Edge Platform）和边缘平台管理者（Mobile Edge Platform Manager），一个是应用的承载主体，一个是控制中心。承载主体有多个，相应的基础设施统称为虚拟基础设施（Virtualization Infrastructure），可以是服务器，也可以是虚拟机、容器或有一定计算能力的其他设备。既然边缘云是以云的范式（Cloud Fashion）来进行边缘计算的，服务就成了核心内涵。因而，服务的注册、发现、编排、安全的整体考虑等，其中所涉及的 API 要远比中心云复杂。

离开应用场景谈技术，那是没有意义的，并且把一个技术应用在很局限的个例上，也很难称其为一个时代。事实上，类似上述的案例有很多，但必须指出，今天的这些应用还是比较初级的，5G 边缘云计算的商业模式需要我们进一步地认真探索，其技术潜能尚有待释放。技术促生新的应用场景，新应用场景产生新的需求，新需求对技术提出更高的要求，倒逼着技术进一步的发展，由此可见，技术和应用像是一对孪生姐妹，两者手拉手，相互促进。

5G 的毫米级波长的电磁波在介质中的衰减加剧，波的绕射能力变差，这样一来，现存的 4G 天线将不再适用。为了获得比较好的覆盖和连接，5G 的基站将越来越密集，这意味着大量的资金投入，这正应了那句话，"天下没有免费的午餐"（Good stuff comes with a great price）。国内要建设完整的 5G 网络需要数百万个 5G 宏站及上千万个小基站，即便将来 5G 基站的价格会下降，投资成本也要在万亿元级规模。为了达到端到端的效果，5G 网络部署中的传输网折合到单个基站上的成本也在万元级。相同覆盖面积的 5G 基站的能耗是 4G 的 2.5～3.5 倍。面对如此巨大的投资，非常需要对 5G 边缘云计算的应用场景进行细致分析，明确哪些可以用，哪些不可以用，哪些没必要用。另外，5G 边缘云既要建得好，更要用得好，例如，现代企业需要更多有用的信息来快速应对市场、竞争对手及商业环境的变化。又如，以前不被足够重视的生产过程信息，对企业的重要性越来越高。在这种情况下，为了让企业的运作变得更快（Faster）、更好（Better）、更经济（Cheaper），需要成为技术的聪明消费者，合理地将 5G 边缘云计算技术运用到生产过程与运营过程中。

3.7　小结

边缘云计算带来了边缘侧计算能力的提升，实现了计算资源的分布式布局。但是再强大的边缘云也无法替代资源"无限"丰富的中心云，边缘云与中心云之间的分工与协同至关重要。在边缘云计算的应用中，现场设备的接入及数据在边缘与中心的传输能力在 5G 中得到了相较前几代的大幅度提升。5G 多无线技术融合的特性一方面表现为对原来 4G 网络的开放和兼容，另一方面表现为对非 3GPP 标准的网络（包括 WLAN）也可以实现接入，特别适合提升边缘云设备层（Device Layer）的接入能力。联邦计算（Federated Computing）以及相应的任务分配和组成单元是一种新的计算范式。我们会看到，在后消费互联网时代，联邦计算将成为主流的计算范式，相关"玩家"面临着向联邦计算的范式变化。

第4章

5G边缘云产业链

5G 边缘云产业链由三部分组成：5G 产业链、边缘计算产业链和云计算产业链。依此来看，5G 边缘云产业链几乎覆盖了 CT 与 IT 的各行各业，泛泛来谈这样巨大的产业链，很难达到有意义的结果。我们在这里主要讨论 5G 产业链和边缘计算产业链，以及由此构成的 5G 边缘云产业链。对于 5G 边缘云产业链的讨论，有助于全面了解产业发展动态、规模结构、竞争格局，以及最重要的 5G 边缘云的经济学。

4.1　现金流与产业模式

如图 4-1 所示为围绕着 5G 边缘云服务的资金流动状况，主要分为筹款活动、投资活动和经营活动。因而，任何与 5G 边缘云有关的投资活动参与者便成了 5G 边缘云产业链的一部分，而且参与的动力是产生正向的现金流，从而能够赚到钱，产生价值。

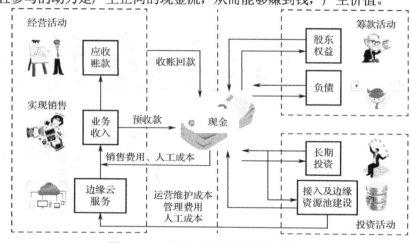

图 4-1　5G 边缘云服务的资金流动状况

5G 边缘云作为新型的 IT 技术，其涉及的产业链从 OSI 的七层模型来看，由底层向上，包括数据中心，机房机架，硬件设备（路由器、交换机、计算服务器、存储服务器），管理、监控体系，操作系统及各种各样的应用。如前所述，5G 边缘云必须与业务深度融合，用户才能够更直接地感受到新技术能够解决的问题和带来的好处。

从技术角度看，这条产业链上可能的技术进展将会发生在以下领域：数据中心土建、电力、冷却、UPS、网络带宽、网络设备、服务器、存储硬件设备、基础管理软件、操作系统、系统软件、中间件、消息交互的协议、大规模自动化部署、监控与预警、集群交互、新的应用架构、新的编程语言。

4.2　5G 产业链

4.2.1　市场规模

多个相关研究机构发布了若干 5G 相关的白皮书，从产出规模、产出结构和设备环节等维度预测了 5G 产业对经济产出做出的贡献。这里引用一些数字，以展示行业对 5G 相关技术所能带来的经济效益的热捧。在经济产出规模方面，到 2030 年，5G 带动的直接经济产出和间接经济产出将分别达到 6.3 万亿和 10.6 万亿元，如图 4-2 所示。在直接经济产出方面，按照 2020 年 5G 正式商用算起，预计当年将带动约 4840 亿元的直接经济产出，2025 年、2030 年将分别增长到 3.3 万亿元、6.3 万亿元，10 年间的复合年均增长率为 29%。在间接经济产出方面，2020 年、2025 年和 2030 年，5G 将分别带动 1.2 万亿元、6.3 万亿元和 10.6 万亿元，复合年均增长率为 24%。

图 4-2　5G 直接和间接经济产出

图 4-3 从 5G 直接经济产出结构方面，预测了 5G 对经济的拉动状况。随着 5G 商用进程的深化，5G 对设备制造商、电信服务商、互联网企业的经济拉动情况将相继发生转换。在 5G 商用初期阶段，电信运营商将开始开展大规模的网络建设工作。在这一阶段，5G 基础设施的投入将为设备制造商带来非常可观的收益。设备制造商的收入将成为 5G 直接经济产出的主要来源。对这一收益的粗略预测，预计 2020 年，网络设备和终端设备收入合计约 4500 亿元，占直接经济总产出的 94%。在 5G 商用中期阶段，随着 5G 基础设施的完善及用户数量的提升，来自移动用户和其他 5G 应用行业的终端设备支出及电信服务支出将持续增长，预计到 2025 年，上述两项支出分别为 1.7 万亿和 0.7 万亿元，占直接经济总产出的 64%。在 5G 商用中后期阶段，随着 5G 网络用户区域稳定，此时 5G 将为互联网企业与 5G 相关的信息服务带来显著的收入增长。到 2030 年，互联网信息服务收入预计达到 2.6 万亿元，占直接经济总产出的 42%。

在网络设备环节，随着 5G 商用阶段的推进，对设备收益的提升将产生不同的推动作用。在 5G 商用初期，通信运营商将开展大规模的 5G 网络建设，在网络设备上投入大量资金，到 2020 年的这一阶段，通信运营商在 5G 网络设备上的投资超过 2200 亿元，各行业在 5G 网络设备方面的支出超过 540 亿元。随着通信运营商 5G 网络部署的完善，通信运营商投入的 5G 网络设备开始逐步减少，预计设备支出在 2024 年开始回落。虽然通信运营商在 5G 网络设备上的投入会随着基础设施的完善变少，但 5G 向垂直行业应用的渗透会逐步加强。各行业在 5G 上的投入将稳步上升，逐步成为相关 5G 设备制造商的收入增长的主要贡献者。预计到 2030 年，各行业在 5G 网络设备上的支出超过 5200 亿元，在设备制造商总收入中的占比接近 69%。通信运营商和各行业 5G 网络设备支出如图 4-4 所示。

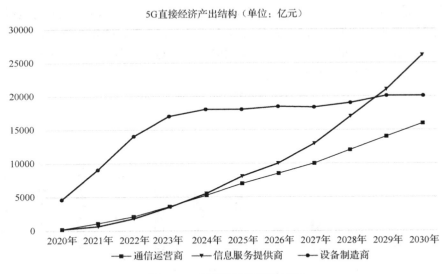

图 4-3　5G 直接经济产出结构

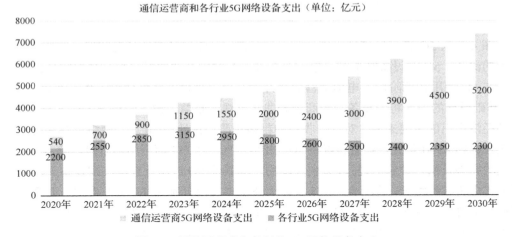

图 4-4　通信运营商和各行业 5G 网络设备支出

4.2.2　产业链厂商

5G 产业链如图 4-5 所示，其中，上游为移动通信基础设施，包括基站升级（含基站射频、基带芯片等）；中游为通信运营商；下游为终端产品和应用场景。上游厂商主要为移动通信基础设施供应商，包括基站系统设备商、网络建设商和网络规划与维护服务商。基站系统设备商主要有国内的华为、中兴等，国外的爱立信、诺基亚等，为 5G 网络建设提供天线、射频模块、宏基站、小微基站等基站系统设备，以及相应的网络建设和规划等服务。网络建设商主要有宜通世纪、海格通信等，提供包括核心网、无线接入网、传输网等全网络层次的通信网络工程建设、维护、优化等技术服务。中游厂商主要为通信运营商，主要面向个人、企业和政府提供电话业务、互联网接入及应用、数据通信、视讯服务、国际及港澳台通信等多种业务，能够满足国际、国内客户的各种通信需求。下游厂商主要为终端产品和应用场景服务商，包括众多国内外的手机、平板厂商，同时还包括新型应用场景下的服务提供商。

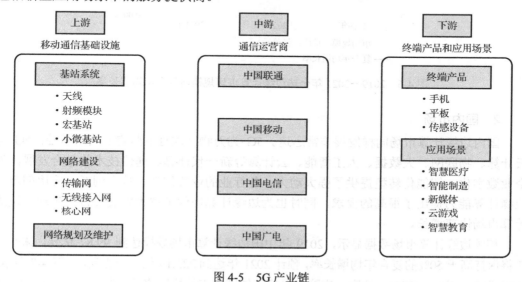

图 4-5　5G 产业链

4.3　边缘云产业链

随着 5G 逐步进入商用阶段，5G 新型业务，包括超高清视频、CDN（Content Delivery Network，内容分发网络）业务、AR/VR 等，带动了边缘云的快速发展，并迎来了发展的新高潮，边缘云市场在全球范围内得到快速发展。

4.3.1　市场规模

1. 国外市场

相关边缘计算市场数据显示，目前边缘计算仍处于早期探索阶段，2019—2021 年全球边缘计算市场规模与复合年均增长率如图 4-6 所示，从图中可以看出，在 2019 年呈现快速增长趋势，国外市场规模达到 80.99 亿美元，复合年均增长率达到 43.25%，在未来几年的复合年均增长率预计将超过 50%。2019 年，边缘计算硬件产品市场规模大于软件和服务类产品，其中边缘硬件产品规模达到 49.88 亿美元，占比达 61.59%；软件和服务类产品规模达到 31.1 亿美元，占比达 38.41%。2019 年，美国、欧洲、亚太地区的市场份额占据了全球市场份额的 90% 以上，其中美国市场份额最大，其次为欧洲，第三是亚太地区。

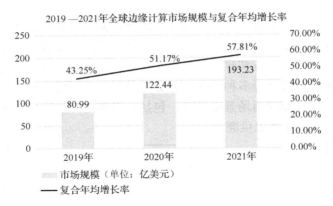

图 4-6　2019—2021 年全球边缘计算市场规模与复合年均增长率

2. 国内市场

国内边缘计算市场同样发展非常迅速。5G 为万物互联打下坚定的网络基础，5G 与云计算、物联网、大数据、人工智能、云计算等新一代计算、通信技术的融合发展，为企业数字化、智能化转型提供了强大动力。各行业的业务创新、技术创新、应用创新对边缘计算能力提出了很高的要求，同时也为边缘计算提供了重大发展契机，带动了边缘计算市场快速增长。

相关边缘计算市场数据显示，2019 年中国边缘计算市场规模达到 99.87 亿元，未来三年将保持高于 50%的复合年均增长率，预计 2021 年达到 223.19 亿元或更高，如图 4-7 所示。边缘云将在工业、CDN、教育、安防、医疗等领域的市场快速增长，其中在安防行业占据了当前边缘计算市场最大的市场份额，在 2019 年安防边缘计算市场规模达到 67.46 亿元。

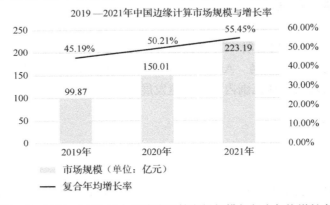

图 4-7　2019—2021 年中国边缘计算市场规模与复合年均增长率

4.3.2　主要玩家

1. 国外企业

国内外的云计算服务提供商在云计算领域积累了虚拟化、大数据、人工智能等大量技术储备，拥有完善的云计算运营、维护经验，同时积累了大量的工业、医疗、政务等行业的用户，这些用户同样也是边缘云的潜在用户。毫无疑问，云计算服务提供商在边缘云发展上具备得天独厚的优势条件。国外以亚马逊（Amazon）、微软、谷歌为代表的云服务提供商，纷纷发布边缘云产品，布局边缘云市场。

AWS 发布了 AWS IoT Greengrass，可以将 AWS 云服务无缝扩展至边缘设备，因此可以在本地操作其生成的数据，同时仍可将云用于管理、分析和持久存储。借助 AWS IoT Greengrass，连接的设备可以运行 AWS Lambda 函数，基于机器学习模型执行预测，保持设备数据同步以及与其他设备安全通信，甚至在没有连接互联网的情况下也可实现这些功能。

微软发布了 Azure IoT Edge，其将云分析和自定义业务逻辑移到设备端，这样用户的组织就可以专注于业务见解而非数据管理。通过将业务逻辑打包到标准容器中，横向扩展 IoT 解决方案，然后可以将这些容器部署到任何设备中，并从云端监视这些设备。分析可以提升 IoT 解决方案中的业务价值，但并非所有分析都需要在云端进行。如果希望尽快响应突发事件，可以在网络边缘进行工作负荷监测和异常情况检测。如果想要降低带宽成本并避免传输 TB 级的原始数据，可以在本地对数据进行清理和聚合，然后只将业务见解发送到云端进行分析。

传统硬件厂商也在积极布局云计算和边缘云市场，推出自己的解决方案及开源架构。英特尔联合 WindRiver 发布了 StarlingX 开源边缘计算项目。该项目是在 WindRiver 的产品 Titanimu Cloud R5 版本基础上修改而来。Titanium Cloud 是基于 OpenStack 并专门针对 NFV 场景开发的产品。该产品具有 WindRiver 在实时操作系统多年的积累，其中自主开发的基于 DPDK（数据平面开发套件）的 AVS（虚拟交换机），能够支撑电信云的大带宽、低时延的要求。值得一提的是，StarlingX 的开源也是因为响应了 Akraino 项目。Akraino 由 Linux 基金会推出，是一个专门针对边缘计算的开源软件堆栈项目。StarlingX 作为其中边缘计算云平台的一部分。

Dell 曾高调宣布进军物联网市场，而且作为 Linux 基金会下的边缘计算项目发起人，其地位不容低估。EdgeX Foundry 是 Linux 基金会下的开源项目，致力于发展具备即插即用功能的边缘计算平台。Dell 已经率先推出了基于 EdgeX Foundry 的边缘网关，但目前并未在中国发售。

ARM 与 Linux 的组合，占据了几乎整个智能硬件市场。ARM 平台目前有 CortexA、CortexR、CortexM、Mechine Learning、SecureCore 几个平台，其中以 CortexA 系列最受市场欢迎。目前，大量的智能手机（iOS 和 Android）、商业广告机、快递柜等，都是由 ARM 支持的。由于边缘计算技术的兴起，特别是在设备端对人脸识别、语音识别能力的需求，使得 ARM 的高阶芯片开始面向市场，可以有力地支持 AI 的发展。

2. 国内企业

（1）通信运营商

在竞争激烈的市场中，为了获得高性能低时延的服务，通信运营商纷纷开始部署移动边缘计算（MEC）。

2019 年 2 月，在巴塞罗那 MWC（世界移动通信大会）期间，中国联通发布了

CUBE-Edge2.0 智能边缘计算平台，可支持异构资源池，支持智能网卡、NP、FPGA、GPU、AI 芯片等多种加速技术，适配不同的业务场景需求、轻量化 ME-IaaS、开放敏捷的 ME-PaaS（基于微服务框架），为 ME-APP 提供快速集成开发环境，并提供丰富的能力 API，包括位置、分流、负载均衡、DNS、防火墙、NAT 等网络能力，以及实时转码、渲染、AI 等应用能力，智能化 MEAO 等功能特性。中国联通将在广州等 7 个城市的核心区域、33 个城市的热点区域、若干城市行业应用区域提供 5G+边缘云网络覆盖，为合作伙伴提供优质的网络服务。目前，在中国联通 5G 试商用工程中，70%～80%的业务场景都是基于 5G 边缘云提供服务的，MEC 已成为撬动 2B 垂直行业的关键利器。2019 年，中国联通通过数十亿的战略投资，全力构筑"云、管、边、端、业"能力。

中国移动已在 10 个省 20 多个地市现网开展多种 MEC 应用试点。2018 年 1 月，中国移动浙江公司宣布联合华为率先布局 MEC 技术，进一步推动实现网络的低时延更佳体验，打造未来人工智能网络。中国移动可以说是边缘计算的积极推动者。在边缘计算发展方面，中国移动于 2018 年 10 月成立边缘计算开放实验室，布局智慧城市、智能制造、车联网等重点领域。

中国电信与 CDN 企业合作，通过在 MEC 部署 CDN，作为现有集中 CDN 的延展，同时为多网络用户服务。

国外通信运营商同样开始布局边缘云市场。AT&T 正在 AR/VR 型应用、自动驾驶和智能城市项目的支持方面使用边缘计算。德国电信（Deutsche Telekom）在提高自动驾驶汽车的连接性、数字化转型及推进 5G 网络性能方面使用边缘计算。

（2）设备厂商

华为云发布了智能边缘平台（Intelligent Edge Fabric，IEF），以满足用户对边缘计算资源的远程管控、数据处理、分析决策、智能化的诉求，同时为用户提供完整的边缘和云协同的一体化服务。智能边缘平台能够通过边缘侧的视频预分析，实现园区、住宅、商超等视频监控场景，可以实时感知异常事件，获得事前布防、预判，事中现场可视、集中指挥调度，事后可回溯、取证等业务优势。能够提供基于机器视觉的质检方案，通过云端建模分析与边缘侧实时决策的结合，实现自动视觉检测，提升产品质量。能够在边缘侧完成数据脱敏，对完整图像进行切片，实现本地化处理并存储关键数据和隐私数据，在云端进行文字识别，提供灵活、可扩展、高可用的端到端解决方案。

（3）互联网企业

阿里、腾讯、百度等云计算服务提供商纷纷开始试水边缘云市场。

阿里云发布了边缘云服务解决方案，包括计算、存储、网络、安全等基础能力，支持将业务应用部署到边缘侧，形成全域化或者本地化的边缘服务覆盖。同时支持边缘容器托管，实现高效的应用部署、升级、配置、伸缩能力。阿里边缘云已经积累了很多用户，上云用户涵盖赛事直播、在线教育、电商等行业。

腾讯云发布了物联网边缘计算平台（IECP），能够快速地将腾讯云存储、大数据、人工智能、安全等云端计算能力扩展至距离 IoT 设备数据源最近的边缘节点上，帮助用户在本地的计算硬件上创建可以连接 IoT 设备，并可以转发、存储、分析设备数据的本地边缘计算节点。通过打通云端函数计算、ML 计算、流式计算等计算服务，可以方便地在本地使用云端函数、AI 模型、流式分析等对设备数据进行处理与响应，节约用户的运维、开发、网络带宽等成本消耗。同时，IECP 与腾讯云的物联网通信、网络开发平台、物联网络等共同为用户提供统一、可靠、弹性、联动、协同的物联网服务。

3. 开源力量

开源的列车势不可挡。开源技术凭借其开放、低成本、灵活和创新等特点迅速被大众所接受，逐步发展成一种主流模式。一个典型的 5G 边缘云体系，其中的云有成百个，雾有成千层，薄雾和器件有上百万个。这样的体系还需要技术人员有一定深度的行业知识。面对这样一个庞然大物，有的厂商虽跃跃欲试，但持观望姿态的仍然居多。反倒是开源社区，涌现出一批开源边缘云软件堆栈项目，它们从各自的视角进行架构设计、功能实现和推广落地，覆盖多种边缘云用户场景。

下面简单列举一些相关的边缘云开源项目。

（1）Akraino

Akraino 全称为 Akraino Edge Stack，是 LF Edge（Linux Foundation Edge）组织旗下的项目。它创建了一个开源软件堆栈，以支持边缘计算系统和应用程序优化的高可用性云服务。该项目吸引了 ARM、AT&T、戴尔 EMC、爱立信、华为、英特尔、Juniper 网络、诺基亚、高通、Red Hat 和 Wind River 等成员的加入。

Akraino 旨在改善企业边缘、OTT[①]边缘和运营商边缘网络的边缘云基础架构状态，为用户提供新的灵活性，以便快速扩展边缘服务，最大限度地提高边缘支持的应用程序和功能，帮助保持边缘系统的可靠性。

2019 年 6 月 6 日，LF Edge 宣布推出的 Akraino R1 版本，释放了智能边缘的力量，为不同的边缘应用案例提供了可部署的参考实现，是边缘解决方案通用框架的里程碑。

Akraino 社区在构建 Akraino 整体架构时，专注于 Edge API、中间件、软件开发工具包（SDK），并允许与第三方云跨平台实现互操作性。边缘堆栈还将支持边缘应用程序的开发和创建应用程序/虚拟网络功能（VNF）生态系统。

Akraino 以一种持续优化和功能演进的迭代方式工作。它将不断对 R1 版本中提供的基本功能进行增强和完善。

社区已经在规划 R2 版本，它将包括新的蓝图和对现有蓝图的增强，以及用于自动蓝图验证的工具、已定义的边缘 API 和新的社区实验室硬件。

（2）EdgeX Foundry

EdgeX Foundry 是 LF Edge 组织旗下专注于物联网边缘场景，旨在简化物联网应用设计、开发和部署过程的开源松耦合微服务架构，用于促进物联网应用的即插即用和自定义创新应用的快速投产。它通过制定并推广面向物联网的通用开放标准，围绕可互操作的即插即用部件打造一个物联网应用生态系统。

EdgeX Foundry 通过提供可互操作的组件来支持即插即用功能，改变了边缘计算的游戏规则。它将是一个简明的互操作性框架，独立于操作系统，支持任何硬件和应用程序，

---

① OTT 是 Over the Top 的缩写，指互联网公司越过通信运营商，发展基于开放互联网的各种视频及数据服务业务。

促进设备、应用程序和云平台之间的连接。EdgeX Foundry 当前的主要任务是简化和标准化工业物联网边缘计算，同时保持其开放性。

EdgeX Foundry 有效地降低了边缘计算领域的准入门槛，使得应用端的开发商使用 EdgeX Foundry 在边缘侧构建一个独立于各种硬件的应用商店成为可能。

EdgeX Foundry 实现了边缘硬件与应用在某种程度上的解耦，有利于应用端的企业聚焦于开发有价值的边缘应用程序。同时需要注意，虽然 EdgeX Foundry 不仅面向工业，也面向消费电子领域，但从创始成员公司的分布来看，其率先在工业场景下落地将是大概率事件。

（3）KubeEdge

KubeEdge 是一个用于将容器化应用程序编排功能扩展到边缘站点的开源系统。KubeEdge 基于 Kubernetes 构建，并为网络应用程序提供基础架构支持，实现中心云与边缘云之间的应用部署和元数据同步。

与先行的其他轻量级 Kubernetes 平台不同，KubeEdge 旨在构建扩展云的边缘计算解决方案。其控制平面位于中心云处，可伸缩扩展，同时，其边缘侧可以在离线模式下工作。它也是轻量级和容器化的，并且可以支持边缘侧的异构硬件。通过优化边缘资源，KubeEdge 可以为边缘解决方案节省大量设置和运营成本。

KubeEdge 通过优化的架构和技术实现，能完美地应对当前物联网云应用开发遇到的挑战，帮助开发工程师从底层技术设施的管理中解放出来，让他们将注意力集中到更高抽象层次的应用开发之中。这样，"云—边—端"一体，最终用户无须感知边缘设备的复杂分布。

KubeEdge 通过将 AI 能力和大数据能力延伸到边缘侧，满足了与云端服务的数据协同、任务协同、管理协同和安全协同等诉求；通过数据本地化处理、边缘节点离线自治，解决了中心云和边缘云之间的网络可靠性与带宽限制的问题；通过大幅优化边缘组件的资源占用空间（例如，二进制代码，大小约为 46MB，运行时占用内存约 10MB），解决了边缘资源的约束问题；通过在云边之间构建的双向多路复用网络通道，解决了在云端管理广泛分布的海量节点和设备的困难；通过支持对接物联网主流的通信协议（MQTT、Bluetooth、ZigBee、BACnet、Modbus 等），解决了异构硬件接入难的问题。

容器具有天然的轻量化和可移植性，非常适合边缘计算的场景。鉴于 Kubernetes 已经成为云原生编排的事实标准，容器与 Kubernetes 携手进入边缘将很有可能重新定义云端和边缘侧统一的应用部署与管理的标准。

KubeEdge 选择"轻边缘"架构，即边缘侧的容器引擎和设备管理 Agent 尽量轻量化，控制平面运行在云端，且构建在 Kubernetes 的调度能力之上，全面兼容 Kubernetes 原生 API。KubeEdge all in Kubernetes 的设计理念使得用户可以围绕 Kubernetes 的标准 API 定制项目或者轻松集成云原生生态中的成熟项目。

（4）OpenNESS

OpenNESS（Open Network Edge Services Software）是一个开源的边缘应用程序管理系统，使服务提供商和企业能够在任何网络的边缘上构建、部署和操作自己的边缘应用程序（ME APP），支持通过简易的方式将运行在中心云上的 APP 迁移到边缘侧。

OpenNESS 同时还是一个网络边缘的服务平台，支持在多云环境中跨越多种类型的网络平台（如 NTS、OvS、vPP），以及多种类型的访问技术（如 S1_U、SGi、IP），让用户能够轻松地编排和管理运行在边缘侧的应用程序，并为客户端（UE）和边缘应用程序提供端到端（End to End）的网络连接服务。

国内已经有很多公司从以前的拿来主义转变为积极地参与到开源社区中，并有不少公司把自己的一些项目开源出来。其实，通过参与开源社区，可以第一时间了解最新的开源技术，与开源社区的优秀人才进行交流，并能以最快的速度部署新的应用，这是一种互利共赢的模式。开源软件还有利于打破某些公司对于某方面技术的垄断，有利于公平竞争及帮助中小型公司的成长和创新。但国内开源软件也存在诸多问题，例如缺乏重量级软件，缺乏后续的维护和更新，与国际主流开源社区脱节，各企业单打独斗，质量一般，用户不多等。当然，最近几年国内开源软件正在往好的方向发展。

4.3.3　商业模式

由于 5G 边缘云正处于起步阶段，其商业模式需要相关行业共同探讨。图 4-8 所示为 5G 边缘云产业生态初步分工。下面从通信运营商的角度分析可能出现的几种商业模式。

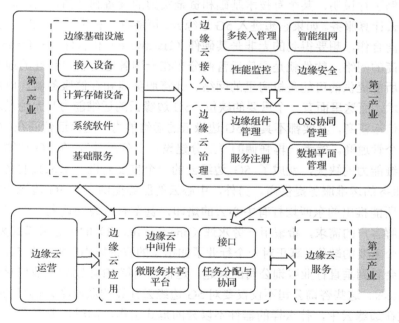

图 4-8　5G 边缘云产业生态初步分工

（1）基于连接的商业模式

对于大连接场景，连接是通信运营商基本收入来源。在该场景下，通信运营商可以单独提供连接，也可能包括一些终端设备和模组，按照物联网设备使用的连接数量等方式收费。

（2）基于流量的商业模式

5G 最先成熟的是增强型移动宽带（eMBB）应用场景。在该场景下，流量经营仍然是主要商业模式。通信运营商需要加快用户分级的智能管道升级，实现差异化的流量收费模式。

（3）基于网络切片的商业模式

通信运营商根据不同垂直行业和特定区域定制化网络切片以支撑相应的业务开展。垂直行业用户可以直接购买网络切片，一般选择按年计费的方式。

（4）项目制的商业模式

对于某些垂直行业，如制造业、封闭园区等，通信运营商可以提供 5G 专网服务，为工业企业提供包括工厂内外连接、设备终端数字化改造、平台层支持等服务的一整套解决方案，收取专网费用，并按年度收取服务费。

4.4　挑战与机会

由以上简单的讨论可以看到，进入 5G 边缘云产业链的玩家基本上分为三类：与 5G 基础设施建设相关的厂商（包括设备制造商和通信运营商），已有的云计算服务提供商（公有云、私有云），企业中的技术部门或业务单元。要搞好 5G 边缘云，这三类玩家都需要参与其中，并且要真正做到协同。

试举一例进行说明，某个有技术基础和资金实力的设备制造商，它同时也在全国范围提供中心云计算服务。如果它想进入 5G 边缘云，可能有一种模式：与通信运营商合作。与通信运营商合作，想要得到的无非是其硬件（Hardware）和软件（Software）。硬件就是通信运营商的网络，软件就是通信运营商分布在全国各地的客户经理的地推能力。而设备制造商所能提供的可能是机房里的网络、计算服务器和存储服务器，以及它的中心云的相关技术。而这里面有一个重要的缺位：5G 边缘云的运维能力！无论是这个设备制造商还是通信运营商，其实都不具备 5G 边缘云的运维能力。通信运营商在 5G 边缘云中其实还是一个管道商。笔者一再强调的"三分建设，七分运维"，在 5G 边缘云中更应如此。这种运维能力的缺失，就成了 5G 边缘云的一个重要商机。未来我们会看到专注于 5G 边缘云服务的运维服务提供商。另外，中心云的服务提供商在 5G 边缘云中离边缘客户太远了，所能推出的东西均打有中心云的烙印，甚至有些急功近利。他们不能够沉下心来真正理解客户的需求，希望用一劳永逸（one size fits all）的中心云模式来应付客户。这是另外一个重要的缺位：真正对一个行业了如指掌的咨询能力！所以在 5G 边缘云计算领域，我们会看到垂直行业咨询公司的兴起。这很像当年 IBM 助力企业信息化转型时的 Global Services。这些咨询公司不仅仅要对 5G 边缘云计算的颗粒度有较好的把握：什么样的终端放在边缘云中，什么样的器件不以云的范式工作，同时，要对业务需求与流程了如指掌，进而能够进行价值咨询及风险评估等。因此，第三个缺位就是：5G 边缘云的安全性！5G 边缘云的安全性已经不仅仅是边缘的安全性，而是随着 5G 边缘云进入整体图像，因为整体的安全性本身已经推向了边缘。换句话说，5G 边缘云的安全就等同于整体的安全。所以，边缘云的安全变得尤为重要。也因此，针对 5G 边缘云的安全公司会如雨后春笋般出现。除中心云的安全防护外，我们更希望看到器件层嵌入式 TLS（传输层安全协议）的安全产品。

4.5 小结

5G 边缘云的应用在国内外均属于起步期。企业无论是作为 5G 边缘云的提供者还是消费者，都需要重新审视自己的已有业务，改进自身的战略，从网络架构、基础设施、服务模式和运营体系等方面进行升级改造，加快推进面向垂直行业的边缘云解决方案，以紧跟 5G 时代云计算发展的步伐。

第 2 篇

规 划 篇

企业在进行数字化转型规划时，需要针对业务场景、IT 现状、战略目标等进行详尽调研。离开了具体的业务场景，5G 边缘云是没有意义的。企业需要根据自身业务场景和特点，包括业务对带宽、连接数密度、时延的要求，结合信息系统建设现状，分析现有 IT 系统和 IT 服务的类型与特征。在正确认识自身的前提下，企业要判断自己是否需要使用 5G 技术，是否需要使用边缘计算技术，进而确定企业中的哪些业务系统或 IT 服务适合使用 5G 和边缘计算技术。规划阶段是一个了解 5G 边缘云的过程，也是一个了解企业自身的过程。

5G 边缘云体系的规划，旨在明确企业的 5G 和边缘计算技术创新发展的总体思路与目标。企业应当结合业务场景，提出适应企业布局及现实情况的 5G 和边缘云技术体系。具体点说，就是借助 5G 技术，并以基础的、共性的边缘计算技术创新为突破点，建设具有自身特色的 5G 边缘云软硬件平台以及人才梯队。对于围绕 5G 和边缘云开展业务的企业而言，还应当规划其具有优势的 5G 和边缘云技术产品，以促进 5G 边缘云应用领域的发展，创新引领其原有产品向 5G 边缘云方向的转型和升级。当企业需要部署 5G 边缘云来提升生产效率、运营效率的时候，需要确认 5G 边缘云将会给企业带来多大的价值和成本优势，以及如何能够将价值发挥到最大。与此同时，对于伴随 5G 边缘云的建设而带来的安全、成本及法规方面的风险，企业将采取何种方式进行规避和解决。

5G 边缘云的规划和其他项目的规划是非常类似的，企业需要在"时间—范围—成本"项目铁三角之间进行平衡，如图 P2-1 所示。这是一个重资产的"游戏"，5G 有风险，投资需谨慎，风险管控至关重要。另外，进入实施阶段的技术选型环节后，企业将面临"功能—性能—成本"产品铁三角的博弈。

图 P2-1　项目铁三角和产品铁三角

当前大量的企业都在考虑采用或者过渡到 5G 边缘云 IT 架构。企业在向 5G 边缘云过渡时，需要制定明确的战略目标和有效的实施规划。事实上，制定企业的 5G 边缘云实施战略规划，就是确定企业的 IT 基础设施架构、信息系统及产品体系的发展蓝图，对企业业务的发展具有长远影响。当然，制定好企业的 5G 边缘云实施战略规划，并不是一件容易的事。对于具有一定规模的企业而言，其 IT 系统向 5G 边缘云转型是一项非常复杂、非常系统的任务，最好能够由具有 5G 边缘云领域丰富实践经验的技术专家和咨询人员的协助完成。

本篇旨在帮助企业确定如何制定 5G 边缘云实施的战略规划，帮助企业了解制定战略规划的一般方法和原则，以及相关的技术要求，并探讨一些评估和分析方面的技术细节。

规划阶段是一个了解数据的过程，也是了解自身的过程。

在内部，现在有哪些应用？这些业务对时延的要求是多少？现场需要接入的网络设备是什么量级的？是否需要在网络边缘部署服务？现场会产生多大体量的数据？对带宽的消耗有多大？是否能够在边缘侧进行处理、存储？我们提供了哪些产品和服务？客户/用户是谁？他们分布在哪里？什么时间段用得最多？使用感觉如何？

在外部，竞争对手都有哪些？他们的应用和数据情况是什么样子的？我们处在 Ecosystem 中的什么位置？上下游的合作关系或竞争关系怎样？在圈外，关于我们的产品和服务的口碑或舆情怎样？

企业实施 5G 边缘云并非只是对云数据中心进行简单的技术改造，而是对 IT 运用模式的根本性改变。无论是企业自己完成规划还是雇用专业的咨询公司，企业都有必要从宏观上对 5G 边缘云的生态系统，以及 5G 边缘云能带给企业的价值和风险有足够深刻的认识。决策者在实施 5G 边缘云前，需要进行目标定位、价值分析和风险评估，采用系统化的分析方法对企业 5G 边缘云战略进行规划和部署。并且必须认识到，企业实施 5G 边缘云的建设是不可能一蹴而就的，这将是一个长期渐进的过程。规划的步骤建议如图 P2-2 所示。

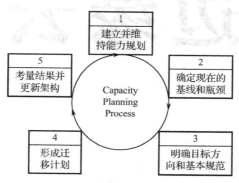

图 P2-2　规划的步骤建议

由于企业自身有着不同类型的应用系统，因此，需要将候选的 5G 边缘云业务系统排出优先级，分步进行。企业可以根据 5G 边缘云的实施状况进行业务定位和需求分析，并以提升企业的运营效率和商业价值为目标，得到企业自身业务与边缘计算技术的契合点。之后，需要判断 5G 边缘云部署方案是否能够帮助企业最大限度地提高收益。最后，企业还需要准备好应对各种风险的策略。本篇将对 5G 边缘云的技术体系、需求管理进行讨论。

5G边缘云体系

当前，5G 技术、边缘计算技术已经在工业、医疗、交通、教育等行业取得快速发展。各行各业对 5G 边缘云的建设需求各不相同，规划应当瞄准企业自身的业务和技术发展方向。不论是什么行当，做边缘计算，都需要传输网络的接入、基础设施层面的支持、安全体系的保障，以及后续相应的运维。本章从共性技术出发，从 5G 边缘云接入体系（5G 技术体系）和 5G 边缘云技术体系（边缘计算技术体系）两方面分别介绍 5G 边缘云当前使用的主要技术。包括 5G 无线接入网、5G 核心网、边缘基础设施、边缘管理、边缘计算安全，帮助读者将 5G 边缘云的研究切实与自己的业务工作相结合，形成功能切分明确、使用灵活的 5G 边缘云产品。

5.1　5G 边缘云接入体系

5.1.1　5G 网络总体架构

与前 4 代移动通信系统相比，5G 在应用上面临着多样化的应用场景和极致性能的考验，连续广域覆盖、热点高容量、低时延超高可靠、低功耗大连接将成为未来 5G 的主要技术要求。为了满足个人用户和企业用户对 5G 网络越发极致的性能要求，我们需要在无线接入网和核心网方面对 5G 网络架构进行重新设计。

在无线接入网方面，5G 采用 3GPP 组织引入的集中单元/分布单元（Centralized Unit-Distributed Unit，CU-DU）网络架构，同时在无线接入网侧使用云化部署方案，在降低建设成本的同时增强了无线接入网的灵活性。在此架构下，5G 将基带处理单元（Building Baseband Unit，BBU）拆分成 CU 和 DU 两个逻辑网元，而射频单元及部分基带物理层等底层功能与天线构成 AAU（有源天线单元），分组数据汇聚协议（PDCP）层及以上的无线协议功能由 CU 实现，PDCP 以下的无线协议功能由 DU 实现。CU-DU网络架构能够将无线资源集中控制功能集成在 CU 中，并使归属不同制式和不同类型的基站都接入 CU。同时，无线接入网利用干扰协调、多接入等技术，可以避免站间、制式间东西向的流量压力。另外，基于 SDN/NFV 技术，在无线接入网的网元部署上采用云化部署架构：通过虚拟化通用硬件设备来部署 CU 功能，实现资源的统一编排和管理，实现 CU 功能在网络中的灵活部署，推动无线接入网云化发展。这种部署方式能够实现区域内无线资源的集中调度和协调，提高频谱利用率和网络容量，实现网络功能的快速部署和升级，并能根据无线业务负载的变化自适应地调整基础网络资源使用情况，节省网络运营成本。

在核心网方面，同样广泛采用 SDN/NFV 技术和面向服务的架构设计方案，实现 5G 核心网元的云化部署。5G 核心网涉及的主要技术包括 SDN/NFV 技术、网络切片技术、MEC 技术等。通过 SDN/NFV 技术能够实现 5G 网元与硬件平台的解耦，提高网元的灵活部署能力；通过网络切片技术，能够构建不同性能的网络集群，满足 5G 应用场景的性能指标；通过 MEC 技术，能够实现计算能力的下沉，减少数据往返时延。

5.1.2　5G 无线接入网技术体系

1. 5G 无线接入网 CU-DU 网络架构

　　5G 无线接入网（Radio Access Networks，RAN）采用集中单元（CU）、分布单元（DU）和有源天线单元（AAU）三级结构，即 CU-DU 网络架构。在 5G 的新结构中，将传统网络架构中 BBU 的功能重构为 CU 和 DU 两个功能实体。原 BBU 的非实时部分重新定义为 CU，负责处理非实时协议和服务，同时也支持部分核心网功能下沉和边缘应用业务的部署，主要包含分组数据汇聚协议（PDCP）和无线资源控制（RRC）。BBU 的部分物理层处理功能和原 RRU 合并为 AAU，主要包含底层物理层（PHY-L）和射频（RF）。BBU 的剩余功能重新定义为 DU，负责处理物理层协议和实时服务，包含无线链路控制（RLC）、介质访问控制（MAC）和高层物理层（PHY-H）等。5G 的 CU-DU 网络架构与传统网络架构对比如图 5-1 所示。图 5-1 中，RAN-RT 为无线接入网的实时部分，RAN-NRT 为无线接入网的非实时部分，CPRI（Common Public Radio Interface）为通用公共无线接口。

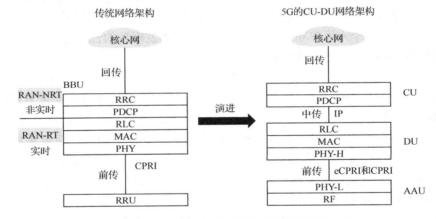

图 5-1　5G 的 CU-DU 网络架构与传统网络架构对比

　　5G 无线接入网的 CU 和 DU 存在多种部署方式。为了满足 5G 网络的需求，运营商和主设备厂商等提出多种无线网络架构。当 CU、DU 合设时，5G 无线接入网与 4G 无线接入网结构类似，相应承载也采用前传和回传两级结构，但 5G 基站的接口速率和类型发生了明显变化。当 CU、DU 分设时，相应承载将演进为前传、中传和回传三级结构。对于 CU 功能，未来企业可以采用云化的部署方案，增强无线资源管理的灵活性。

　　从 4G 在无线接入网技术上向 5G 的演进角度看，S1 接口是 4G 基站（LTE eNB）与演进型分组核心网（EPC）之间的通信接口，将 LTE（Long Term Evolution）系统划分为无线接入网和核心网。随着 4G 基站演进为 5G 基站（NR gNB），相应地，S1 接口的网络功能演进为 5G 的 CU 和 DU，连接起 5G 基站与 5G 核心网（5GC）。根据 CU 和 DU 之间的分设/合设部署方式以及 AAU 的具体位置不同，这里存在多种实体形态。5G 的 CU-DU 部署架构如图 5-2 所示。

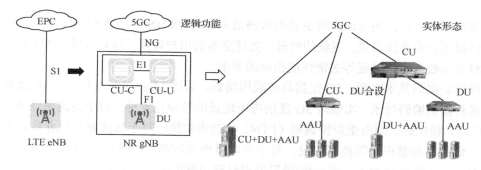

图 5-2 5G 的 CU-DU 部署架构

2. 5G 新空口关键技术

5G 与之前 4 代移动通信系统最大的差别是，其针对企业用户展开了在工业、医疗、多媒体等多种场景的应用。面向不同行业的产业互联网应用在性能上存在多种多样的需求。

总体来说，5G 网络面向各行业主要支持连续广域覆盖、热点高容量、低时延超高可靠、低功耗大连接等应用场景。在连续广域覆盖场景下，既要保证用户移动性及业务连续性，同时还需要为用户随时随地提供 100Mbps 以上的数据传输速率。在热点高容量场景下，需要面向室内外局部热点区域，为用户提供极高的数据传输速率，满足网络极高的流量密度需求。在低时延超高可靠场景下，需要面向车联网、工业控制等物联网及垂直行业的特殊应用需求，为用户提供毫秒级的端到端时延和接近 100% 的业务可靠性保证。在低功耗大连接场景下，需要支持百万个/km^2 的连接数密度。为了保证 5G 网络的极致性能要求，包括 Gbps 级别的用户体验速率、数十 Gbps 级别的峰值速率、数十 Tbps/km^2 级别的流量密度、百万个/km^2 级别的连接数密度、毫秒级的端到端时延等，我们需要采用多种新型无线技术，对 5G 空口进行新的设计。

为实现上述目标，5G 新空口技术涉及全双工技术、多址技术、调制编码技术、多天线技术等多种无线技术。通过这些无线技术的协同应用，实现 5G 网络在无线接入网侧对多种性能指标的支持，同时能够根据业务场景的具体需求，对这些无线技术模块进行优化配置，形成特定场景下的空口技术方案。

在全双工技术方面，5G 采用同时同频全双工技术，支持传统的 FDD 和 TDD 及其增强技术，支持灵活双工，并且可以灵活分配上下行时间和频率资源，能够实现同时同频收发。这将大幅度提升无线资源的使用率，提升频谱效率并提供更高的网络容量。同时 5G 采用空域、射频域等自干扰抑制技术，消除了设备接收端和发送端产生的干扰问题。

在多址技术方面，5G 一方面沿用已在 4G 中采用的 OFDMA（正交频分多址）技术，另一方面扩展了对 SCMA（稀疏码分多址接入）、PDMA（图样分割多址接入）、MUSA（多用户共享接入）等新型多址技术的支持。OFDMA 是一种在利用 OFDM（正交频分复用）技术对信道进行副载波化后，在部分子载波上加载传输数据的传输技术，是 OFDM 和 FDMA（频分多址）技术的结合。新型多址技术以叠加传输为主要特征，通过多用户信息的叠加传输方式，实现了在相同时频资源上对更多用户连接的支持，能够简化信令流程进而降低时延，还可以获得更高的频谱效率。与 OFDMA 技术相比，新型多址技术可以获得更高的系统容量、更低的时延，支持更多的用户连接，可有效满足 5G 典型应用场景对连接数密度、时延等关键性能指标的要求。

在调制编码技术方面，5G 根据具体应用场景，采用 LDPC 码、极化码、超奈奎斯特码等多种新型编码技术，实现对 5G 复杂应用场景的差异化支持。对于高速率业务，采用 LDPC 码、极化码、超奈奎斯特调制（FTN）等技术实现；对于低速率小包业务，采用极化码、低码率的卷积码等技术实现；对于吞吐量要求较高的业务，采用联合调制编码技术实现；对于低时延业务，采用编/译码处理时延较低的编码技术实现。

在多天线技术方面，5G 采用大规模天线阵列（Massive MIMO）技术：在相同时频资源上，使用比现有 MIMO 系统天线端口数目高出若干数量级的大规模天线阵列。5G 利用 Massive MIMO 的多天线分集及波束赋形技术，同时借助于空分多址技术，获取频谱复用、链路可靠性等性能的大幅度提升，从而高效地利用带宽资源，大幅度提升频谱效率。

5.1.3　5G 核心网技术体系

1．5G 核心网架构

5G 重新定义了网络架构、网元及其功能，在支持基本网元功能的基础上，新增 5G 网络切片等功能。5G 核心网架构突出"服务化架构"的特点，利用 SDN/NFV、MEC、网络切片等技术，在网络功能与设备实体之间解耦，实现功能模块化。虚拟化之后的 5G 网元功能之间实现按需组合，以满足灵活部署要求：既可独立升级，也支持独立编排。网络服务对外开放，支持新业务快速开通。服务化架构将网元功能拆分为细粒度的网络服务，对接云化 NFV 平台轻量级部署单元，为差异化的业务场景提供敏捷的系统架构支持；网络切片和边缘计算提供了可定制的网络功能和转发拓扑。面向服务的 5G 核心网架构如图 5-3 所示。

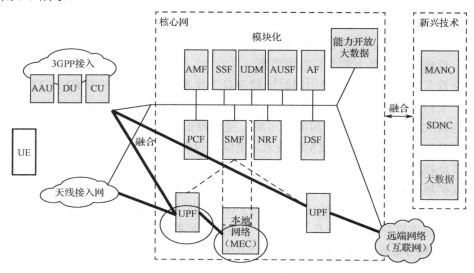

图 5-3　面向服务的 5G 核心网架构

图 5-3 中，

UDM：Unified Data Management，统一数据管理。

AUSF：Authentication Service Function，认证服务器功能。

MANO：Management and Network Orchestration，管理和网络编排器。

SDNC：Software Defined Network Controller，软件定义网络控制器。

与 4G 核心网相比，5G 核心网的组网更加灵活。5G 在移动性管理、认证服务、连接、路由等基本功能方面保持不变，但在实现方式和技术手段方面进行了改善，其实现方式更加灵活。具体实现包括接入和移动性管理功能（AMF）与会话管理功能（SMF）的分离、承载与控制的分离。AMF 和 SMF 的部署层级及 UPF 和 SMF 的部署层级可以分开，AMF 和 UPF 等网元功能能够根据业务需求、流量、资源等因素实现灵活部署。5G 核心网采用服务化架构设计，根据功能对网元进行模块化部署，实现了功能解耦，具有以下特征。

（1）网络基础设施云化部署

5G 网络的云化包括核心网云化、无线接入网云化和控制系统云化三部分。电信云是运营商云化转型的目标：运营商基于通用硬件设备，通过网络基础设施云化部署，能够降低设备投资成本，同时将云计算的快速部署能力应用到核心网部署中，实现网络的快速配置与升级。

（2）网络控制与转发功能分离

SDN/NFV 技术有利于快速实现 5G 网络功能部署，实现了网络的虚拟化、功能的轻量化，以及网络控制与转发功能的分离。网络虚拟化有利于 5G 核心网向全面云化演进，功能轻量化极大简化了模块、接口和协议的复杂度，网络控制与转发功能分离实现了网管控制平面和用户平面的分离，保障了未来网络的分布式部署需求。

（3）网络服务切片化

5G 核心网将全面支持网络切片技术。面向不同垂直行业按用户对网络能力的需求，灵活地构建一条满足用户需求的网络转发路径，即在同一个基础的物理网络之上，采用网络切片技术、SDN/NFV 技术实现业务的逻辑隔离和网络资源的动态分配，满足业务对网络的多样性需求，为用户提供不同的 SLA。网络切片是 NFV 在 5G 核心网中的关键应用。通过 MEC 和网络切片技术，5G 能够提供专用的逻辑网络，提供按需配置的网络功能，满足各行业用户的个性化需求。

（4）网元功能分布式部署

5G 核心网从 4G 时期的"网元"解耦重构为"网元功能"。5G 利用云化部署的方式，基于统一的通用硬件设施和软件化的网络功能重构，实现网络的低成本、灵活部署。新型的 AMF 和 SMF 为网络提供了更多可选的功能组合，网元功能采用模块化设计，有利于实现 API 调用，提升通用性。

2. 5G 核心网关键技术概述

5G 的增强型移动宽带（eMBB）、大规模机器类型通信（mMTC）、超高可靠和低时延通信（uRLLC）三大特征，分别满足超高清视频、AR/VR 等大流量业务应用，以及车联网、工业控制等泛连接、高可靠业务应用的需求。这种新型业务应用对网络速率、移动性、频谱效率、流量密度、连接数密度、端到端时延、可靠性等方面均存在着不同的要求。为了充分满足这些应用需求，5G 核心网采用服务化架构、SDN/NFV、网络切片、MEC 等多种关键技术，实现核心网的云化部署，满足对多种应用场景的支持。5G 网络云化部署视图如图 5-4 所示。

图 5-4 中，

NFVO：Network Function Virtualization Orchestration，网络功能虚拟化编排器。

SDNO：Software Defined Network Orchestration，软件定义网络编排器。

VNFM：Virtualized Network Function Manager，虚拟化网络功能管理器。

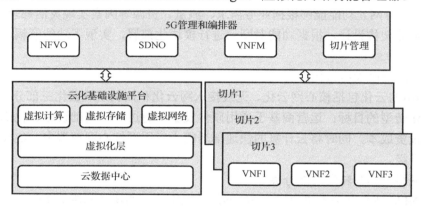

图 5-4　5G 网络云化部署视图

目前，国际标准组织已经完成 5G 核心网标准（3GPP R15）的制定，涉及网络切片、服务化架构、MEC、接入和移动性管理、会话管理、控制平面管理、会话与业务连续性等方面。本节将对 5G 核心网主要关键技术进行总结介绍。

（1）服务化架构

5G 核心网的控制平面采用服务化架构设计，借鉴 IT 系统服务化的理念，将控制平面功能解耦重构为多个网元功能，实现网元功能间的重构解耦。各网元功能能够独立进行部署、升级、重用。各网元功能采用注册、发现机制。基于服务化的接口，每个网元功能均能够直接与其他网元功能交互，实现了各网元功能在 5G 核心网中的即插即用、快速部署、连续集成，可用于构建满足不同应用场景需求的专用逻辑网络。

（2）SDN/NFV 技术

在 5G 核心网中引入 SDN/NFV 技术，能够提升 5G 灵活组网的能力。利用平台虚拟化技术，通过在虚拟机上部署网络功能实体，实现底层物理资源到虚拟化资源的映射，实现资源的动态配置和高效调度。利用 SDN 控制与转发分离功能，构建承载信令和数据流的通路，实现网元功能的动态连接，完成端到端的网络功能配置，增强网络部署的灵活性。

（3）网络切片技术

网络切片技术不是新概念，只是在 5G 的带宽足够大了之后，进行网络切片才有了实际意义。5G 网络端到端切片是指将网络资源灵活分配，将网络能力按需组合，基于一个

5G 网络虚拟出多个具备不同特性的逻辑子网。每个端到端切片均由核心网、无线接入网、传输网子切片组合而成，并通过端到端切片管理系统进行统一管理。网络切片是 SDN/NFV 技术应用于 5G 网络的关键服务。一个网络切片将构成一个端到端的逻辑网络，按切片需求方的需求灵活地提供一种或多种网络服务。网络切片让运营商能够对时延、移动性、可用性、可靠性和数据传输速率等网络性能指标提供差异化定制服务，例如，有些情况需要非常高的数据传输速率或流量密度，而另一些情况需要非常低的时延和非常高的通信服务可用性。网络切片还能够针对公共安全、公司客户、漫游用户或托管 MVNO（Mobile Virtual Network Operator，移动虚拟网络运营商）等特定用户提供逻辑隔离的网络，并对优先级、计费、策略控制、安全性和移动性等方面进行差异定制。

（4）MEC 技术

边缘计算是 5G 的关键技术之一，随着端的接入技术的多元化，发展为 MEC（Multi-access Edge Computing，多接入边缘计算）技术。MEC 技术通过将计算能力、存储能力下沉到网络边缘，可以为用户提供更贴近数据源、更大带宽、更低时延的数据服务；通过在网络边缘增加具备计算、存储、网络等功能的边缘计算节点，能够将云计算、无线网络、数据缓存等技术有机地融合在一起；支持多种灵活的本地分流、移动、计费和 QoS 机制；能够大幅度缩短端到端时延，有效处理用户高实时性业务，并解决核心网的数据流量瓶颈等相关问题；能够推动 5G 移动通信系统在车联网、物联网、无人机网络和智慧城市等领域的应用和发展。

5.2 5G 边缘云技术体系

5.2.1 5G 边缘云架构

5G 边缘云架构的参考模型如图 5-5 所示。整体架构分为云层、边缘云层和现场设备层三层。边缘云层位于云层和现场设备层之间，实现现场设备层各种终端的接入以及与云层的对接。

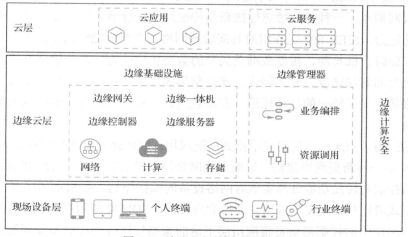

图 5-5 边缘云架构的参考模型

现场设备层实现生产数据的采集，主要由个人终端，以及工业、医疗等场景下的传感器设备、生产设备等行业终端组成。边缘云层主要由边缘基础设施和边缘管理器两部分组成。边缘基础设施是边缘计算的核心，为业务应用提供相应的网络、计算、存储资源。根据业务类型的不同，边缘云层中的边缘基础设施通常包含边缘网关、边缘控制器、边缘一体机、边缘服务器等。其中边缘网关主要实现网络协议的处理和转换，边缘控制器主要支持实时闭环控制业务，边缘服务器主要用于大规模数据处理，边缘一体机主要用于低功耗信息采集和处理。边缘管理器主要实现对边缘基础设施的统一管理，包括业务编排、资源调用等。

通过在边缘基础设施上部署相应业务应用，能够实现控制、分析等边缘计算应用功能。利用边缘计算，能够加强本地计算能力，实现控制功能的边缘部署，减少集中式的云计算模式带来的响应时延高的问题，形成面向大规模复杂控制系统的有效解决方案。边缘计算的分析功能可以实现流数据分析、视频图像分析、智能计算和数据挖掘等功能。计算能力的下沉使分析处理能力靠近数据源，通过预处理减少了向云端传输的数据量，减小了传输的带宽需求。

5.2.2　边缘基础设施

边缘基础设施包括网络、计算和存储三个基本模块。

（1）网络

边缘计算的初衷是将计算能力下沉至网络边缘，降低业务的响应时延，因此网络资源是边缘计算业务展开的基础支撑。边缘计算的业务场景，如工业、医疗等，决定了边缘计算的网络必须满足低时延、超高可靠的要求，同时又要支持网络的灵活部署与实施。为了应对边缘应用对带宽、时延、QoS 等不同性能指标的要求，时间敏感网络（Time-Sensitive Networking，TSN）和 SDN 成为边缘计算网络的两种不可或缺的重要技术组成。

国际标准组织 IEEE 针对时间敏感网络制定了一系列的技术标准。该技术标准体系基于传统以太网构建了一种时间敏感性的新型传输网络，能够为用户提供具有确定性时延的数据传输能力。IEEE 802 工作组对时间敏感网络的主要性能给出了描述，它能够提供具有有界低延时、低抖动、极低数据丢失率的数据传输能力。时间敏感网络的核心能力包括优先级时间感知调度、时间同步、流量整形等。时间敏感网络针对实时优先级、时钟等关键服务定义了统一的技术标准，在车载网、工业以太网等领域成为未来的一个主要发展方向。

SDN 在 5G、未来网络等研究中得到广泛应用，而边缘计算网络同样也离不开 SDN 技术。SDN 是一种新型网络架构，逐渐成为网络技术发展的主流。SDN 的核心思想是，通过网络的控制与转发功能分离实现对网络设备的编程控制。在 SDN 中，应用层负责承载商业应用或者用户自定义的应用。通过北向接口，SDN 将应用层的需求与策略传递到控制层。控制层中的控制器负责将应用层下达的策略转译成相应的转发规则，通过南向接口传递到基础设施层。基础设施层负责网络状态的收集，以及在控制层下发的转发规则的指导下对数据进行转发。SDN 技术加强了网络的灵活性和可控可管性。在边缘计算中应用 SDN 技术，能够支持海量网络设备的灵活接入，增加网络的可扩展性，增强自动化运维能力。

（2）计算

边缘计算需要根据现场应用的多样性提供异构计算能力、边缘智能能力及虚拟化能力，主要涉及的硬件设备包括边缘服务器、边缘网关、边缘一体机等。

① 异构计算能力。异构计算是边缘侧的关键计算能力之一。物联网、自动驾驶、工业互联网等业务的快速发展，以及人工智能算法在这些领域的应用，均带来了对计算能力的多样化需求。同时，计算资源所需要处理的数据类型也日趋多样，既包含结构化数据又包含非结构化数据。通过引入 CPU、DSP（Digital Signal Processing，数字信号处理）芯片、GPU（Graphics Processing Unit，图形处理器）、ASIC（Application Specific Integrated Circuit，专用集成电路）、FPGA（Field Programmable Gate Array，现场可编程逻辑门阵列）等多种不同计算单元来进行加速计算，成为边缘计算能力未来的发展趋势。产业界提出，将不同类型指令集、不同体系架构的计算单元协同起来，形成新的异构计算架构，以便充分发挥各种计算单元的优势，实现性能、成本、功耗、可移植性等方面的均衡。

② 边缘智能能力。在网络边缘安装和连接的智能设备，应能够实现关键任务数据的处理和分析。在工业领域，针对工业流数据的实时分析、设备的预测性维护、产品的故障检测等均涉及边缘智能的应用。给边缘计算节点赋予一定的智能计算能力，使之能够自主判断并解决问题，及时检测异常情况，更好地实现预测性监控。在无人驾驶领域，道路预测等边缘智能应用更是关键的应用之一。

③ 虚拟化能力。虚拟化技术已经在云数据中心得到了广泛的应用，成为企业 IT 系统的主流建设模式。使用虚拟化技术，降低系统的开发和部署成本，已经成为行业共识。虚拟化技术也已经从服务器应用场景向嵌入式系统应用场景转变。典型的虚拟化技术包括裸金属架构和主机架构。裸金属架构是指虚拟化层的 Hypervisor 等功能直接运行在硬件平台上，在实时性方面能够获得较好的效果。智能网关等一般采用这种虚拟化方式。主机架构让虚拟化层的功能运行在主机操作系统上，然后再对计算等资源进行虚拟化，通常用于部署对计算能力要求不是特别高的业务。

（3）存储

边缘计算的存储资源存在多样化的需求，因为边缘计算存在众多应用场景，既有对实时性要求较高的工业控制、无人驾驶等业务场景，又有对存储容量要求较高的 AR/VR、CDN 等业务场景，同时存在结构化数据及非结构化数据的应用需求。在产业界，边缘计算的存储资源通常使用边缘一体机或者采用分布式存储体系搭建，实现业务应用对块存储、文件存储、对象存储的需求。

5.2.3 边缘管理

边缘管理器用于实现边缘管理，涉及的内容包括统一的资源调用管理、服务管理、数据生命周期管理等功能。

（1）资源调用管理

边缘管理器能够通过代码管理、网络管理、数据库管理等方式直接调用相应的资源，完成业务功能。代码管理包括对功能模块的存储、更新、检索、增加、删除等操作，以及版本控制。网络管理是指在最高层面上对大规模计算机网络和工业现场网络进行的维护和管理，实现控制、规划、分配、部署、协调及监视一个网络的资源所需的整套功能。另外，针对数据库的建立、数据库的调整、数据库的组合、数据库的安全性控制与完整性控制、数据库的故障恢复和数据库的监控提供全生命周期的数据库管理。

（2）服务管理

通过边缘管理器，能够面向终端设备、网络设备、服务器，针对数据、业务与应用的隔离、安全、分布式等方面提供统一服务管理，在工程设计、集成设计、系统部署、业务与数据迁移、集成测试、集成验证与验收等领域提供全生命周期的管理支持。

（3）数据生命周期管理

边缘计算中的数据是在边缘侧产生的，包括机器运行数据、环境数据及信息系统数据等，具有瞬间流量大、流动速度快、实时性要求高等特点。边缘管理器具有对此类数据进行数据预处理、数据分发和策略执行、数据可视化和存储的功能。

5.2.4 边缘计算安全

边缘计算已经在工业、交通、医疗、智慧城市等关键领域得到广泛应用，边缘计算的安全防护也将成为未来各行业应用中至关重要的一环。边缘计算的主要应用场景位于网络边缘，部署了大量的传感器网络设备，具有设备数量庞大、基础环境复杂、计算存储资源受限等特点。因此，传统的安全防护手段无法完全适应边缘计算面临的安全防护需求。

在设计边缘计算安全模型时，既要考虑传统安全能力在边缘计算中的实现，又要考虑边缘计算的应用特点。例如，在安全防护方面应考虑安全功能的轻量化，实现安全能力在各类硬件资源受限的 IoT 设备中的应用。海量设备的接入将导致传统的安全认证机制不再适用，应根据网络接入特点，重新设计安全模型。对关键节点（如边缘网关）的攻击可能导致安全故障由点及面的风险，应设计相应的隔离策略，有效控制攻击风险范围。

边缘计算的安全体系主要涉及节点安全、网络安全、数据安全、应用安全等内容。在节点安全方面，主要提供边缘节点的虚拟化安全、OS 安全等功能，并能够实现节点的完整性校验、身份鉴别等；在网络安全方面，主要保障各网络协议的安全，提供网络域的隔离、网络监测、网络防护等功能；在数据安全方面，主要涉及数据的安全存储，提供数据的轻量级加密、敏感数据的处理与监测等功能；在应用安全方面，主要提供 APP 加固、权限访问控制、应用监控、应用审计等功能。总之，应通过一系列的措施保障边缘应用的安全，这些在第 7 章中还会进行详细的讨论。

5.3　小结

　　5G 边缘云是企业实现数字化转型的基础技术体系之一，企业只有结合当前业务和 IT 系统现状，综合考虑未来的业务发展战略及目标，才能提出适合企业本身的 IT 技术规划。本章围绕 5G 无线接入网、5G 核心网及边缘云介绍了 5G 边缘云的技术体系。通过本章，读者可以对 5G 边缘云的技术体系有一个更加深入的了解。5G 无线接入网包括基于 CU-DU 网络架构的接入网架构。核心网应用了 SDN、MEC、网络切片等技术，满足用户在个人生活、工业、医疗、教育等行业对网络性能的需求。5G 边缘云技术体系包括基础设施、边缘管理和边缘计算安全。其中，计算、网络、存储三大基础设施模块用来支撑边缘应用的部署，实现边缘数据的分析、处理、优化。边缘管理主要涉及资源调用管理、服务管理和数据生命周期管理，实现对边缘业务资源的分配、边缘数据的预处理与销毁等生命周期管理。边缘计算的安全体系涉及节点安全、网络安全、数据安全、应用安全等方面，实现对边缘计算的安全防护。

第6章

5G边缘云 技术要求

5G 边缘云的应用场景较为复杂。根据应用场景的不同，边缘计算对网络指标的要求也不尽相同，对计算能力、安全性同样也存在多方面的不同要求。本章介绍 5G 边缘云的主要技术要求，围绕网络、计算、安全能力等多个维度，指导企业边缘计算云平台建设工作的开展。首先，本章从带宽、时延、可靠性等维度介绍不同场景下边缘计算对网络能力的要求。其次，本章从异构计算、边缘智能、云边协同的角度介绍边缘计算对计算能力的要求。最后，本章考虑边缘计算面临的安全威胁，从边缘基础设施安全、网络安全的角度，考量对边缘计算安全能力的要求。

6.1 网络能力要求

边缘计算在接近数据源的网络边缘提供计算、存储、网络能力，需要整合现场大量的网络接入设备。同时由于网络边缘的计算等资源受限，其往往只能对数据进行初步的处理分析，进一步的大规模数据分析则需要传输到云端进行处理，实现边云融合。在现场网络环境复杂、需要实现云边协同的背景要求下，网络能力成为边缘计算的关键能力之一。

边缘计算的部署位置既可以是通信运营商的地市级机房，也可以是用户的生产现场，因此在带宽、时延等方面对多域的网络提出新的需求和挑战。考虑到边缘节点与云数据中心的互联，边缘网络应包括接入网络、现场边缘网络和传输承载网络。本节将从这三方面入手，介绍边缘计算对网络能力的要求。

6.1.1 接入网络

面对边缘计算的多种应用场景，边缘计算网络应能支持移动接入和固网接入的融合接入，为不同行业应用提供满足带宽、时延需求的网络接入方式。

移动接入充分利用移动网络的灵活性、可扩展性、易于部署等优势，在距离用户最近的位置就近提供边缘网络接入服务，能够克服特定场景下固网对场地的限制。固网接入能够将边缘节点和固网设备部署在一起，将计算能力遍布在云、边、端的各个环境中，实现业务的本地化处理，降低业务响应时延，同时减小传往核心网的流量规模，缩减带宽成本消耗。固移融合的接入方式能够丰富边缘计算的网络接入方式，满足众多边缘计算场景对移动接入和固网接入的需求。

边缘计算对固移融合接入的主要网络要求体现在业务接入、异常切换、云边协同等方面。在业务接入方面，需要支持同一个业务在移动网络和固网下的同时接入，实现同一业务的数据同步，并对不同网络接入的协同性、实时性、稳定性提出新的需求。在异常切换方面，需要在业务发生故障时快速实现网络切换，避免使用异常边缘节点进行行业业务处理。在云边协同方面，需要实现边缘计算平台与云计算平台资源的协同，提供边缘云和中心云之间的资源、安全、应用、业务及地域等多方面的协同。

6.1.2　现场边缘网络

边缘计算通过在接近生产现场的位置布置计算资源，完成时延敏感的数据采集、业务控制、大带宽数据存储等功能。现场边缘网络属于在生产现场部署的边缘计算技术体系，能够在生产现场为业务提供智能化的网络接入服务及大带宽、低时延的网络承载服务。一般在现场边缘计算中，生产业务、生产数据等大都在本地运行处理，涉及外网的业务较少。

当前制造企业的网络多采用多层级的部署方式，从上到下划分为企业办公网络、生产管理网络、过程控制网络及数据采集网络。各层级网络使用不同的网络协议，通过网关等设备实现层级间的互通。企业办公网络通常运行邮件系统、ERP 系统等企业管理软件，生产管理网络主要用于交换生产调度和执行信息。这两种网络通信主要使用现有 TCP/IP 网络协议承载，主要关注的性能指标是网络带宽，对网络实时性及可靠性的需求并不是特别高。因此现场边缘网络需求主要关注过程控制网络和数据采集网络。

过程控制网络主要为工业生产控制系统提供网络基础设施服务。这部分是边缘计算的主要执行层，对网络的可靠性、实时性、准确性提出了较高的要求，一般采用工业互联网及现场总线协议建设。常见的工业控制系统包括分布式控制系统（DCS）、可编程逻辑控制器（PLC）、分布式数控系统（DNC）等。工业互联网通常提供实时业务通道和非实时业务通道。实时业务通道针对实时性要求较高的业务传输控制指令等，非实时业务通道针对实时性要求较低的业务传输配置指令等。

数据采集网络主要用来采集生产现场数据，对网络的实时性和可靠性有非常高的要求，同时对带宽的要求也在逐步提升。其一般使用现场总线协议、无线传感器网络、工业互联网等网络协议构建网络。数据采集网络由于是异构网络，通常需要使用网关实现与标准以太网的互联。

现场边缘计算对网络的要求主要包括以下三点。

① 异构网络接入

为满足生产需求，现场使用的设备可能多种多样。现场边缘网络需要支持多种类的设备接口及网关设备，为现场设备提供通畅的网络接入服务。

② 时延及带宽

工业生产控制系统对时延的要求非常严格。对于某些关键应用，极小的时延都可能会引起很严重的后果。工业生产控制系统对时延的要求通常在 ms 级别，关键系统的时延要求在 1ms 级别，其他工业生产控制系统的时延要求通常在 $10\sim100\text{ms}$ 级别。在带宽方面，随着机器视觉等技术的发展，对高清图像、视频的传输存在带宽要求，通常在 100mbps 以上。对于一般数据采集，通常带宽要求在 100kbps 以上。

③ 可靠性

数据的可靠性对工业等场景非常重要。根据不同业务的要求，数据的丢包率应控制在 $10^{-6}\sim10^{-9}$ 之间。

6.1.3 传输承载网

国内通信运营商启动了面向未来可运营的新一代网络架构的研究，正在进行传输承载网架构重构。传统网络架构正在向 IT 网络架构靠拢，并逐渐向轻资产转型。

由于 IPRAN（IP Radio Access Network）、本地 CE（Customer Edge）网等网络的建设、管理和维护分属不同专业、不同部门，造成现有传输承载网结构较为复杂，存在多网并行的情况。具体表现为，移动回传业务接入的层级较多，存在多跳转接、跨域复杂互通、投资浪费等问题，承载效率低下。通过对单个 4G/5G 用户流量流向的分析，可以发现，单条业务达到了 10 跳，其中 IPRAN（AS3）3 跳、本地 CE 网（AS2）2 跳、B 网（AS1）3 跳、省会 CE 网（AS4）2 跳，并且经过了 4 个自治域（AS，Autonomous System，也称自治系统），包括 AS3、AS2、AS1、AS4，这造成大量背靠背端口资源的浪费，如图 6-1 所示。

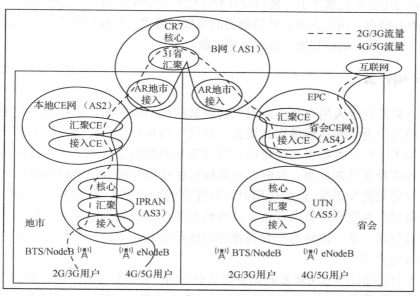

图 6-1　单个 4G/5G 用户流量流向的分析

近年来，国内通信运营商提出了适应本地网络稳定、长期发展演进的传输承载网本地基础网络架构，在保证网络适度安全的基础上提高了投资效率、提升了竞争能力。

本地基础网络架构全面梳理了本地网内各类网络的组网模式，明确了城域网 BRAS（Broadband Remote Access Server，宽带接入服务器）/SR（Service Router，全业务路由器），以及承载网一级汇聚节点等应部署在汇聚机房，OLT（Optical Line Terminal，光线路终端）和 BBU 集中点原则上应围绕综合业务接入点进行建设，强调了光缆建设、系统建设、设备布局应围绕架构节点的建设思路，并且通过多专业协同大力推广 RRU（Remote Radio Unit，射频拉远单元）级联拉远模式以节约投资。

本地基础网络架构的提出在业界获得了强烈的反响，国内通信运营商都在向基础网络架构靠拢。基础网络架构在满足业务快速接入的前提下保证了网络的稳定性，架构形成后可以较好地兼容 5G 网络部署和 DC 化布局。根据网络 DC 化布局目标，通信行业云平台预计会采用三级架构，即区域 DC、本地 DC 和边缘 DC，其中边缘 DC 的定位和汇聚机房的定位完全契合。条件较好的综合业务接入点可以作为 5G CU 下沉机房使用。

6.2　计算能力要求

随着无人机、智能摄像头、工业传感器等边缘设备的广泛使用，网络接入设备数量将大幅增加，数据也将呈爆发式增长。不同场景对带宽、时延、数据存储能力及安全性等有不同的要求。云数据中心的集中化处理明显不能满足所有需求，边缘计算将成为 IT 架构的未来发展趋势。Gartner 预测，相较于 80% 的数据在云数据中心内产生和处理的现状，到 2022 年，超过 50% 的企业数据将在云数据中心之外产生和处理。边缘计算架构、产品与解决方案对未来计算能力向边缘侧下沉越发重要。边缘计算将云的部分服务或者能力扩展到边缘基础设施之上，面向行业数字化和智能化的发展，提供 GPU、虚拟化等多种计算能力组合，满足企业对计算能力的多样性要求。边缘计算在计算能力的要求主要体现在异构计算、边缘智能、云边协同方面。

6.2.1　异构计算

边缘计算面向个人用户及企业用户的新型应用不断兴起，短视频、美图、自动驾驶、物联网等应用业务呈现爆炸式增长，对应用场景及计算能力提出了多种多样的要求。面向个人用户，终端设备除短信、语音等基础的网络通信之外，通常还需要提供图片处理等各种各样的应用。同时，各类应用往往需要根据用户行为提供个性化的智能推送及智能预测等服务，这些应用对计算能力的要求已经远远超过了传统 CPU 的处理能力。面向企业用户，机器视觉、故障检测等数据密集型应用对海量数据并发处理提出了较高要求。单一的计算平台很难满足这些要求，多样性的异构计算能力成为边缘计算的迫切需求。

由于各类边缘计算应用场景的业务侧重点不同，计算任务对于硬件资源的需求也不尽相同。从计算模式、并发数、迭代深度等多方面考虑，需要 x86、ARM、GPU、NPU 等多种类型的芯片支持。异构计算能够充分发挥 CPU/GPU 的灵活性。通过异构计算搭建的基础设施能够及时响应数据处理需求，搭配上 FPGA/ASIC 等特殊能力，可以充分发挥协处理器的效能。异构计算能够根据特定需求，合理分配计算资源，满足多样化、差异化的应用需求，提升计算资源的利用率，实现计算能力的灵活部署和调度。

6.2.2　边缘智能

人工智能（AI）应用通常面向端到端的应用场景：数据的采集在前端，数据的处理、增值在云端，增值后的结果再回到前端，以提高前端设备的处理能力和处理效果。然而，在行业数字化场景下，如果将人工智能的模型训练与处理全部部署在云数据中心里，需要将现场采集的海量数据从边缘设备实时传输到云数据中心里。这将影响业务处理的实时性，同时会在可靠性、安全性等方面带来严重问题。业务对数据处理的实时性需求，促使边缘计算平台具备边缘智能。

边缘智能使用人工智能技术在边缘侧为业务提供人工智能计算能力，能够通过边缘节点获得更为丰富的数据，实现个性化的人工智能服务，扩展人工智能的应用场景。同时，边缘节点使用人工智能计算能力，能够更高效地提供数据分析、决策实施等智能服务。在云端与边缘节点合理部署人工智能模型的训练与推理功能，有利于构建成本最优的边缘智能解决方案与服务，推动人工智能在工业、医疗、交通等领域的落地。

6.2.3　云边协同

边缘节点部署在网络边缘，由于场地等环境限制，在服务器数量上往往非常有限，面临计算资源短缺的巨大压力。在边缘云中，存在多种边缘服务器和边缘终端，需要进行统一的管理，并实现对边缘应用的支持。与边缘云对应的是中心云，其能够提供 CPU、GPU 等多种类型的计算资源，并且在计算能力上不再受现场环境的限制，可以提供持久化存储，能够支撑计算密集型应用，如 Hadoop、Spark、TensorFlow 等。

云计算与边缘计算需要通过紧密协同才能更好地满足各种需求场景的匹配，从而充分体现云计算与边缘计算的应用价值。对于业务应用，开发工作在云端完成，可以充分发挥云的多语言、多工具、计算能力充足的优势。对于应用部署，则可以按照需要分布到不同的边缘节点上。对于人工智能相关的应用，可以把机器学习、深度学习相关的重负载训练任务放在云端，而把需要快速响应的推理任务放在边缘节点上处理，达到计算成本、网络带宽成本的最佳平衡。同时，从边缘计算的特点出发，把实时或更快速的数据处理和分析放在边缘节点上处理，能够节省网络流量。

云边协同的需求涉及 IaaS、PaaS、SaaS 各层面的全面协同，包括网络、虚拟化、安全等资源的协同，以及数据、应用管理、业务管理的协同。

在导论篇提过，云边协同是联邦计算（Federated Computing）范式中的典型工作情景，中心云和边缘云构成弹性的耦合关系。在特定场景中，适合采用紧耦合模式，此时中心云承担起更多的边缘云管理职能，对边缘云的运行时提供更广泛的功能支持和监控辅助手段及丰富的控制干预。在其他场景中，中心云和边缘云形成松耦合关系。这种关系支持边缘云在一定时间内断开中心云控制平面，独立自治运行。这要求边缘云具备更全面的能力，如同一个中心云完备计算环境在边缘侧的"孪生"缩小版。另外一些场景则需要中心云和边缘云的关系介于紧耦合和松耦合之间，即半松半紧耦合，从而实现控制管理、网络连接、应用数据等多维度的协同工作。这是最具复杂性的协作场景，结合应用的多样性将会发生许多有趣的用户故事。

6.3　安全能力要求

边缘计算的发展带来了计算部署方式的革新，实现了业务处理时延的降低，同时缓解了网络带宽的压力，降低了云端的计算负载。但是随着边缘计算的部署及终端设备的接入，边缘计算也面临着一系列新的安全问题。在边缘计算的模式下，计算能力能够下沉到网络边缘，不再完全依赖云数据中心。边缘侧的计算基础设施、网络和接入设备通过相互合作的方式实现边缘计算服务。攻击者能够对所有承载边缘计算服务的边缘基础设施及边缘网络发起攻击。

6.3.1　边缘基础设施安全

边缘计算的基础设施是整个边缘计算的核心，为边缘计算提供最基本的网络、计算、存储等资源，支撑数据处理、分析等业务。因此，边缘基础设施安全是边缘计算最基本的安全保障。

边缘基础设施安全主要涵盖完整性校验、边缘节点身份标记与鉴别、虚拟化安全、操作系统安全、接入认证等方面。

1．完整性校验

由于边缘节点的计算、存储资源受限，边缘设备通常在执行复杂计算时受到很大限制，因此边缘现场采集到的数据往往需要传输到云端进行处理。为保证数据传输的准确性和实效性，边缘计算对应用数据的完整性提出了要求。

2．边缘节点身份标记与鉴别

在典型的边缘计算场景中，如工业传感器场景，存在海量的、异构的各种硬件设备，这些设备的加入或退出将引起网络的动态变化。为实现对边缘接入设备的管理、任务分配及设置安全策略，边缘计算需要对边缘节点的身份进行标记与鉴别。因此，能够自动化、透明化和轻量级地实现标记和鉴别工作，成为设备安全管理必不可少的一个环节。

3．虚拟化安全

与传统云服务器相比，边缘节点在计算、存储等资源上往往受到限制，其上业务对低时延和确定性要求较高。边缘计算在面临虚拟化安全威胁时，需要提供低底噪、轻量级、不依赖硬件特性的虚拟化框架；需要基于虚拟化框架构建低时延、确定性的操作系统间安全隔离机制和操作系统内安全增强机制；需要增强 Hypervisor 本身的安全保护，消减虚拟化攻击窗口，实现对边缘网关、边缘控制器、边缘服务器的虚拟化隔离和安全增强。

4．操作系统（OS）安全

边缘计算面临的另外一个安全问题是操作系统安全问题，因为边缘网关、边缘控制器、边缘服务器等边缘节点上运行的操作系统类型各不相同。与普通 x86 服务器相比，边缘节点往往采用异构的低端设备，在各种计算资源上受到限制，容易受到恶意代码等攻击。因此，边缘计算对设备的操作系统安全存在较高要求。

5．接入认证

边缘计算中往往存在着海量的异构接入设备。这些设备所使用的通信协议多种多样，在计算能力、架构设计上都存在着很大的差异性。因此这些设备接入网络会产生较大的安全风险。如何设置接入认证机制，成为边缘计算安全的基础。

6.3.2　边缘网络安全

边缘网络的一个特点是异构复杂。为实现生产数据的采集与处理，生产现场往往由多种工业总线、传感器网络、无线网络、以太网构成。由于边缘节点数量巨大、网络拓扑复杂，导致攻击路径增加。攻击者可以很容易地向边缘节点发起攻击，对边缘网络的可靠性产生很大影响，产生非常严重的后果。边缘网络的安全是实现边缘计算与现有各种网络协同互通，支撑业务运行的必要条件。

1. 网络隔离

类似于云数据中心里的网络隔离，边缘计算中的网络隔离是在边缘节点的不同虚拟机之间实现虚拟资源的网络隔离，以保证不同业务的安全隔离。目前，多家边缘云服务提供商在技术上更倾向于使用容器技术实现边缘节点的虚拟化。容器技术共享底层操作系统，通过 CGroup 和 Namespace 实现资源控制和访问隔离，实现轻量化的隔离。但是其在隔离性上比 KVM（Kernel-based Virtual Machine）等技术差，面临的安全威胁更加严重。另外，隔离技术需要通过对不同虚拟机之间通信的数据完整性校验、数据安全检查等方式来实现不同业务通信单元之间有效的安全隔离。

2. 网络监测

网络监测包括对故障组件、中断等情况的监测。网络监测系统应具备发现网络攻击行为的能力，并在监测到网络安全威胁后及时通报给系统管理员。但其本身不具备阻断网络攻击和排除故障的功能。有效的网络监测是边缘计算安全的一个非常重要的组成部分。通过监测网络流量，边缘计算能够对网络中传输的内容进行实时监测，以便及时发现网络违规行为，保护边缘网络，避免受到网络攻击。

3. 网络防护

网络防护应当实现对入侵网络流量的检测和阻断，防止入侵者利用、削弱和破坏边缘网络系统，有效地发现隐秘在流量中的攻击行为。这需要建立安全隔离机制，严格限制进入控制网络的数据内容，同时需要与云端要建立协同防护机制，对双方通信进行安全加密，保证通信过程的可控。

6.4　小结

本章分析了当前 5G 边缘云的主要技术要求，包括：面向用户的网络能力要求、支撑业务运行的计算能力要求，保障 5G 边缘云安全运行的安全能力要求。这些是规划阶段必不可少的参照依据。其中，云边协同是 5G 边缘云的重要技术要求，为分布式云的协同能力提出了更高、更迫切的要求。联邦计算（Federated Computing）范式为云边协同提供了参考：采用类比联邦政体的建构原则为中心云和边缘云的规划提供弹性耦合能力，根据应用场景的要求形成适宜的中心云与边缘云协作关系。

第7章

系统安全

5G 边缘云成功落地的前提之一是边缘云安全的实现。与传统的云计算安全属性相似，5G 边缘云的安全性包括机密性、完整性和可用性。信息安全遵循着分层的模式，因此深层次的防御可以帮助用户在其中一层受到损害的情况下保护资源。由于 5G 边缘云具有从中心云卸载计算和云边协同的能力，因此它们也可以作为端到端认证的机制，由此演进为一种云安全的变革性技术——安全访问服务边缘（SASE）。本章分析云安全核心问题和云安全市场，介绍安全访问服务边缘，梳理边缘云安全需求，最终给出边缘云安全参考框架。

7.1 边缘云安全概述

现在，许多云计算业务部署在一个开放的或者半开放的网络环境中，因此对于运行在云环境下的企业业务，云服务提供商如何保证企业的信息安全，如何防止外部黑客的入侵、减少安全隐患，如何防止业务被影响、数据被窃取或损坏，这些都是需要重点解决的问题。按行话说，网络有多安全，完全取决于最弱的地方（As strong as the weakest link）。随着 5G 边缘云的起步，整体云的安全正在推向云端。边缘云的安全上升到整个信息体系的安全，是 5G 边缘云规划中必不可少的一个重要内容。

7.1.1 核心问题

人们常把云计算比喻成电网的供电服务和自来水公司的供水服务。在这些比喻当中，除明确云计算的本质是一种服务外，同时也体现出了云计算安全的高度重要性。人们对于天天使用的自来水，究竟要关心什么安全问题呢？第一，用户会关心自来水公司提供的水是否安全。自来水公司必然会承诺水的质量，并采取相应的措施来保证水的安全。第二，用户本身也要注意水的安全使用。在某些地区，自来水也有多种，有仅供洗浴的热水，有供打扫卫生的中水，有供饮用的水等。诸如"不能饮用中水"这样的安全问题要靠用户自己来解决。第三，用户可能会担心别人把水费记到自己的账单上来，担心自来水公司多收费。

与之对应，云计算安全问题也可大致分为三个方面。

（1）云服务提供商提供的网络和存储是否安全。

（2）用户需要在云服务提供商提供的安全性和自己数据的安全性之间进行平衡，特别重要的数据不要放到云里，将安全的主动权牢牢掌握在自己手中。

（3）用户要保管好自己的账户。防止他人盗取你的账号后使用云中的服务，却让你来买单。

不难看出，云计算所采用的技术和服务同样可以被黑客利用，例如，发送垃圾邮件，或者发起针对数据下载和上传统计、恶意代码监测等更为高级的恶意程序攻击。所以，云计算安全技术和传统的安全技术有不同之处，见表 7-1。

其实从技术角度来看，云计算的安全与传统的计算机网络安全没有太大的差异，增加的无非是保证云服务的正常运行和用户数据的安全。

表 7-1　云计算安全技术和传统的计算机网络安全技术的异同

相 同 点	不 同 点
① 使用防火墙，保证不被非法访问。 ② 使用杀病毒软件保证其内部的机器不被感染。 ③ 使用入侵检测和防御设备防止黑客的入侵。 ④ 采用数据加密、文件内容过滤等方法，防止敏感数据存放在相对不安全的位置	① 安全设备和安全措施的部署位置有所不同。 ② 安全责任的主体发生了变化

目前，学术界和企业界对云计算的安全都很重视。云计算安全涉及多个层面，可以分为以下三方面：基础设施安全、数据安全、应用安全。

通常，网络安全、操作系统安全、防火墙、虚拟化安全等属于基础设施安全的范畴，数据加密、数据容灾、数据隐私等属于数据安全的范畴，身份认证、权限管理、沙箱等则属于应用安全的范畴。

7.1.2　云安全市场

本节从信息安全管理服务的市场需求和目标市场资源的角度进行分析。随着云计算业务以每年 50%的速度递增，国内和国外承载在云环境中的业务数据也越来越多，对信息安全防护的需求也就越来越大。但是云环境中针对云计算业务的安全防护系统尚不够完善，还存在市场空白。

相关数据显示，2019 年中国边缘计算市场规模达到 77.37 亿元，未来三年将保持接近 60%的复合年均增长率，到 2021 年达到 325.31 亿元。其中，安防行业占据边缘计算市场较大市场份额，安防边缘计算市场规模超过 50 亿元，复合年均增长率为 64.04%，预计到 2021 年其市场规模将达到 187.24 亿元。

虽然云计算市场的规模在日益增长，但从云计算产业的目标市场来分析，具有信息安全防护能力的云服务提供商并不多。与此同时，大多数的企业客户又迫切需要信息安全防护服务。这使得带有信息安全防护能力的云计算业务更具有市场竞争力。

信息安全防护体系对于云计算业务来说，不仅要有效地保障基础云计算业务正常运行，而且要保护所承载的企业客户的业务安全运行。安全防护系统在保护既有客户信息安全的同时，还大大提高了客户对云计算环境的满意度。云服务提供商从而可以更好地开展增值业务，提高业务收入。

通过分析不同行业对于信息安全的不同需求可以发现，部分行业对于信息安全十分看重，也存在迫切需求。

（1）中型企业将成为中国第一轮大规模采用云环境信息安全防护系统的企业，市场需求很大。

首先，中型企业由于具有"降低部署成本"和"简单快速实施"的内在需求，因此它们会比大型企业更倾向于将业务系统部署在云环境下。其次，云计算可有效降低 IT 预算并帮助企业集中精力在核心业务的投资上，这也使得中型企业更具有了广泛采用云计算服务的内在动力。但是，相对于小型企业，中型企业由于自身业务系统的数据量更大，内容也更为重要，而且更容易受到外界黑客的关注和攻击，所以它们对于云环境安全性的要求也更高。并且，由于中型企业资金相对充裕，因此有能力为具有更高安全性的云环境买单。综合以上的因素可以分析出，中型企业将成为中国第一轮大规模采用云环境信息安全防护系统的企业。

（2）交通运输业、制造业、公共事业及能源业等对于云环境信息安全防护系统将有较大的潜在需求。

Springboard 的报告显示，中国的交通运输业、制造业、公共事业及能源业对于云存储服务将有较大的潜在需求。云存储服务将吸引运输部门的客户，以方便其处理多区域多行业客户。公共事业及能源业客户将会在政府政策鼓励下逐渐采用云存储服务。

当这些行业的数据被大量的存储在云中，并应用于云环境的时候，信息安全的保障就变得至关重要。所以能否提供一整套云环境下的信息安全解决方案，是这些企业是否会选择使用某个云环境的前提条件。抓住这些客户对于信息安全的潜在需求，也就等于抓住了它们的云计算业务市场份额，可谓一举两得。

（3）国内信息安全行业的发展越来越全面，市场规模增长显著，云环境信息安全成为发展方向。

IDC 中国预测，2019—2023 年的中国信息安全行业复合年均增长率（CAGR）为25.1%，增速继续领跑全球信息安全市场。到 2023 年，中国信息安全支出市场规模将增至 179.0 亿美元（见图 7-1）。信息安全行业的演进节奏非常快，而且产品功能也愈加专业化，行业内不断涌现出功能各异的新产品和服务。从行业发展的角度来看，信息安全行业是值得资金投入的市场，对于云环境下的信息安全也同样如此。尤其是在企业已经具有一定云计算技术基础的前提下，开展云环境信息安全的自主研发，更是云计算业务发展的必要方向。

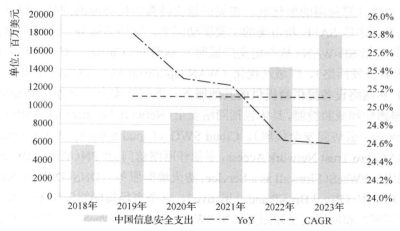

图 7-1 中国信息安全行业复合年均增长率（图来源：IDC 中国）

以中国电信云公司为例。在公有云方面，目前其政府、企业客户有 2000 多家，已有 320 家客户使用了安全服务，待推广安全服务的客户有 1300 多家。随着其云资源池的扩建（将具备 20 万个机架），可容纳各行业客户的能力也将急剧上升。在私有云方面，在政府、金融、医疗、教育、交通、能源等行业客户私有云的构建中，20%缺乏必要的安全防范措施，50%仅使用基本的 IT 基础设施安全防护系统。因此，云安全领域的市场规模巨大。

7.2　安全访问服务边缘

数字化转型颠覆了网络和安全服务的设计模式，将焦点从数据中心转移到用户或设备的识别上。安全和风险管理的领导者需要一个融合的、云交付的安全访问服务边缘（Secure Access Service Edge，SASE）来实现这一转型。

传统的网络和网络安全设计架构难以高效地为动态、安全的接入需求提供服务。企业数据中心不再是用户和设备访问需求的中心。数字化转型、SaaS 和其他基于云的服务以及正在发展的边缘计算平台，使得企业网络架构出现了"内外翻转"的现象，颠覆了以往的架构。

相比企业内网而言，更多的用户使用企业网络之外的网络环境来完成工作。相比数据中心的工作负载而言，企业更多地使用在 IaaS 中运行的工作负载。相比企业基础设施中的应用而言，企业更多地使用 SaaS 模式的应用。相比内部而言，更多的敏感数据存储在企业数据中心以外的云服务中。相对企业数据中心而言，更多的用户流量和分支机构流量流向企业数据中心以外的公共云。

数字化转型需要随时随地访问应用和服务。虽然企业数据中心在未来几年内还将继续存在，但进出企业数据中心的流量在企业总流量中的占比将持续下降。

这种模式将进一步得到扩展，因为越来越多的企业需要边缘计算能力。这些边缘计算能力是分布式的，并更接近于需要低时延访问本地存储和计算的系统与设备。5G 技术将充当加速边缘计算应用的催化剂。在灵活地支持数字化转型的同时，保持系统复杂度处于可控状态，这是 SASE 新市场的主要驱动因素。网络即服务（NaaS）聚焦于提供网络连接，具体包括 SD-WAN（软件定义广域网）、承载网（Carrier）、CDN（Content Delivery Network，内容分发网络）、广域网优化（WAN Optimization）、网络带宽聚合（Bandwidth Aggregator）和网络设备提供商提供的其他服务。而网络安全即服务（NSaaS）聚焦于安全、敏感数据感知和威胁检测，具体包括网络安全（Network Security）、CASB（Cloud Access Security Brokers，云访问安全代理）、Cloud SWG（Cloud Security Web Gateway，云安全网关）、ZTNA（Zero Trust Network Access，零信任网络访问）/VPN（Virtual Private Network，虚拟专用网络）、FWaaS（Firewall as a Service，防火墙即服务）、DNS（Domain Name System，域名系统）和 RBI（Rural Broadband Initiative）。这个市场将网络即服务（如 SD-WAN 软件定义的广域网）和网络安全即服务（如 SWG、CASB、FWaaS）融合在一起，称为"安全访问服务边缘"，即 SASE，如图 7-2 所示。

SASE 是一种新兴的服务，它将广域网与网络安全结合起来，从而满足数字化转型企业的动态安全访问需求。SASE 是一种基于实体身份、实时上下文、企业安全/合规策略和会话中持续评估风险/信任的服务。实体的身份可以与人员、人员组（或分支机构）、设备、应用、服务、物联网系统或边缘计算场地相关联。

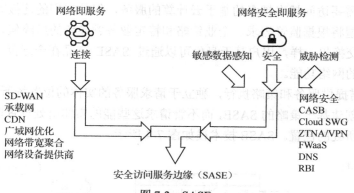

图 7-2 SASE

SASE 的引入将提供在无限可调节的弹性网络下基于策略的、软件定义的安全访问，使得企业安全部门专家可以为各个网络会话精准地设定性能指标、可靠性、安全性和成本水平。SASE 的出现将为安全和风险专业人员提供一个重大的机遇，使他们能够为各种分布式用户、场所和基于云计算的服务提供安全访问，从而安全地实现数字化转型所需要的动态访问。企业对基于云计算的 SASE 能力的需求将重新定义企业网络和网络安全体系架构，并重塑竞争格局。

用户无论是连接内部应用，还是连接基于云计算的应用、SaaS 或互联网，都会存在相同的安全访问问题。用户企业的分支机构只是多个用户集中的地方。一辆载有正访问公司网站的销售人员的汽车相当于一个分支机构，同样，IoT 边缘场地对设备而言也是分支机构。所有需要访问网络能力的端点的身份分布于整个互联网中。在数字化转型业务中，安全访问的决策必须以连接源（包含用户、设备、分支机构、物联网系统、边缘计算场所等）的实体身份为中心。

用户/设备/应用的身份是安全策略中最重要的上下文来源之一。但是，还会有其他相关的上下文来源可以输入安全策略中，包括：身份、威胁/可信评估、角色、位置/时间、设备配置，如图 7-3 所示。企业数据中心仍然存在，但它不再是架构的中心，它只是用户和设备需要访问的许多基于互联网的服务中的一个。

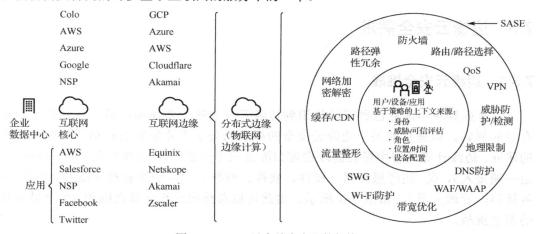

图 7-3 SASE 以身份为中心的架构

　　这些实体需要访问越来越多的基于云计算的服务，但是它们的连接方式和应用的网络安全策略类型将根据监管需求、企业策略和特定业务领导者的风险偏好而有所不同。就像使用智能交换机一样，用户基于身份可以通过 SASE 产品在全球范围内的安全访问能力连接所需的网络功能。

　　SASE 按需提供服务和策略执行，独立于请求服务的实体的位置场所和所访问能力。其结果是动态创建基于策略的 SASE，而不管请求这些能的实体所处位置以及它们请求访问的网络功能所处的位置。SASE 技术栈如图 7-4 所示。

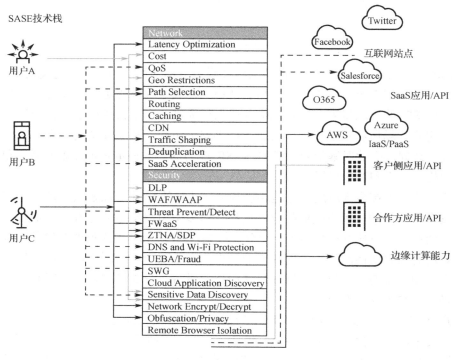

图 7-4　SASE 技术栈

7.3　边缘云安全需求

7.3.1　边缘云安全挑战

　　当前业界和学术界已经开始认识到边缘云安全的重要性和价值，并开展了积极有益的探索，但是目前关于边缘云安全的探索仍处于产业发展的初期，缺少系统性的研究。边缘计算环境中潜在的攻击窗口涉及三个层面：① 边缘接入（云—边接入、边—端接入），② 边缘服务器（硬件、软件、数据），③ 边缘管理（账号、管理/服务接口、管理人员），如图 7-5 所示。由此可以总结出边缘计算面临的 12 个最重要的安全挑战。

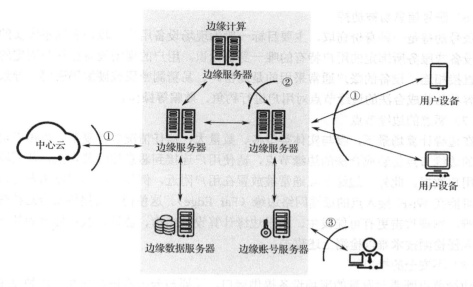

图 7-5　边缘计算环境潜在的攻击窗口

（1）不安全的通信协议

边缘节点与海量、异构、资源受限的现场或移动设备之间大多采用短距离的无线通信技术（如 5G），而边缘节点与中心云服务器之间采用的多是消息中间件或网络虚拟化技术，这些协议大多安全性考虑不足。

（2）边缘节点上的数据易被损毁

由于边缘计算的基础设施位于网络边缘，缺少有效的数据备份、恢复及审计措施，导致攻击者可能修改或删除用户在边缘节点上的数据来销毁某些证据。

（3）隐私数据保护不足

边缘计算将计算从中心云迁移到临近用户的一端，直接对数据进行本地处理和决策，在一定程度上避免了数据在网络中长距离的传播，降低了隐私泄露的风险。但与此同时，由于边缘设备获取的是用户的第一手数据，可能涉及大量的敏感隐私数据，造成边缘节点的用户极容易收集和窥探到其他用户的位置信息、服务内容和使用频率等。

（4）不安全的系统与组件

边缘节点可以分布式承担云的计算任务。然而，边缘节点的计算结果是否正确对用户和中心云来说都存在信任问题。边缘节点可能从中心云下载的是不安全的定制操作系统，或者这些系统调用的是被攻击者腐蚀了的供应链上的第三方软件或硬件组件。

（5）身份、凭证和访问管理不足

身份认证是验证或确定用户提供的访问凭证是否有效的过程。在边缘计算场景下，许多现场设备没有足够的存储和计算资源来执行认证协议所需的加密操作，需要委托给边缘节点。边缘云服务提供商需要为动态、异构的大规模设备用户接入提供访问控制功能，并支持用户基本信息和策略信息的分布式的远程提供，以及定期更新。

（6）账号信息易被劫持

账号劫持是一种身份窃取，主要目标一般为现场设备用户。攻击者以不诚实的方式获取设备或服务所绑定的用户特有的唯一身份标识。用户的现场设备往往与固定的边缘节点直接相连，设备的账户通常采用的是弱密码、易猜测密码或硬编码密码，导致攻击者更容易伪装成合法的边缘节点对用户进行钓鱼、欺骗等操作。

（7）恶意的边缘节点

在边缘计算场景下，参与实体类型多、数量大，信任情况非常复杂。攻击者可能将恶意的边缘节点伪装成合法的边缘节点，诱使用户连接到恶意边缘节点上，从而隐秘地收集用户数据。此外，边缘节点通常被放置在用户附近，例如，基站或路由器等位置，甚至可能在 Wi-Fi 接入点的极端网络边缘（Far Edge）。这使得为其提供安全防护变得非常困难，物理攻击更有可能发生。由于边缘计算设备结构、协议、服务提供商的不同，现有入侵检测技术难以检测上述攻击。

（8）不安全的接口

边缘节点既要向海量的现场设备提供接口，又要与云中心进行交互。这种复杂的边缘计算环境、分布式的架构，引入了大量的接口管理，但目前的相关设计并没有全面考虑安全特性。

（9）易发起分布式拒绝服务攻击

由于参与边缘计算的现场设备通常使用简单的处理器和操作系统，并且设备本身的计算资源和带宽资源有限，无法支持复杂的安全防御方案，导致黑客可以轻松对这些设备实现入侵，然后利用这些海量的设备发起超大流量的分布式拒绝服务（DDoS）攻击。

（10）易蔓延 APT 攻击

APT（Advanced Persistent Threat）攻击是一种寄生形式的攻击，通常在目标基础设施中建立立足点，从中秘密地窃取数据，并能适应防备 APT 攻击的安全措施。边缘节点往往存在许多已知和未知的漏洞，且存在与中心云安全更新同步不及时的问题。边缘节点一旦被攻破，加上现在的边缘计算环境对 APT 攻击的检测能力不足，使得连接上该边缘节点的用户数据和程序无安全性可言。

（11）难监管的恶意管理员

管理员拥有访问系统和物理硬件的超级用户权限，他可以控制边缘节点整个软件栈，包括特权代码，如容器引擎、操作系统内核和其他系统软件，从而能够重放、记录、修改和删除任何网络数据包或文件系统等。而现场设备的存储资源有限，可能存在对恶意管理员的审计不足问题。

（12）硬件安全支持不足

边缘节点远离中心云的管理，被恶意入侵的可能性大大增加。目前基于硬件的可信执行环境 TEEs（如 Intel SGX、ARM TrustZone、AMD 内存加密技术等）在云计算环境中已成为趋势。但是，TEEs 技术在边缘计算等复杂信任场景下的应用，还存在性能问题，在侧信道攻击等安全性上的不足仍有待探索。

7.3.2 边缘云安全需求特征

边缘计算重新定义了企业信息系统中云、管、端的关系。边缘计算平台不是单一的部件，也不是单一的层次，而是涉及 EC-IaaS、EC-PaaS、EC-SaaS 的端到端开放平台。边缘计算网络架构的变迁必然也对安全提出了与时俱进的需求。为了支撑边缘云计算环境下的安全防护能力，边缘云安全需要满足如下的需求特征。

（1）海量。包括海量的边缘节点设备、海量的连接、海量的数据。围绕海量特征，边缘云安全需要考虑高吞吐量、可扩展、自动化、智能化等能力的构建。

（2）异构。包括计算的异构性、平台的异构性、网络的异构性及数据的异构性。围绕异构特征，边缘云安全需要考虑无缝对接、互操作等能力的构建。

（3）资源约束。包括计算资源约束、存储资源约束及网络资源约束，从而带来安全功能和性能上的约束。围绕资源约束特征，边缘云安全需要考虑轻量化、云边协同等能力的构建。

（4）分布式。边缘计算更靠近客户侧，天然具备分布式特征。围绕分布式特征，边缘云安全需要考虑自治、边边协同、可信硬件支持、自适应等能力的构建。

（5）实时性。边缘计算更靠近客户侧，能够更好地满足实时性应用和服务的需求。围绕实时性特征，边缘云安全需要考虑低时延、容错、弹性等能力的构建。

7.4 边缘云安全参考框架

为了应对上述边缘云安全面临的挑战，同时满足相应的安全需求特征，我们需要提供相应的参考框架和关键技术。边缘云安全框架的设计需要在不同层级提供不同的安全特性，将边缘云安全问题分解和细化，直观地体现边缘云安全实施路径。本章提出如图 7-6 所示边缘云安全参考框架。

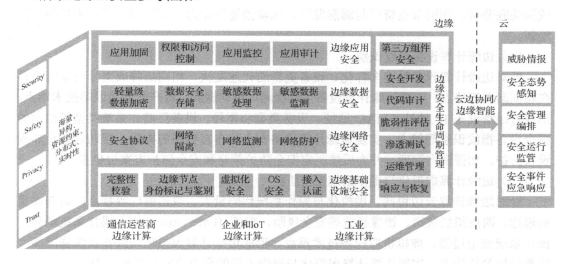

图 7-6　边缘云安全参考框架

边缘云安全参考框架覆盖了边缘安全类别、典型应用场景、边缘安全防护对象。该框架针对不同层级的安全防护对象，提供相应的安全防护功能，进而保障边缘云安全。另外，对于有较高安全要求的边缘计算应用，还应考虑如何通过能力开放，将网络的安全能力以安全服务的方式提供给边缘计算应用。

边缘安全防护对象覆盖边缘基础设施安全、边缘网络安全、边缘数据安全、边缘应用安全、边缘安全生命周期管理以及云边协同这"5+1"个安全层次，统筹考虑了信息安全（Security）、功能安全（Safety）、隐私（Privacy）、可信（Trust）四大安全类别及需求特征，围绕工业边缘计算、企业与 IoT 边缘计算和通信运营商边缘计算三大典型的价值场景的特殊性，分析其安全需求，支撑典型价值场景下的安全防护能力建设。

针对边缘基础设施安全、边缘网络安全、边缘数据安全、边缘应用安全、边缘安全生命周期管理、云边协同等安全层次，需要相应的安全技术的支持。

（1）边缘节点接入和跨域认证

针对边缘节点设备海量、跨域接入且计算资源有限等特点，面向设备伪造、设备劫持等安全问题，突破边缘节点接入身份信任机制、多信任域间交叉认证、设备多物性特征提取等技术难点，实现海量边缘节点的基于边云、边边交互的接入与跨域认证。

（2）边缘节点可信安全防护

面向现场设备与数据可信性不确定，数据容易失效、出错等安全问题，突破基于软/硬件结合的高实时可信计算、设备安全启动与运行、可信度量等技术难点，实现对设备固件、操作系统、虚拟机操作系统等启动过程、运行过程的完整性校验、数据传输、存储与处理的可信验证等。

（3）边缘节点拓扑绘制

针对边缘节点网络异构、设备海量、分布式部署等特点，面向边缘节点大规模 DDoS 攻击、跳板攻击、利用节点形成僵尸网络等安全问题，突破边缘计算在网节点拓扑实时感知、全网跨域发现、多方资源关联映射等技术难点，形成边缘计算的网络拓扑发现、威胁关联分析、在网节点资产与漏洞发现、风险预警等能力，实现边缘节点拓扑的全息绘制。

（4）边缘计算设备指纹识别

针对边缘计算设备种类多样化、设备更新迭代速度快、相同品牌或型号设备可能存在相同漏洞等特点，突破边缘计算设备主动探测、被动探测、资产智能关联等技术难点，形成对边缘设备 IP 地址、MAC 地址、设备类型和型号、设备厂商、系统类型等信息的组合设备指纹识别等能力，实现边缘计算设备安全分布态势图的构建，帮助管理员加固设备防护，加强资产管理，并为后续制定安全防护策略和安全防护方案提供参考。

（5）边缘计算虚拟化与操作系统安全防护

针对边缘计算云边协同、虚拟化与操作系统代码量大、攻击面广等特点，面向虚拟机逃逸、跨虚拟机逃逸、镜像篡改等安全风险，突破 Hypervisor 加固、操作系统隔离、操作系统安全增强、虚拟机监控等技术难点，形成边缘计算虚拟化与操作系统强隔离、完整性检测等能力，实现边缘计算虚拟化与操作系统的全方位安全防护能力。

（6）边缘计算恶意代码检测与防范

针对边缘节点安全防护机制弱、计算资源有限等特点，面向边缘节点上可能运行不安全的定制操作系统、调用不安全第三方软件或组件等安全风险，突破云边协同的自动化操作系统安全策略配置、自动化的远程代码升级和更新、自动化的入侵检测等技术难点，形成云边协同的操作系统代码完整性验证，以及操作系统代码卸载、启动和运行时恶意代码检测与防范等能力，实现边缘计算全生命周期的恶意代码检测与防范。

（7）边缘计算漏洞挖掘

针对边缘计算现场设备漏洞挖掘难度大、系统漏洞影响广泛等特点，突破现场设备仿真模拟执行、设备固件代码逆向、协议逆向、二进制分析等技术难点，形成基于模糊测试、符号执行、污点传播等技术的现场设备与系统漏洞挖掘能力，实现现场设备与系统漏洞的自动化发现。

（8）边缘计算敏感数据监测

针对边缘计算数据的敏感程度高、重要程度高等特点，面向数据产生、流转、存储、使用、处理、销毁等各个环节的安全风险，突破敏感数据溯源、数据标签、数据水印等技术难点，形成对敏感数据的追踪溯源、敏感数据的流动审计、敏感数据的访问告警等能力，实现边缘计算敏感数据的实时监测。

（9）边缘计算数据隐私保护

针对边缘计算数据脱敏防护薄弱、获取数据敏感程度高、应用场景具有强隐私性等特点，面向边缘计算隐私数据泄露、篡改等安全风险，突破边缘计算轻量级数据加密、隐私保护数据聚合、基于差分隐私的数据保护等技术难点，实现边缘计算设备共享数据、采集数据、位置隐私数据等的隐私保护。

（10）边缘计算安全通信协议

针对边缘计算协议种类多样、协议脆弱性广泛等特点，面向协议漏洞易被利用、通信链路伪造等安全风险，突破边缘计算协议安全测试、协议安全开发、协议形式化建模与证明等技术难点，实现边缘计算协议的安全通信。

7.5 小结

边缘安全是 5G 边缘云的重要保障。边缘云安全涉及跨越云计算和边缘计算纵深的安全防护体系。本章提出的边缘云安全参考框架可以增强边缘基础设施、网络、数据、应用安全，提升识别和抵抗各种安全威胁的能力，为 5G 边缘云的发展构建安全可信环境，加速并保障边缘云产业发展。

第3篇

实 施 篇

只有经过缜密的规划，才能实现 5G 边缘云的宏伟目标。只有通过合理的技术选型，使相应的资源合理组合配置，才能使 5G 边缘云规划得以落地。

当用户经过规划，明确了项目的"进度（Schedule）—范围（Scope）—成本（Cost）"这个铁三角后，就进入 5G 边缘云实施方案的技术选型环节。此时，用户同样面临产品的"功能（Function）—性能（Performance）—成本（Cost）"这个铁三角的博弈，鱼和熊掌不可兼得。本篇围绕 5G 边缘云实施方案的关键技术点，首先讨论 5G 边缘云无线接入网技术体系，然后介绍说明 5G 边缘云核心网技术体系，随后介绍云计算技术体系及边缘计算技术体系，最后探讨 5G 边缘云对于机器学习与人工智能的应用价值。

需要指出的是，良好的实施，不但能满足基本的业务需求，而且能够为未来的业务发展建立良好的可扩展架构。因此，我们首先需要明确 5G 边缘云实施方案的主体和基本要素，并且说明 5G 边缘云实施方案的技术特点及关键要素。

（1）5G 边缘云实施方案的完整性

5G 边缘云实施方案包含对各种硬件和软件的架构设计，对运行管理的流程设计，甚至对商业运营的业务模式设计等。5G 边缘云实施方案不仅仅是一个技术构建方案，企业要更加全面地考虑如何把 5G 边缘云作为一项业务来运作，所以方案完整性是首先需要考虑的内容。

（2）5G 边缘云架构的可扩展性

通常在 5G 边缘云实施的开始阶段，会从一个小的规模做起，或者仅仅将部分业务系统纳入 5G 边缘云系统的支持范围。随着业务的不断发展，用户对 5G 边缘云业务使用能力不断提升，工程人员对 5G 边缘云系统管理模式的了解不断深入，将会需要在功能上和规模上对方案进行扩充。在这个时候，企业不应把方案推翻重做，而最好是对其逐步进行扩展。所以，5G 边缘云架构的可扩展性是非常重要的。

（3）5G 边缘云平台的开放性

这种开放性是指 5G 边缘云方案是否支持不同厂商的软/硬件，是否兼容现有的应用架构，是否支持与其他已有业务系统的集成，以及是否允许第三方基于该平台进行进一步扩展。作为 5G 边缘云业务的用户，谁都不希望被绑定在一个固定的服务提供商上。因此，开放性将是吸引他们使用 5G 边缘云服务的一个有力武器。而提供开放性的 5G 边缘云服务，自然成为 5G 边缘云服务提供商的一个重要任务。方案的开放性还指其对新技术的支持。在 5G 边缘云发展的过程中，会不断地涌现出新的技术、硬件和软件。如果把 5G 边缘云业务绑死在某种硬件、软件或者技术上，将会制约其未来的发展。

（4）5G 边缘云服务提供商的成熟性

5G 和边缘计算作为新的技术服务，具备相应的方案设计能力和实施能力的厂商并不多。因此，为了确保 5G 边缘云方案能够成功实施，一个重要的参考指标就是看该方案已有多少成功案例。在选择 5G 边缘云服务提供商时，我们需要考虑服务提供商是否能够提供全面的解决方案，而不能仅仅停留在技术提供商的层面。此外，在实施 5G 边缘云的过程中会有很多客户化的工作。5G 边缘云服务提供商是否能够提供本地化服务，是否拥有本地化实施团队，将是确保在实施过程中快速解决问题的关键。

综合来看，在确定了 5G 边缘云的业务战略并且选定实施方案后，企业面临的问题就是怎样将业务迁移到 5G 边缘云平台上，并确保业务的成功上线。这是实施 5G 边缘云方案要面临的执行问题。5G 边缘云应用系统不同的层次，带给用户使用的灵活程度各不相同，实施 5G 边缘云方案的方式也有所差异。

与传统的业务模式不同，在基于 5G 边缘云的业务模式中，应用系统的各个部分按照时延的要求和业务逻辑的划分被分布式地部署在云层（Cloud Layer）、雾层（Fog Layer）、薄雾层（Mist Layer）、器件层（Device Layer）的工作节点上，构成协同工作的关系。业务和资源并不一定存在绑定的关系。在具体资源调配过程中，每个业务系统未必能涵盖从网络、存储、服务器等硬件资源到操作系统、数据库和应用服务器等软件资源。5G 边缘云方案的实施有其独有的特点，因此不能完全照搬以往 IT 系统实施的经验。事实上，如果考虑 SOA 和微服务架构，5G 边缘云业务相比于传统的 IT 业务，实施并未变得特别复杂。

第8章

5G边缘云
无线接入网技术

面对多样化的应用场景，5G 边缘云对网络连接性、带宽、时延提出了不同要求，给 5G 通信系统的设计带来了诸多挑战。5G 网络将在无线接入网络架构方面进行创新设计，按照技术与业务深度融合、按需提供服务的理念，引入丰富灵活的新空口技术，为各行业应用提供网络性能、效率的极致体验。本章对 5G 网络建设中必不可少的无线技术进行介绍，包括全频谱技术、新型多址技术、新型调制编码技术、全双工技术、大规模天线阵列技术、超密集组网技术。通过本章内容，读者可以对 5G 无线关键技术有一个较为全面的了解。

8.1　全频谱技术

当前，随着工业、医疗、高清视频等新的业务不断发展，5G 对频谱的要求越来越高。因此需要寻找新的频谱资源，充分挖掘可用的频谱来满足 5G 的发展需求。各频段在频谱中具有不同的特性和优势，5G 三大应用场景对频谱存在多样性需求。通过对频谱资源的协同组合使用，全频谱技术能够满足未来 5G 对于频谱的需求。

3GPP 组织为 5G 分配了两个频率范围的频谱，包括 FR1 和 FR2。FR1 的频率范围为 450MHz～6GHz，也叫 Sub-6GHz，是低频频段，也是 5G 的主要频段。FR2 的频率范围为 24GHz～52GHz，这段频谱的电磁波波长大部分都是毫米级别的，因此也叫毫米波，是高频频段，是 5G 的扩展频段。FR1 的优点是频率低，绕射能力强，覆盖效果好，是当前 5G 的主用频段。FR1 主要作为基础覆盖频段，最大支持 100Mbps 的带宽。其中低于 3GHz 的部分包括了现网在用的 2G、3G、4G 的频谱，因此在建网初期可以利用旧站址的部分资源实现 5G 的快速部署。FR2 的优点是超大带宽，频谱干净，干扰较小，可以作为 5G 后续的扩展频段。FR2 主要作为容量补充频段，最大支持 400Mbps 的带宽。未来很多高速应用的实现都会基于此段频谱，5G 高达 20Gbps 的峰值速率也是基于 FR2 的超大带宽的。

低频段将用来满足未来低时延、泛连接、广覆盖的应用场景，高频段将主要应用于热点大容量的应用场景。

8.2　新型多址技术

多址技术是移动通信核心的关键技术，在 1G 到 4G 的发展历程中，始终是移动通信系统演进的标志性技术之一。在 4G LTE 时代，OFDMA（OFDM 和 FDMA 的结合）是其典型的多址接入方式。OFDM 基于正交发送和线性接收的基本思想进行设计，将信道分成若干正交子信道，将高速数据信号转换成并行的低速子数据流，调制到可以在每个子信道上进行传输，能够在保证系统性能的前提下，更加简单且易于实现。但是，5G 对用户体验速率、连接数密度、时延等指标都提出了很高要求。5G 连续广域覆盖场景要求随时随地为用户提供 100Mbps 以上的用户体验速率；热点大容量场景要求面向局部热点区域提供 Gbps 级别的用户体验速率、数十 Gbps 级别的峰值速率和数十 Tbps/km^2 级别的流量密度；低功耗大连接场景要求网络具备对超千亿数量级连接的支持能力，满足百万个/km² 级别的连接数密度指标要求，而且还要保证终端的超低功耗和超低成本；低时延超高可靠场景需要为用户提供毫秒级的端到端时延和接近 100% 的业务可靠性保证。以 OFDMA 为代表的正交多址技术面临着 5G 极致性能要求的严峻挑战。

以叠加传输为特征的非正交多址技术，通过多用户信息的叠加传输，在相同的时频资源上可以支持更多的用户连接，实现免调度传输，同时可有效简化信令流程，进而降低时延。另外，还可以利用多维调制和码域扩展以获得更高的频谱效率。与传统的正交多址技术相比，非正交多址技术可以获得更高的系统容量、更低的时延，支持更多的用户连接，可有效满足 5G 典型应用场景对连接数密度、时延等关键性能指标的要求。为了满足多种不同的应用场景，在 5G 技术标准中使用了多种新型多址技术，包括非正交多址接入（Non-Orthogonal Multiple Access，NOMA）、稀疏码分多址接入（Sparse Code Multiple Access，SCMA）、图样分割多址接入（Pattern Division Multiple Access，PDMA）、多用户共享接入（Multi-User Shared Access，MUSA）等技术。

1. NOMA 技术

这是最基本的非正交多址技术，它基于简单的功率域叠加方式，通过将 SNR 差距较大的两个用户进行配对，为远端用户分配更高的发射功率，为近端用户分配较低的发射功率。其核心是，发射端使用功率域区分用户，接收端使用串行干扰消除接收机进行多用户检测，并增加上行与下行系统的容量。与正交传输技术相比，接收机的复杂度有所提升，但可以获得更高的频谱效率。非正交传输技术的基本思想是，利用复杂的接收机设计来换取更高的频谱效率。随着芯片处理能力的增强，将使非正交传输技术在实际系统中的应用成为可能。

2. SCMA 技术

这是一种基于稀疏编码的新型非正交多址技术。其引入稀疏编码对照簿，通过实现多个用户在码域的多址接入来提升无线频谱资源利用效率。SCMA 技术的核心理念是，通过码域扩展和非正交叠加，实现在同样资源数下容纳更多用户，在用户体验不受影响的前提下，增加网络总体吞吐量。利用多维调制技术和频域扩频分集技术，SCMA 技术能够大幅提高用户连接数密度和链路性能以实现海量连接，还可以通过免授权（Grant-free）接入方式降低接入时延和信令开销，并且降低终端能耗。

3. PDMA 技术

这是电信科学技术研究院在早期 SIC Amenable Multiple Access（简称 SAMA）研究基础上提出的新型非正交多址技术，是基于发送端和接收端的联合设计。在发送端，在相同的时域、频域和空域资源上，将多个用户信号进行复用传输；在接收端，采用串行干扰消除接收机进行多用户检测，实现上行和下行的非正交传输，逼近多用户信道的信道容量。

4. MUSA 技术

这是面向 5G 泛连接和大宽带两个典型应用场景的新型多址技术。其中，MUSA 上行接入使用创新设计的复数域多元码及基于串行干扰消除接收机的多用户检测技术，能够让系统在相同的时频资源上支持数倍的用户接入，并且可以支持真正的免调度接入，免除资源调度过程；能够简化同步、功控等过程，从而在很大程度上简化了终端的实现，降低了终端的能耗，特别适合作为未来 5G 海量接入的解决方案。MUSA 下行则通过新型叠加编码技术，可提供比 4G 正交多址技术及 NOMA 技术更大容量的下行传输，并能大幅度简化终端的实现。

8.3　新型调制编码技术

调制编码技术是无线通信系统的另外一种关键技术，能够为无线链路的鲁棒性和传输效率提供有效保证。合适的编码调制方案能够为无线链路提供更大的数据吞吐量，更好的传输质量，更低的传输时延和能耗。每个时代都有典型的调制编码技术：对于 2G，典型的调制编码技术是卷积编码；3G 和 4G 的是 Turbo 编码技术，能够从简单的可变码率的速率匹配到高级的自适应编码调制。5G 将面临更加复杂的场景应用，对通信能力的要求及编码调制技术也提出了各种差异化的需求，包括适合在巨量设备信息交互时使用的调制编码技术，在超大数据吞吐量场景下的调制编码技术，在极低时延场景下的调制编码技术等。5G 新型调制编码技术已经在业界获得广泛关注，其中常用的有多元域 LDPC 码、超奈奎斯特调制、联合编码调制、网络编码等技术。

1. 多元域 LDPC 码技术

为了适应高速数据传输需求，以及低时延和超高可靠业务传输需求，3GPP 确定 5G 将使用多元域 LDPC 码作为第五代移动通信技术的标准。多元域 LDPC 码是由 Davey 和 MacKay 在 10 多年前提出。在相同参数的情况下，多元域 LDPC 码比二进制 LDPC 码的 Taner 图更加稀疏。通过优化设计可以令多元域 LDPC 码的算法更好地逼近最大似然译码算法（MLDA）的性能。多元域 LDPC 码可以将多个突发比特合并成较少的多元符号错误，具有较强的抗突发错误能力，非常适合与高阶调制方案配合使用，从而提供更高的数据传输速率和频谱效率。

2. 超奈奎斯特调制（FTN）技术

5G 的大量应用场景对更高的频谱效率和更大的容量提出了很高的要求，因此，如何在有限的频谱资源上实现上述目标成为 5G 技术的一个挑战。相比于传统的正交传输系统，应用 FTN 技术至少可以提高 75%的频谱效率。由于 FTN 技术对频谱效率的提升作用明显，其正成为 5G 及未来无线通信系统中新的核心技术。20 世纪 70 年代，Bell 实验室提出了超奈奎斯（Nyquist）传输机制：二进制通信系统在加性高斯白噪声信道且高信噪比的条件下进行符号传输，其速率如果高于 Nyquist 速率，则可保持信号最小欧氏距离不变，从而提升系统的 Nyquist 限。FTN 技术降低了对 Nyquist 速率的限制，对时间、频率色散问题不再那么敏感，其成型脉冲和载波的选择范围更广，实现了对数据传输速率和频谱效率的提升。

3．联合编码调制技术

4G 中基于比特交织编码调制（BICM）的 MIMO-OFDM 技术在数据传输速率、覆盖范围、可靠性、频谱利用率方面存在着一些弊端。5G 对传输可靠性和数据传输速率提出了更高的要求。高频谱效率的联合编码调制技术，能够利用信道编码的编码增益、MIMO 带来的空间分集及 OFDM 系统的频率和时间分集，将编码调制信号分集、时间分集、频率分集和空间分集有机地统一起来并进行联合优化，获得更高的频谱效率，提高吞吐量及服务质量，能够广泛适用于多种场景。

4．网络编码技术

网络编码能够在网络中的各个节点上对各条信道上收到的信息进行线性或者非线性的处理，然后转发给路径中的其他节点。其融合了路由和编码技术，网络中的所有节点均参与编码和信号处理，可以达到多播路由传输的最大流界，提高了信息的传输效率。网络编码技术在多址接入中继信道、基于双向中继信道等场景中得到广泛应用。

8.4　全双工技术

4G 中采用时分双工（Time Division Duplexing，TDD）和频分双工（Frequency Division Duplexing，FDD）技术实现双工通信。FDD 采用两个对称的频率信道来分别发射和接收信号，实现频域的上、下行信道隔离，避免上、下行的互干扰。而 TDD 采用同一频率信道的不同时隙来分别发射和接收信号，实现时域的上、下行信道隔离，避免上、下行的互干扰。这两种双工方式均实现了无线资源利用率的进一步提升。但是，5G 对频谱资源的利用率有了新的要求，TDD 和 FDD 两种双工方式已经不能满足未来场景需求。随着自干扰抑制技术的创新，多种自干扰消除方法被提出并在实际系统中得到验证，同时同频全双工（CCFD）技术逐步成熟并成为 5G 无线关键技术之一。不同于传统无线通信的 FDD 和 TDD 技术，作为一种新型的空口技术，CCFD 技术能够实现同时同频收发。理论上，CCFD 技术能够将无线资源的使用率提升一倍，能够有效提升频谱效率并提供更大的网络容量。

全双工技术也面临一些难以避免的技术难题，例如，设备的接收端和发送端位于同一侧，接收端产生的信号会受到来自本地发射信号的严重干扰，即自干扰。由于干扰信号来自设备本身，信号功率往往很强，对接收机的影响通常比无线网络中其他的干扰大得多。因此，如何在本地接收机中有效抑制自干扰问题，是全双工技术能否落地的关键。

5G 业界已经对全双工自干扰抑制技术展开了广泛的研究，在空域、射频域、数字域等均已形成联合的自干扰抑制技术路线。

空域自干扰抑制技术包括基于收发波束特征分解的空间自干扰抑制技术等，主要通过天线位置优化、空间零陷波束、高隔离度收发天线等实现空间自干扰隔离，达到足够的自干扰抵消值。

射频域自干扰抑制技术包括多抽头模型射频自干扰消除技术、SISO 系统模拟域主动干扰消除技术、MIMO 系统模拟域自干扰消除技术、自混频射频自干扰消除技术、信道差分相干射频自干扰消除技术、阻抗失配型定向耦合器隔离技术等。这些技术的核心思想是通过构建与自干扰信号幅相相反的对消信号，在射频模拟域抵消自干扰信号，从而达到自干扰信号的抑制效果。

数字域自干扰抑制技术主要对残余的线性和非线性自干扰信号进行进一步的消除。

全双工技术还要对帧结构进行重新的设计，由于全双工带来同时同频干扰，现有的 TDD 和 FDD 帧结构无法满足要求，因此对帧结构的重新定义也是全双工技术实现的关键。

从组网层面来看，全双工技术释放了发送信号和接收信号控制的自由度，增加了传统频谱使用模式的灵活性，同时也需要高效的网络体系架构与之匹配。在部署方面，全双工技术最有可能在基站侧采用，而客户侧还是采用现有半双工技术。当前业界普遍关注和已经初步研究的全双工组网方向包括全双工基站与半双工用户组网、全双工小区与半双工小区混合组网、终端互干扰协调策略、全双工网络资源管理、全双工 LTE 的帧结构等。

8.5　大规模天线阵列技术

大规模天线阵列（Massive MIMO）技术是 5G 无线关键技术之一，是现有 4G 网络 MIMO 技术的进一步发展和延伸，能够高效地利用带宽资源，大幅度提升频谱效率。Massive MIMO 的概念是 Bell 实验室的 Marzetta 教授提出来的，其基本思想是，通过在基站侧使用大规模天线阵列来构建 Massive MIMO 系统，从而大幅度提高系统容量。现有 4G LTE 蜂窝网络最多支持 8 个天线端口并行传输。相较于 4G 网络中的 MIMO 系统，Massive MIMO 技术在相同时频资源上使用比现有 MIMO 系统天线端口数目高出若干数量级的大规模天线阵列（从几十至上千个），其借助于空分多址技术，能够获取频谱复用、链路可靠性等性能的大幅度提升。在 Massive MIMO 技术中，天线端口数的增加使得用户间的信道趋近于渐进正交性，降低了用户间干扰并提升了系统容量。Massive MIMO 技术的使用还增加了阵列增益，可大幅度降低基站的功耗和成本。同时，综合利用 Massive MIMO 技术的多天线分集及波束赋形技术，可以提升频谱资源的整体利用率，提高数据传输速率。

Massive MIMO 技术主要涉及信道建模方法、传输方案等。在 Massive MIMO 系统中，当基站侧天线端口数远大于用户端口数时，基站到各个用户的信道将呈现渐进正交性，用户受到的干扰将减弱。同时，Massive MIMO 技术也将为每个用户带来非常大的阵列增益，提升信号传输信噪比，为多个用户提供同时同频、高质量的通信。Massive MIMO 技术除了能够提升系统容量，还可以利用用户间信道的趋近正交特性，降低基带信号处理的复杂度，提升基带芯片对信号的实时处理能力。

信道建模方法对 Massive MIMO 技术的研究非常重要。由于无线信道容易受到多种因素的综合影响，呈现出非常高的时变性和随机性，因此，在技术研究时除必要的实测之外，建立信道模型来模拟实际信道的特性是最主要的手段。Massive MIMO 技术的建模涉及天线阵列建模、大尺度参数建模、3D 信道建模等。在测量分析方面，通常围绕功率角度谱、角度扩展值、大尺度相关性等展开。在信道场景方面，通常针对室外宏覆盖、室外微覆盖、室外高层覆盖、室内微覆盖、无线回传等常用移动通信应用场景进行建模分析。

Massive MIMO 技术的传输方案主要有波束赋形及场景增强等，涉及的技术类型比较广泛，包括 3D 波束赋形技术、数模混合波束赋形技术、覆盖与可靠性增强技术、高移动性场景增强技术等。波束赋形技术通过调整相位阵列基本单元的参数，使得某些角度的信号获得相长干涉，而另一些角度的信号获得相消干涉，带来传输性能的提升。以 3D 波束赋形技术为例，通过增大垂直维度，能够实现对小区垂直覆盖范围的合理调整，实现小区间终端干扰的减少，还可以通过垂直方向的动态赋形，增强波束对目标用户的精确性。通过场景增强技术，可以实现特定场景性能的提升，例如，可以通过波束跟踪和波束拓宽等方法提升高速移动用户的数据传输速率，通过天线增益增强对数据信道的覆盖，通过双环接入增强对控制平面信道的覆盖。

8.6　超密集组网技术

面对未来 5G 移动数据流量激增的需求，除通过增加频谱带宽以及利用相关无线技术提高频谱利用率外，对提高无线系统容量最有效的方式依然是增加小区的部署密度，进而提升空间复用度。超密集组网（UDN）技术也逐渐成为 5G 的一个核心技术。通过密集部署低功率无线接入点（基站），增加单位面积内小基站的密度，改善网络覆盖，减小小区半径，能够大幅度降低用户接入距离，提升无线资源的空间复用率，进一步提高区域吞吐量和用户吞吐量，带来系统容量的大幅增长。通过编码调制技术、多址技术等物理层手段，往往只能带来 10 倍左右频谱效率的提升，而通过频谱资源的空间复用则能带来近千倍频谱效率的提升。

超密集组网技术在众多场景下得到广泛应用，包括室内场景（如购物中心、机场、火车站等），室外场景（如密集住宅、体育场等），以及地铁等特殊场景。通过在这些场景下部署超密集组网系统，能够满足大量用户接入及系统容量需求。超密集组网涉及的主要技术包括接入和回传联合设计、干扰管理和抑制、虚拟化等。

回传是指无线接入网连接到核心网的部分。光纤是回传网络的理想选择，但在超密集组网情况下，光纤难以部署或部署成本过高，同时回传容量在超密集组网时也将面临非常大的挑战。接入和回传联合设计方案将对超密集组网的性能产生非常重要的影响。常见的回传方案包括混合分层回传与自回传技术、回传多路径设计及路由机制等。综合利用有线光纤和无线回传技术，根据应用场景合理分配资源，能够充分满足对密集住宅、密集街区、大型集会等场景的应用需求。

在超密集组网模式下，网络的干扰管理和抑制能力同样是影响网络性能的一个关键因素。网络的密集部署将产生大量的网络重叠区域，这些重叠区域的存在将增大邻区干扰，成为制约其性能的一大瓶颈。现有的干扰管理和抑制机制主要通过干扰避免的方式实现，同时还涉及分布式干扰测量技术、干扰消除技术、频域协调技术、功率协调技术等相关技术。

　　虚拟化技术是超密集组网中的另外一个关键技术，通过虚拟化及功能软件，能够实现网络的灵活设计并提高经济效益。核心网的虚拟化能够实现移动性管理实体、服务网关、分组数据网关等网元的部署，用户层的虚拟化能够实现多用户对天线、发送功率等空口资源的共享，无线接入网的虚拟化能够实现传输节点及小区的虚拟化。超密集组网中的虚拟化技术体系主要包括平滑虚拟小区技术、虚拟层技术、虚拟小区技术等。

8.7　小结

　　5G 最典型的特征是在产业界开展了广泛的应用。与 4G 的应用相比，5G 对网络的接入、时延、速率提出了更加极致的要求，依靠单一的频谱、编码、多址、天线技术已经无法满足 5G 的多样化性能指标需求，多种无线技术的组合为实现 5G 愿景提供了技术支撑。本章详细介绍了 5G 中涉及的关键无线技术，包括全频谱、新型多址、新型调制编码、大规模天线阵列、超密集组网、全双工等技术，为读者充分了解 5G 无线技术提供了一个参考。

第9章

5G边缘云
核心网技术

为确保高质量的端到端通信，5G 核心网对架构、功能和平台进行了全面重构。相比于传统 4G 核心网，5G 核心网采用云化部署的设计思路，提供更灵活的网络控制和转发方式。5G 核心网与 NFV 基础设施结合，为普通消费者、应用提供商和垂直行业需求方提供按需的网络切片、边缘计算等新型业务能力。5G 核心网利用 SDN、NFV、MEC 等技术，确保信息在核心网中的畅通无阻，本章将对这些技术一一进行解读。

9.1　5G 核心网网元

与 4G 核心网相比，5G 核心网主要在认证、移动性管理等方面实现更灵活的配置。3GPP 给出的 5G 核心网架构如图 9-1 所示，本节将对主要涉及的网元进行简单介绍。

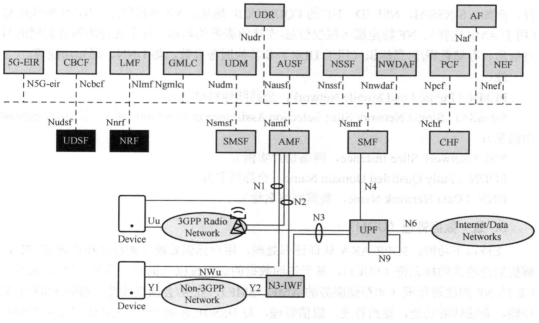

图 9-1　5G 核心网架构

1. 接入和移动性管理功能（AMF）

主要包括注册管理、连接性管理、可达性管理、移动性管理等功能，能够实现接入认证、接入鉴权、传输 UE 和 SMF 之间的 SMS 消息、安全锚点（SEAF）、合规服务的定位业务管理等。一个 AMF 实例可支持部分或全部 AMF。

2. 会话管理功能（SMF）

SMF 用于维护用户终端的会话，包括会话的建立、修改和释放，以及会话 IP 地址的分配。SMF 通过 AMF 间接地与 UE 通信，转发与会话相关的信息。SMF 通过面向服务的接口与其他网络服务进行交互，通过 N4 接口进行 UPF 网络功能的选择和控制，其中包括 UPF 对指定会话的分流设置。一个 SMF 实例可支持部分或全部 SMF。

3．用户平面功能（UPF）

一个 UPF 实例可支持部分或全部 UPF，包括分组路由和转发、RAT 内/RAT 间移动性的锚点、与外部数据网络（DN）互联的 PDU 会话节点、数据包检测和用户平面的策略规则执行、合法侦听（UP 采集）、流量使用情况报告、上行链路分类器，用于支持业务流到数据网的路由、上行链路和下行链路中的传输层数据包标记等。

4．NF 存储库功能（NRF）

NRF 支持服务发现功能，接收来自 NF 实例的 NF 发现请求，并将发现的 NF 实例的信息提供给 NF 实例；维护可用 NF 实例的 NF 配置文件及其支持的服务。在 NRF 中维护的 NF 实例的 NF 配置文件中包含 NF 实例 ID、NF 类型、PLMN ID、网络切片相关标识符，例如，S-NSSAI，NSI ID、NF 的 FQDN 或 IP 地址、NF 容量信息、NF 优先级信息（用于 AMF 选择）、NF 特定服务授权信息-支持的服务的名称、每个支持的服务实例的节点信息、存储数据/信息标识（用于 UDR）和其他服务参数，如 DNN、通知功能等。

注：

PLMN（Public Land Mobile Network，公共陆地移动网）；

S-NSSAI（Single Network Slice Selection Assistance Information，单一网络切片选择辅助信息）；

NSI（Network Slice Instance，网络切片实例）；

FQDN（Fully Qualified Domain Name，全称域名）；

DNN（Data Network Name，数据网络名称）。

5．统一数据管理（UDM）

支持以下功能：3GPP AKA 认证证书处理，用户标识处理（如存储和管理 SUPI），解析加密的签约标识符（SUCI），基于签约数据的访问授权（例如，漫游限制），服务于 UE 的 NF 的注册管理（如存储服务的 AMF、SMF），业务/会话连续性，被叫 SMS 消息传输，合法侦听功能，签约管理，短信管理，与 HSS/HLR 融合等。UDM 可使用存储在 UDR 中的签约数据，这时 UDM 不需要在内部存储用户数据，即可实现应用逻辑。几个不同的 UDM 可以在不同的场景中为同一个用户提供服务。UDM 同时支持 5G 系统认证等安全相关的功能。

注：

SUPI（Subscription Permanent Identifier，用户永久标识符）；

SUCI（Subscription Concealed Identifier，用户隐藏标识符）。

6．认证服务器功能（AUSF）

支持 5G 系统认证功能，支持用户完成从 3GPP 和非 3GPP 网络接入 5G 网络时的认证。AUSF 应能根据服务网络请求提供认证参数，完成对 UE 的认证，并可在认证后向 AMF 提供 SUPI。AUSF 应能够支持 5G AKA 认证机制和 EAP-AKA 认证机制。AUSF 应支持基于认证密钥 K_{AUSF} 推衍 K_{SEAF} 作为服务网络的根密钥。AUSF 可支持认证密钥 K_{AUSF} 的存储。

7. 网络切片选择功能（NSSF）

支持以下功能：选择服务于 UE 的一组网络切片实例，确定配置的 NSSAI，映射为签约的 S-NSSAI，确定服务于 UE 的 AMF 集合，可基于配置，也可能通过查询 NRF 确定候选 AMF 的列表。

注：

NSSAI（Network Slice Selection Assistance Information，网络切片选择辅助信息）

8. 策略控制功能（PCF）

包括以下功能：支持统一的策略框架来管理网络行为，为控制平面功能提供策略规则，访问统一数据存储库（UDR）中的签约数据用于策略决策。

9. 安全边缘保护代理（SEPP）

这是一个非透明代理，支持跨 PLMN 控制平面接口的消息过滤和监管。SEPP 保护服务消费者和服务生产者之间的连接，即从安全的角度来看，SEPP 不重复服务生产者应用的服务授权。SEPP 支持拓扑隐藏，在 3GPP TS 33.501 中规定了 SEPP 的相关流程和 N32 参考点的详细功能，SEPP 将上述功能应用于 PLMN 间信令中的每个控制平面消息，充当实际服务生产者和实际服务消费者之间的服务中继。对于服务生产者和服务消费者来说，服务中继的结果等同于直接的服务交互。3GPP TS 29.500 描述了 SEPP 如何插入通信路径。SEPP 应保护属于不同 PLMN 的两个 NF 之间的使用 N32 接口通信的应用层控制平面消息。SEPP 应充当非透明代理节点。SEPP 应在漫游网络中与 SEPP 进行相互认证和密码组件的协商。当 SEPP 处理 N32 接口推衍密钥所需的安全消息时，应进行密钥管理。SEPP 应通过限制外部各方可见内部拓扑信息来执行拓扑隐藏。作为反向代理，SEPP 应提供内部 NF 的单点接入控制。接收方 SEPP 应能够验证在接收的 N32 信令消息中，发送方 SEPP 是否被授权使用 PLMN ID。SEPP 应能够清楚地区分用于认证对等 SEPP 的证书和用于认证执行消息修改的中间方的证书。SEPP 应丢弃格式错误的 N32 信令消息。SEPP 应实施速率限制功能，以保护自身和随后的 NF 免受过载的控制平面信令的影响，包括 SEPP 到 SEPP 的信令消息。SEPP 应实现反欺骗机制，以实现源、目标地址和标识符（如 FQDN 或 PLMN ID）的跨层验证。

10. NWDAF

NWDAF 代表运营商管理的网络分析逻辑功能。NWDAF 为 NF 提供切片相关的网络数据分析。NWDAF 向 NF 提供网络切片实例级的网络分析信息（即负载水平信息），并且 NWDAF 不需要知道使用切片的具体用户。NWDAF 将特定切片的网络状态分析信息通知给订阅它的 NF。NF 可直接从 NWDAF 获取切片特定网络状态分析信息，此信息不是面向特定用户的。在这一版本的规范中，PCF 和 NSSF 都是网络分析的消费者。PCF 可能将这些数据用于策略决策。NSSF 可以使用 NWDAF 提供的负载水平信息进行切片选择。

11. SMSF

SMSF 支持通过 NAS 传送的 SMS 业务，包含以下功能：短信签约检查，支持 UE 的

SM-RP/SM-CP，将来自 UE 的 SM 中继到 SMS-GMSC/IWMSC/SMS-Router，将来自 SMS-GMSC/IWMSC/SMS-Router 的 SM 中继到 UE，短信相关的 CDR，合法侦听，与 AMF 和 UDM 的交互，用于 SMS 通知过程（设置 UE 不可达标记，并且当 UE 可用时通知 UDM）。

12. 统一数据存储库（UDR）

它支持 UDM 存储和检索签约数据，支持 PCF 存储和检索策略数据，支持 NEF 存储和检索用于能力开放的结构化数据，应用数据（包括 PFD，用于应用检测和多 UE 应用请求信息）。UDR 与服务使用者 NF 处于相同的 PLMN 中，NF 使用 Nudr 接口存储和检索数据。Nudr 是 PLMN 内部接口。

13. UDSF

UDSF 是一个可选功能，作为非结构化数据的信息，可由任何 NF 存储和检索。

14. 网络能力开放功能（NEF）

NEF 支持能力和事件的开放，NF 的能力和事件可以通过 NEF 安全地向第三方应用功能及边缘计算功能开放。NEF 可通过标准接口（Nudr）向统一数据存储库（UDR）存储结构化数据并检索信息。从外部应用向 3GPP 网络安全地提供信息，它为应用功能提供了一种向 3GPP 网络安全地提供信息的手段，如预期的 UE 行为。在这种场景下，NEF 可以认证、授权并辅助限制应用功能流量，负责内部外部信息翻译，为与 AF 交换的信息及与内部网络功能交换的信息提供转换。例如，它可提供 AF-Service-Identifier 和内部 5G 核心网信息（如 DNN，S-NSSAI）之间的转换。根据网络策略，NEF 负责向外部 AF 屏蔽网络和用户敏感信息。

15. 应用功能（AF）

AF 与 3GPP 核心网络交互以提供服务，支持以下功能：应用侧对业务流路由的影响，访问 NEF，与策略框架交换用于策略控制，根据运营商的部署，运营商信任的应用功能可以直接与相关的网络功能进行交互。对于运营商不允许直接访问 NEF 的应用功能，应通过 NEF 使用外部能力开放架构与相关的网络功能进行交互。

9.2 SDN 技术

SDN（Software Defined Network，软件定义网络）就是将网络设备的控制平面（Control Plane）从数据平面（Data Plane）中分离出来，并让控制逻辑以软件方式运行于逻辑上独立的控制环境中。这个架构可以让网络管理员在不改动硬件设备的前提下，以中央控制方式，用程序重新规划网络，为控制网络流量提供了新的方法，也提供了核心网及应用创新的良好平台。SDN 技术将数据平面和控制平面分离，通过部署标准化网络硬件平台，使得许多网络设备中的软件可以按需安装、修改、卸载，从而变身为运营商需要的设备，实现业务扩展。SDN 的本质是逻辑集中控制平面的可编程化。

SDN 不是一种具体的网络技术，而是一种网络架构的思想，其核心特征有以下三个。

1．转发和控制分离

网络的智能由转发设备全部汇聚到控制设备中，控制设备生成相应的转发表下发给转发设备，转发设备只需要根据转发表项进行相应转发动作即可。

2．集中的软件控制

整个网络只有一个逻辑的控制单元（物理上可以是集群方式部署），其他部分只需要接收控制单元的指令进行相应的转发。控制单元由软件实现，后续只需要对软件进行更新升级即可支持新的网络业务。

3．开放的编程接口

网络应用程序通过统一的、开放的编程接口对网络的集中控制软件进行控制。

9.2.1 SDN 的定义

网络设备一般由控制平面和数据平面组成：控制平面为数据平面制定转发策略，规划转发路径，如路由协议、网关协议等；数据平面则是执行控制平面策略的实体，包括数据的封装/解封装、查找转发表等，又称为转发平面。目前，设备的控制平面和转发平面都是由设备厂商自行设计和开发的，不同厂家实现的方式不尽相同。并且，软件化的网络控制平面功能被固化在设备中，使得设备使用者没有任何控制网络的能力。这种控制平面和数据平面紧耦合的方式带来了网络管理复杂、网络测试繁杂、网络功能上线周期漫长等问题。因而，软件定义网络（SDN）应运而生。

SDN 是一种控制与转发分离并直接可编程的网络架构，其核心思想是将传统网络设备紧耦合的网络架构解耦成应用、控制、转发三层分离的架构，并通过标准化实现网络的集中管控和网络应用的可编程。SDN 技术架构如图 9-2 所示，其中控制层对应控制平面、基础设施层对应转发平面。在这一架构下，开放性和标准化是核心。

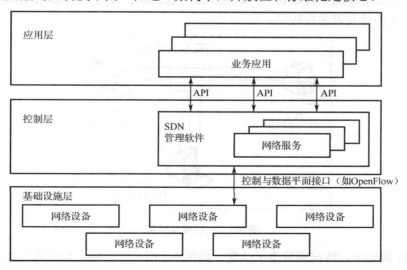

图 9-2 SDN 技术架构

1．标准化

（1）标准化转发平面与控制平面的接口，又称为南向接口，它屏蔽了网络基础设施资源在类型、支持的协议等方面的异构性，使得转发平面的网络资源、设施资源能够无障碍地接收控制平面的指令，承载网络中的数据转发业务。

（2）标准化控制层和应用层的接口，又称为北向接口，为业务应用提供统一的管理视图和编程接口，使得用户可以通过软件从逻辑上定义网络控制和网络服务。

2．开放性

（1）控制平面与转发平面分离

与传统的网络相比，SDN 架构的特点之一是网络路由器或交换机的控制平面与转发平面分离。

在目前的网络体系中，交换机的输入端口接收到一个数据分组后，转发平面查找路由表/转发表，获取相关数据分组的转发规则。如果在路由表/转发表中存在相关记录，则交换机的转发芯片将按照表记录将数据分组转发出去。如果不存在相关记录，交换机的控制平面将通过分布式算法，如链路状态算法、距离向量算法、广播反向地址解析消息等，建立与数据分组相关的路由/转发记录。以图 9-3 所示的二层转发为例。PC2 第一次向 PC1 发送数据分组。PC2 发现 PC1 与自己处在同一个网段中。由于是第一次通信，PC2 的 ARP 表项中没有 PC1 的 MAC 地址。因此，PC2 生成反向地址解析消息，向所有邻居广播消息，询问 IP 地址为 172.22.25.120 的主机在什么位置。S1 收到该 ARP 包后，则获知 PC2 与端口的映射关系。与 PC2 在同一个广播域中的所有主机收到该广播消息后，查询自身的 IP 是否为 172.22.25.120。PC3 发现 IP 不匹配，则保持静默。PC1 发现自身 IP 与 172.22.25.120 是一致的，因此，PC1 生成 ARP 的响应消息，并通过 S1 反馈给 PC2。如此，S1 获知 PC1 的 MAC 地址及端口的映射关系。随后，S1 将 PC1 及 PC2 的 MAC 地址、端口信息等添加至转发表中。后续如果再收到发往 PC1、PC2 的数据，转发平面将依据已建立的转发表进行转发。

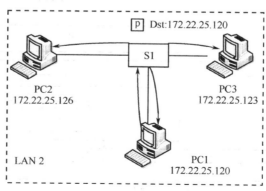

图 9-3　二层转发示例

在 SDN 架构中，情况则发生了改变，如图 9-4 所示。首先，传统的交换机中的控制平面被分离出来。在物理结构上，可以通过软件的方式实现交换机的控制器，并将其部署于服务器上，实现对多个交换机的集中控制和管理。其次，数据的转发方式发生了变化。在 SDN 架构中，转发设备仅具有转发功能。当交换机 S1 收到发往 PC2 的数据分组后，交换机查找本地的转发表。如果有相关的记录，则按照记录进行转发。如果没有相关记录，交换机将向控制器询问对该数据分组的处理方式。在 SDN 架构中，控制器控制着多个交换机，拥有全局的网络视图。因此，控制器可以基于该集中的视图为该数据分组规划转发策略，并将该策略下发至所有与该策略有关的交换设备。

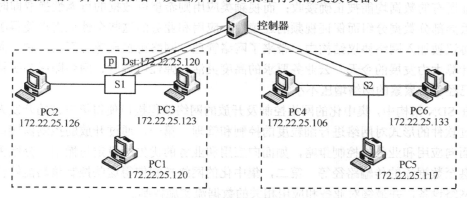

图 9-4 SDN 架构示例

（2）网络可编程

与传统的网络相比，SDN 架构的另一个特点在于网络的可编程。在 SDN 架构中，标准化的北向接口给开发人员提供了良好的编程接口，使得开发人员可以通过软件的方式实现各种网络应用，如防火墙、流量清洗、网络监控等。在 SDN 中，网络的可编程带来的好处主要体现为两个方面。

① 网络功能软件化。在传统网络中，很多网络功能，如防火墙、DPI、负载均衡等都是通过专用设备来实现的，进而产生了网络设备类型多样、网络设备管理复杂、网络功能上线周期漫长等问题。在 SDN 中，网络功能的软件化使得各种网络功能能够部署在一套硬件资源上，实现对基础设施资源的共享，提高资源利用率，减少网络设备，降低管理复杂度等。

② 网络测试：为了在真实的网络环境中测试网络新协议或算法，需要在不影响网络正常运行的条件下将测试设备部署至网络环境中，并且能够对网络中的真实流量进行控制。这在传统的网络架构中是无法实施的。因而，给学术界的网络研究带来了一定的障碍。在 SDN 中，网络的可编程使得科研人员可以利用开放的网络接口，通过软件的方式实现新的网络协议、网络功能，并方便地将这些新的方案无缝地引入真实的网络环境中。

9.2.2 SDN 架构的优势

作为一种创新型的网络变革，SDN 能够解决传统网络中无法避免的一些问题。这也是谷歌的 SDN 实践能够引爆全球 SDN 研究热潮的原因之一。其架构优势主要体现在以下 4 个方面。

1．面向应用和业务的网络能力

建设互联网的初衷是在异构的、不同范围内的网络通信实体之间构建数据通路。然而，时至今日，随着网络业务的发展，网络已经成为传输内容、应用、存储等综合性服务的基础设施资源，越来越多、各式各样的需求也逐渐被加入网络中。例如，当网络发生拥塞时，FTP 文件传输类应用希望可以牺牲网络即时性以换取数据传输的可靠性，从而保证所有的数据均能被正确接收；而视频类应用则希望以数据的可靠性换取即时性，通过丢弃部分数据分组而保证视频的连续性。应用和业务的这些个性化需求使得越来越多的协议被加入网络协议结构中，带来了网络管理、网络可扩展等方面的问题。尤其是在云计算大力发展的今天，云业务要求的高度灵活、弹性可调度、网络即服务等特性给原本已经负荷累累的网络增压不小。

在 SDN 架构中，集中化的网络控制及开放的网络编程接口使得第三方的开发人员得以通过软件的形式对网络进行细粒度的控制和管理。第一，通过开放的控制器接口可以制定面向应用和业务的控制策略，如面向应用和业务的优先级设定与撤销、分组丢失策略，甚至数据流的传输路径等。第二，集中化的网络控制使得这些控制策略能够快速地到达网络设备，并最终对业务和应用相关的数据流实施控制。

2．加快网络功能上线

在当前的网络架构下，网络控制和管理都固化在网络设备中。因而，网络服务提供商无法提供新的业务，必须等待设备提供商及标准化组织的同意，并将新的功能纳入专有的运行环境中才能实现。有的时候，由于多方利益冲突，新的功能标准化变成一个漫长的等待过程，更不用说相关标准的产品化了，或许等到现有网络真正具备这一新的功能时，市场已经发生了很大变化。

有了 SDN，形势则发生了改变。SDN 开放的、基于通用操作系统的可编程环境向开发人员提供标准化的编程接口，使得任何网络功能均可以通过软件编程实现。故而，有实力的 IT/通信运营商/大型企业、有开发兴趣的开发者均可以不求助于厂商和标准组织就自行实现新的功能。这种灵活的网络功能开发模式使得网络服务提供商可以根据客户的需求自行开发网络功能，加快了网络功能上线的速度。

3．提供良好的网络创新环境

如果一个研究机构希望在真实的网络环境中构建一个网络测试环境，以验证一种新型的网络协议，需要满足 3 个条件：① 修改设备的控制平面，在控制平面实现待测试的网络协议；② 保证测试设备能够无缝地融入网络环境中，并且要求这些测试设备的存在不会对原有网络的配置产生影响；③ 对网络中的部分流量进行控制，将这部分流量牵引至测试设备上进行实验和分析。受限于这些条件，在真实的网络环境中验证新的网络协议非常困难。

因此，斯坦福大学提出了 OpenFlow 协议，并奠定了 SDN 架构的基础。在 SDN 中，通过软件化的控制器，网络管理员得以将正常的数据流和实验流区分开来，并对不同的数据流设置不同的控制规则，从而控制实验流。SDN 的这一特性为高校、科研院所等开展网络实验提供了一个便利的平台，营造了一个良好的网络创新环境。

4. 方便和灵活的网络管理能力

SDN 方便、灵活的网络管理能力体现在网络设备的配置和管理、网络数据流的控制和管理两个方面。

（1）网络设备的配置和管理

在传统的网络架构中，任何网络功能、结构的变化都会引起大量的网络配置工作。混合式的网络管理模式使得这些配置工作需要网管人员登录到网络设备上，并通过相关的操作命令进行配置。这种牵一发而动全身的管理工作给后续网络维护带来了巨大的挑战。尤其是随着虚拟化技术的大量引入，网络变得更加复杂，相应的网络管理工作也更加让人望而生畏。

SDN 通过标准化的南向接口实现了网络控制平面与转发平面的解耦，为网管人员提供了统一的网络管理视图。通过集中化的网络控制器，网管人员无须对异构的网络设备进行逐一配置，只需通过控制器即可对网络进行快速部署和配置，提供了更高效的网络管理和控制模式。

（2）网络数据流的控制和管理

在传统的网络架构中，为了实现网络数据的路由和转发，网络节点依据协议定义的方式（如 OSPF、IGP 等协议），通过大量的信息交换构建网络视图，并基于该视图建立路由表或转发表。在这个过程中，大量的交互信息消耗了网络中宝贵的带宽资源和网络节点中的 CPU 资源。伴随着网络规模的扩张、虚拟技术的大量引入，路由表急速膨胀，资源消耗问题日益突出。

与传统的分布式网络管理不同，在 SDN 中，控制器能够以集中的方式对网络数据流进行控制和管理，包括任意网络节点之间的路由路径、数据流的服务质量、网络接入权限等，减少了交换信息传输及资源消耗。

同时，集中式的网络管理还带来以下两个方面的好处：

① 更强的网络预警和故障排除能力。在 SDN 架构中，通过标准化的南向接口，控制器收集了网络中所有的状态信息，包括网络设备状态、网络链路、端口状态等信息。结合这些信息，控制器中可以绘制出实时的网络状态图，从而构建统一的网络监控视图。基于这一监控视图，网管人员能够及时地发现网络中存在的问题，如负载过重的网络节点、不正常的网络节点行为等，从而提高网络预警和故障排除能力。

② 高效的网络流量调度能力。在传统的网络架构中，网络节点无法获知实时的全局网络状态信息，因此，网络流量调度无法达到全局最优。尤其是当两点之间存在多条冗余路径时，传统的网络路由算法只能从中选择最优的路径以传输两点之间的网络流量，而无法将流量分散至多条路径上，以达到均衡利用多条链路的目的。在 SDN 中则不然，借助于统一、实时的网络状态视图，控制器可以为不同的网络流量来规划不同的路径，以达到充分利用链路的目的。

9.3 NFV 技术

9.3.1 概述

在移动互联网时代，运营商面临内外困局。就自身而言，采用的"流量增长—网络扩容—收入增长"商业模式正在失效，庞大、僵化的电信基础网络并不能够满足用户的丰富需求。就竞争对手而言，互联网企业以天为计的业务迭代时间，能够很好地贴合用户需求。飞速发展的 OTT 业务，使运营商越来越趋向于管道工的角色。面对如此困局，运营商正在积极寻找求解之道，希望能够打破专有硬件设备的垄断，降低网络复杂性，构建基于标准硬件的通用平台，并且希望能够快速灵活地进行业务迭代，满足用户差异化需求，与互联网企业开展有效竞争。

随着云计算普及及 x86 服务器性能提高，一项新的网络技术——网络功能虚拟化（Network Functions Virtualization，NFV）技术进入了大众的视野。NFV 的思路是通过虚拟化技术降低成本，实现业务的灵活配置。对运营商来说，NFV 是一次改变困局、实现跨越发展的难得机遇，一方面可以降低 CAPEX（Capital Expenditure，资本支出）和 OPEX（Operating Expense，运营支出）成本，降低整体的 TCO（Total Cost of Ownership，总体拥有成本或所有权总成本），另一方面也可以加速新产品推出和业务创新。

NFV 通过使用 x86 等通用性硬件及虚拟化技术，来承载很多的网络功能化软件，从而降低网络昂贵的设备成本。NFV 技术可以通过软硬件解耦及功能抽象，使网络设备功能不再依赖于专用硬件，让资源可以充分灵活共享，实现新业务的快速开发和部署，并基于实际业务需求进行自动部署、弹性伸缩、故障隔离和自愈等。

虚拟化消除了网络功能（NF）和硬件之间的依赖关系，为虚拟网络功能（VNF）创建了标准化的执行环境和管理接口。可使多个 VNF 以虚拟机（VM）的形式共享物理服务器，物理服务器进一步汇集成为一个集中而灵活的共享的 NFV 基础设施（NFVI）资源池。这和云计算基础设施很像，而业界主流的 NFVI 实现也在云计算 IaaS 基础之上进行了性能、稳定性的优化。NFV 的分层架构，使得 NFV 各模块解耦，通信运营商和设备制造商各司其职，既紧密合作，又无强绑定。

9.3.2 NFV 标准架构

ETSI 作为 NFV 的发起标准组织，早在 2015 年初就发布了 NFV 参考架构等系列文稿，具体包括用例文档、架构框架、虚拟化需求、NFV 基础设施、NFV MANO、VNF、服务质量、接口、安全、PoC 框架和最佳实践等内容。虽然 ETSI NFV 阶段成果不是强制执行的标准，但是得到了业界的普遍认可，已经成为业界的事实标准。

目前，NFV 标准架构已基本稳定，如图 9-5 所示。NFV 标准框架主要包括 NFVI、VNF 和 NFV MANO。ETSI 定义的 NFV 标准架构同当前网络架构（独立的业务网络+OSS）相比，从纵向和横向上进行了解耦，纵向分为三层：基础设施层（NFVI）、虚拟网络层（VNF）

和运营支撑层（OSS/BSS）。横向分为两个域：业务网络域和管理编排域。

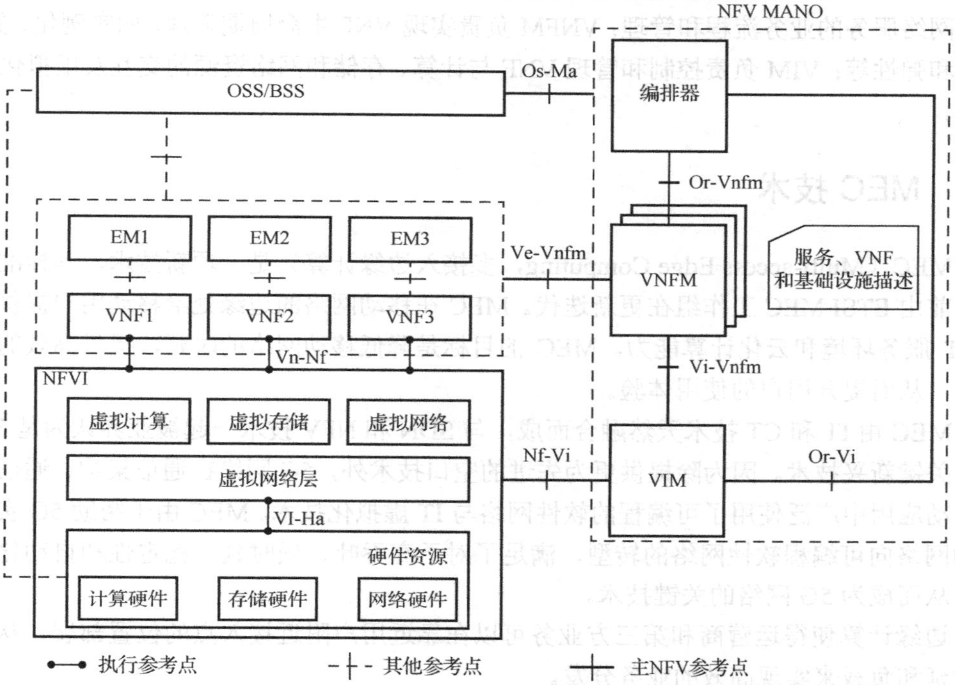

图 9-5 ETSI NFV 标准架构

NFVI（Network Functions Virtualization Infrastructure，网络功能虚拟化基础设施）包括各种计算、存储、网络等硬件设备，以及相关的虚拟化控制软件，将硬件相关的计算、存储和网络资源全面虚拟化，实现资源池化。NFVI 物理基础设施可以是多个地理上分散的数据中心，通过高速通信网连接起来，实现资源池统一管理。

VNF（Virtual Network Function，虚拟网络功能），即软件实现的网络功能，运行在NFVI 之上。VNF 旨在实现各个电信网络的业务功能，将物理网元映射为虚拟网元 VNF。VNF 所需资源需要分解为虚拟的计算、存储、交换资源。VNF 作为一种软件功能，部署在一个或多个虚拟机上，并由 NFVI 来承载。VNF 之间可以采用传统网络定义的信令接口进行信息交互。VNF 的性能和可靠性可通过负载均衡和 HA 等软件措施，以及底层基础设施的动态资源调度来解决。

EMS（Element Management System，网元管理系统），可以管理 VNF，厂商通常对原网管系统进行扩展，统一管理虚拟化和非虚拟化的网元，如图 9-5 中的 EM1、EM2 和 EM3。

OSS/BSS 需要为虚拟化进行必要的修改和调整。为了适应 NFV 发展趋势，未来的业务支撑系统（BSS）与运营支撑系统（OSS）将进行升级，实现与 VNF MANO 的互通。

NFV MANO（NFV Management and Orchestration，NFV 管理与编排），负责对整个NFVI 资源的管理和编排，还负责业务网络和 NFVI 资源的映射与关联，以及 OSS 业务资源流程的实施等。MANO 内部包括编排器（Orchestrator）、虚拟网络功能管理（VNF Manager，VNFM）和虚拟化的基础设施管理（Virtualized Infrastructure Manager，VIM）三个实体，分别完成对 NFVI、VNF 和 NS（Network Service，业务网络提供的网络服务）

三个层次的管理。其中，编排器负责编排和管理 NFV 基础设施与软件资源，在 NFVI 上实现网络服务的业务流程和管理；VNFM 负责实现 VNF 生命周期管理，如实例化、更新、查询和弹性等；VIM 负责控制和管理 VNF 与计算、存储和网络资源的交互及虚拟化的功能集。

9.4　MEC 技术

MEC（Multi-access Edge Computing，多接入边缘计算）是一项新技术，其标准化工作目前由 ETSI MEC 工作组在更新迭代。MEC 在移动网络的边缘处给移动用户提供了一种 IT 服务环境和云化计算能力。MEC 的目标是降低移动网络的时延，提供高效的网络服务，从而提升用户的使用体验。

MEC 由 IT 和 CT 技术天然融合而成，与 SDN 和 NFV 技术一起被业界认为是 5G 网络的关键新兴技术。因为除提供更为先进的空口技术外，5G 网络在通信架构、通信功能和移动应用中广泛使用了可编程的软性网络与 IT 虚拟化技术。MEC 由于帮助 5G 实现了移动网络向可编程软性网络的转型，满足了对于高吞吐、低时延、稳定性和自动化的需要，从而成为 5G 网络的关键技术。

边缘计算使得运营商和第三方业务可以在靠近用户附近接入点的位置部署，从而降低时延和负载来实现高效的业务分发。

边缘计算架构和业务与 5G 不是强相关的，但边缘计算是 5G 的一种基本业务实现形式。边缘计算与 5G 网络的移动性管理、QoS 架构、会话管理、用户平面路径优选、能力开放、计费等关键技术的具体实现密切相关。边缘计算的特点使得它在 5G 网络部署时需要依赖网络通过特定的配置或信令交互流程进行保障。同时，为了和 5G 网络更有效地交互，同时屏蔽不同的接入方式对 MEC 系统核心功能的影响，MEC 系统自身需要在功能架构中独立设置与网络交互的功能模块。

9.4.1　MEC 系统与 5G 核心网功能的集成

使用 MEC 系统，是用户应用在 5G 部署时获得响应加速和提升体验的重要基础。用户应用需要进行重构分解，以便将计算负载密集或者低时延属性的模块运行在 MEC 系统主机上；同时，MEC 系统与 5G 核心网的集成交互是实现端到端优化的必要条件。图 9-6 所示为 MEC 系统与 5G 核心网功能的集成。

5G 核心网通过控制平面与用户平面分离（Control and User Plane Separation，CUPS），用户平面功能（UPF）可以灵活地下沉部署到网络边缘，而策略控制功能（PCF）及会话管理功能（SMF）等控制平面功能可以集中部署。另外，5G 核心网定义了基于服务的（Service Based）接口，网络功能既能产生服务，也能消费服务。

MEC 系统相对于 5G 核心网是 AF+DN 的角色，引入 5G 核心网连接服务（Core Connect Service）简化了 MEC 系统与 5G 核心网的信息交互与流程处理。MEC 系统和 UPF 之间为标准的 N6 连接；MEC 系统可以以非可信 AF 的角色通过 NEF→PCF→SMF 影响用户平面策略，或者以可信 AF 的角色通过直接 PCF→SMF 影响用户平面策略；作为 AF 的一种特殊形式，MEC 系统可以与 5GC NEF/PCF 进行更多的交互，调用其他的 5GC 开放能力，如消息订阅、QoS 等。由上述的 MEC 架构可以看出，移动网络基于 MEC 可以为用户提供诸如内容缓存、超大带宽内容交付、本地业务分流、任务迁移等应用。

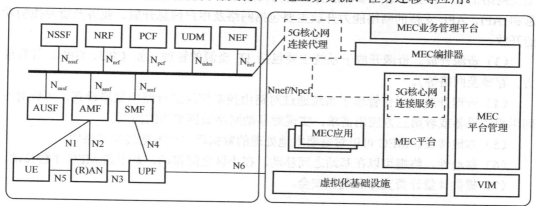

图 9-6　MEC 系统与 5G 核心网功能的集成

任务迁移能够使得用户终端突破硬件限制，获得强大的计算和数据存取能力，在此基础上实现用户内容感知和资源的按需分配，有效提升用户体验。任务迁移技术对移动设备的计算能力强化和移动应用计算模式的改变，将对今后移动应用和移动设备的设计产生深远的影响。如图 9-7 所示的任务迁移过程，MEC 服务器通过通信网络数据和用户应用数据对迁移环境形成感知，移动应用被划分为若干任务。有些任务需要在移动设备上本地执行；另一些任务是可迁移到 MEC 服务器上执行的任务，此类任务经由预定义的迁移策略决策后提交给 MEC 服务器执行，MEC 服务器将任务执行结果返回给移动设备。

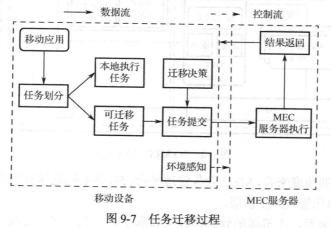

图 9-7　任务迁移过程

9.4.2　MEC 系统架构

1. MEC 系统架构设计原则

MEC 的系统架构设计应遵从以下原则：

（1）网络开放。MEC 可提供平台开放能力，在服务平台上集成第三方应用或在中心云部署第三方应用。

（2）能力开放。通过公开 API 的方式为运行在 MEC 平台上的第三方 MEC 应用提供无线网络信息、位置信息等多种服务。能力开放子系统从功能角度可以分为能力开放信息和 API。API 支持的网络能力开放主要包括网络及用户信息开放、业务及资源控制功能开放。

（3）资源开放。资源开放子系统主要包括 IT 资源的管理（如 CPU、GPU、计算能力、存储及网络等）。

（4）管理开放。平台管理子系统通过对路由控制模块进行路由策略设置，可针对不同用户、设备或者第三方应用需求，实现对移动网络数据平面的控制。

（5）本地转发。MEC 可以对需要本地处理的数据流进行本地转发和路由。

（6）移动性。终端可以在基站之间移动，在小区之间移动，甚至跨 MEC 平台移动。

（7）提供计量计费支持和确保安全。

2．5G MEC 系统架构

5G MEC 系统架构如图 9-8 所示，在垂直方向上分为 MEC 主机级和 MEC 系统级。

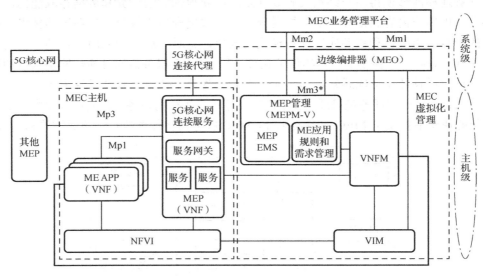

图 9-8 5G MEC 系统架构

从功能要求的角度来看，MEC 业务管理平台、5G 核心网连接代理为系统级，而 MEC 主机、MEC 虚拟化管理为主机级。

从部署位置来看，主机级的管理网元可以和主机一起部署在边缘位置，也可以和系统级网元一起部署在相对集中的位置。

5G MEC 系统架构中包含以下功能实体。

（1）MEC 主机：包含 MEP（Mobile Edge Platform）、MEC 应用、NFVI。

（2）MEC 虚拟化管理：包含系统级管理和主机级管理。系统级管理即边缘编排器（MEO）。主机级管理包括 VIM、MEPM-V（Multi-access Edge Platform Manager-NFV）、

VNFM（负责生命周期管理）。

（3）MEC 业务管理平台：包含系统管理、计费等运营支撑管理功能，同时包含营账、客户管理、客户服务等业务管理方面的功能。

（4）5G 核心网连接代理（Core Connect Proxy）：与 5G 核心网交互信令的统一接口功能。

3. 从 4G 现网到 5G 网络的过渡

通信运营商在规划 MEC 系统时需要考虑从 4G 现网到 5G 网络的平滑过渡，分为以下 3 个阶段。

（1）阶段 1

基于 4G EPC 架构，将 MEC 服务器部署在无线接入网（RAN）汇聚节点 eNodeB 之后、SGW 之前。MEC 服务器部署在汇聚节点之后，即多个 eNodeB 共享一个 MEC 服务器。MEC 服务器可以单独部署，也可把 MEC 的功能集成在汇聚节点或 eNodeB 内。MEC 服务器位于 LTE 的 S1 接口上，对用户终端发起的数据包进行 SPI/DPI（Stateful Packet Inspection/Deep Packet Inspection）报文解析，决策出该数据业务是否可经过 MEC 服务器进行本地分流。如果不能，则数据业务经过 MEC 服务器透传给核心网 SGW。如图 9-9 所示。

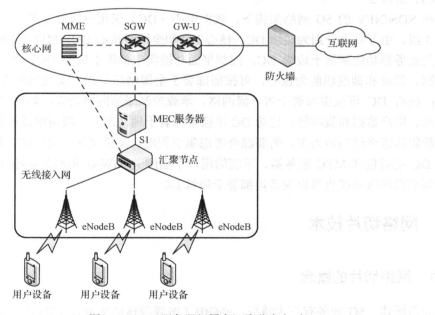

图 9-9 MEC 服务器部署在汇聚节点之后

（2）阶段 2

将 MEC 服务器部署在下沉的用户平面网关（GW-U）之后，与阶段 1 的部署方式并存。在 LTE 的 CUPS 标准冻结后，网络设备厂家的用户平面网关与控制平面网关（与 GW-C）可实现标准化对接。存在具体业务需求的情况下，新建站建议采用基于 C/U 分离的 NFV 架构，MEC 服务器部署在 GW-U 之后，如图 9-10 所示。在基于 C/U 分离的 NFV 架构下，MEC 服务器与 GW-U 既可以集成，也可以分开部署，共同实现本地业务分流。

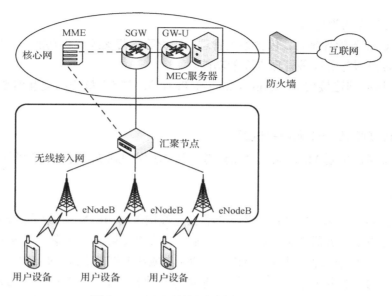

图 9-10　MEC 服务器部署在 GW-U 之后

（3）阶段 3

在 SDN/NFV 的 5G 网络架构下，数据中心（DC）采用分级部署的方式。网络部署包括 3 级，由下到上分别为边缘 DC、核心 DC 和全国级核心 DC。MEC 服务器与 GW-U 及相关业务链功能部署于边缘 DC，控制平面功能集中部署于核心 DC。全国级核心 DC 以控制、管理和调度职能为核心，可按需部署于全国网络节点，实现网络总体的监控和维护；核心 DC 可按需部署于省一级网络，承载控制平面网络功能，如移动性管理、会话管理、用户数据和策略等；边缘 DC 可按需部署于地（市）一级网络或靠近网络边缘，以承载媒体流终结功能为主，需要综合考虑集中程度、流量优化、用户体验和传输成本。边缘 DC 主要包括 MEC 服务器、下沉的用户平面网关 GW-U 和相关业务链功能等，部分控制平面网络功能也可以灵活地部署于边缘 DC。

9.5　网络切片技术

9.5.1　网络切片的概念

如前所述，5G 业务有三大特征：eMBB（增强型移动宽带）、eMTC（大规模机器类型通信）、uRLLC（超高可靠和低时延通信）。不同的应用场景对网络有不同的要求，例如 eMBB 应用要求大带宽支持，eMTC 应用要求巨大的连接数密度支持，uRLLC 应用要求低时延和超高可靠支持。如果每种业务需求都独立新建网络来满足，建网成本巨大，将严重制约业务的发展。而使用同一张网络承载所有业务，大带宽、低时延、超高可靠等需求很难同时满足，并且建网困难，业务隔离也存在隐患。

为了解决差异化 SLA（Service Level Agreement，服务级别协议）与建网成本之间的矛盾，网络切片成为必然选择。网络切片作为一种强大的虚拟化技术，是指在一个 5G 的物理网络基础上切分出多个虚拟的端到端网络，即网络切片允许通信运营商通过公共网络基础设施提供具有服务或客户特定功能的专用虚拟网络。每个应用场景所对应的网络切片都由一组特定的 5G 网络功能及 RAT（Radio Access Technology，无线接入技术）设置组合而成。因此，网络切片能够支持 5G 中设想的众多服务，适配各种服务的不同特征需求。网络切片还增强了网络安全性，因为切片彼此隔离，一个切片中的流量不会干扰其他切片，因此众多业界人士均认为网络切片是 5G 时代的理想网络架构，如图 9-11 所示。

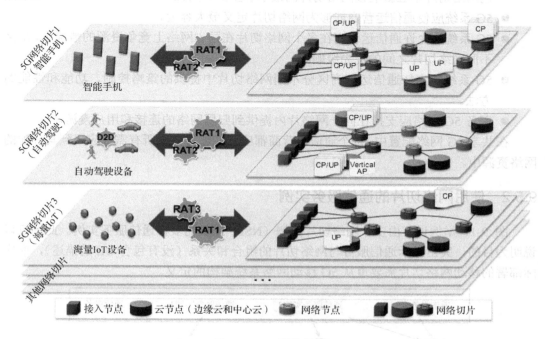

图 9-11　5G 网络切片

一个网络切片需要提供一个完整网络的功能，包括无线接入网功能和核心网功能。一个网络可能支持一个或多个网络切片。

网络切片的需求包括：

- 5G 系统应当允许通信运营商创建、修改和删除网络切片。
- 5G 系统应当允许通信运营商定义和更新网络切片设置，以及网络切片支持的能力。
- 5G 系统应当允许通信运营商配置 UE 关联到网络切片的信息。
- 5G 系统应当允许通信运营商配置业务关联到网络切片的信息。
- 5G 系统应当允许通信运营商支持 UE 到网络切片的分配、切换和删除，基于订阅、UE 能力、UE 使用的接入技术、运营商策略和网络切片提供的服务。
- 5G 系统应当支持 VPLMN（Visited Public Land Mobile Network，受访公用陆地移动网）将 UE 分配到支持所需业务并得到 HPLMN（Home Public Land Mobile Network，归属公用陆地移动网）授权的网络切片，或者分配到默认网络切片。

- 5G 系统使 UE 能够同时分配到同一通信运营商的多个网络切片，并获取服务。
- 一个网络切片的业务和服务不应影响同一网络中的其他网络切片。
- 一个网络切片的建立、修改和删除应当对同一网络中的其他网络切片的业务和服务无影响，或最小化影响。
- 5G 系统应当支持网络切片的缩放，即其容量的适配。
- 5G 系统应使通信运营商能够为网络切片定义最小可用容量。在同一网络中缩放其他网络切片不应影响该网络切片的最小容量的可用性。
- 5G 系统应使通信运营商能够为网络切片定义最大容量。
- 5G 系统应允许通信运营商在多个网络切片在同一网络上竞争资源的情况下，定义不同网络切片之间的优先级顺序。
- 5G 系统应支持通信运营商区分不同网络切片中提供的策略控制、功能和性能的方法。
- 服务 5G 网络应支持在同一网络片内提供到归属网络的连接和用户漫游。

在共享 5G 网络配置中，每个通信运营商都应该能够将上述所有需求应用到其分配的网络资源中。

9.5.2　使用网络切片的通信服务实例

图 9-11 举例说明由多个网络切片实例（NSI）提供的多种通信服务实例。此图仅以说明为目的，突出显示通信服务与网络切片的组合和关系（没有包含 UE 的描述），而实际部署的移动网络切片需要遵从 5G 移动网络系统架构的定义。

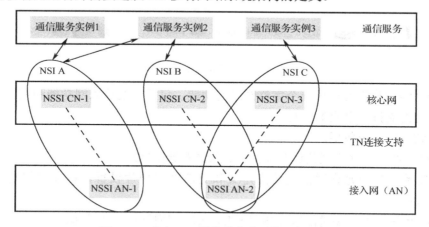

图 9-12　多个 NSI 提供的多种通信服务实例

图 9-12 中，不同的网络切片实例（NSI A、NSI B 和 NSI C）包含不同网络功能（例如，组合成 NSSI AN-1、NSSI AN-2、NSSI CN-1、NSSI CN-2 和 NSSI CN-3 的网络功能），以及这些网络功能间互联信息。CSP 通过使用不同的网络切片提供不同的通信服务实例。例如，包含独享 NSSI（NSSI CN-1 和 NSSI AN-1）的 NSI A 支持通信服务实例 1 和通信服务实例 2，而通信服务实例 3 使用的 NSI C 包含独享 NSSI（NSSI CN-3）及与 NSI B

共享的 NSSI（NSSI AN-2）。

9.5.3　网络切片即服务

网络切片即服务（NSaaS）可由 CSP 以通信服务的形式提供给其 CSC。该服务允许 CSC 使用甚至管理网络切片实例。反过来，这些 CSC 可以扮演 CSP 的角色并在网络切片实例之上提供自己的服务（如通信服务）。例如，一个网络切片客户也可以扮演 NOP 的角色，在通信运营商提供的网络切片基础上建立自己的网络。在这个模型中，提供 NSaaS 的 CSP 和使用 NSaaS 的 CSC 都知晓网络切片实例的存在。根据服务提供协议，提供 NSaaS 的 CSP 可能对暴露给 CSC 的 NSaaS 特性施加限制，而 CSC 可以根据 CSP 暴露给它的 NSaaS 特性及双方商定的管理权限来管理网络切片实例。

由 CSP 提供的 NSaaS 可以由某些属性来表征，例如：

- 无线接入技术；
- 带宽；
- 端到端时延；
- 可靠性；
- 有保证/不保证的 QoS；
- 安全级别；
- 其他。

图 9-13 举例说明如何利用网络切片来交付通信服务，包括 NSaaS。

（1）CSP-A 向 CSC-A 提供 NSaaS。与提供给最终客户的通信服务不同，在 NSaaS 中，通信服务是实际的网络切片。

（2）CSC-A 可以使用 CSP-A 提供的网络切片或者可能在提供的 NSaaS 基础上添加额外网络功能向 CSP-B 提供新的网络切片。在这种情况下，CSC-A 扮演 NOP-B 的角色并建立自己的网络。

（3）CSP-B 可以使用由 CSC-A 或 NOP-B 构建的网络切片向最终客户（CSC-B）交付通信服务。

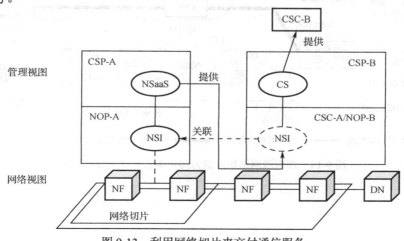

图 9-13　利用网络切片来交付通信服务

　　5G 端到端的网络切片能力能够满足垂直行业的网络需求，为政府、企业和移动虚拟网络运营商（MVNO）提供差异化服务。因为带宽能力的增强使得网络切片在 5G 中更有意义，成了区别于 4G 的一项技术。网络切片的概念并不新鲜，2016 年由 NGMN（Next Generation Mobile Networks）引入，为通信运营商、MVNO 和垂直行业客户的端到端网络切片实例（E2E-NSI）定义了一组结合策略使用的网络设备和网络应用，包括对带宽、时延、地理覆盖和其他特性方面的描述。一个 E2E-NSI 由无线接入网、传输承载网和核心网组成的子网络（Subnetwork）组成。子网络由两个共享的或者专属的网络功能构成，分别是物理网络功能（PNF）和虚拟网络功能（VNF）。对于每个子网络，使用一个信息模型定义其结构。在典型情形下，无线接入网由 4G 无线接入网 eNodeB、5G 无线接入网 AAU-DU-CU、固网或者 Wi-Fi 网络组成。传输承载网由前传、中传和回传及数据中心之间的广域网组成。3GPP 5G 核心网的用户平面 PNF（如 UPF）和控制平面 VNF（如 AMF、UDM、AUSF 等）根据布置策略和时延需求被部署于核心网或者网络边缘。

　　如图 9-14 所示，网络切片 1 由专用 4.9GHz 宏站到边缘数据中心的本地应用，网络切片 2 由专用 4.9GHz 小站和公用 2.6GHz 宏站组成的无线接入网经过边缘数据中心再到核心数据中心，网络切片 3 由 2.6GHz 宏站经过边缘数据中心再到核心数据中心，由控制平面 1 和控制平面 2 进行管理。这样一个定制化的网络架构，通过无线差异化的服务参数配置、灵活的路由转发和网络切片全生命周期管理，提供识别不同业务、携带不同网络切片标识、逻辑隔离和 SLA 按需供给的能力。

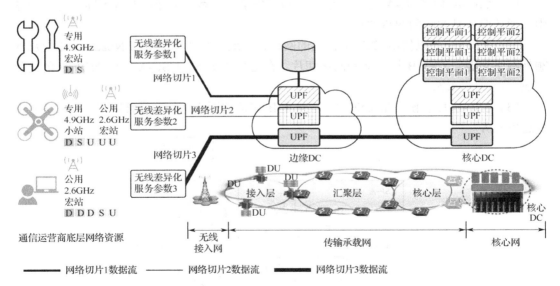

图 9-14　端到端网络切片能力满足垂直行业差异化服务

9.6　小结

　　本章介绍了 5G 核心网的主要网元及核心网中使用到的主要关键技术，包括 SDN、NFV、MEC、网络切片等。SDN 网络的引入增强了网络配置的灵活性，在不改动硬件设备的前提下，以中央控制方式，用程序重新规划网络，为控制网络流量提供了新的方法。NFV 技术的引入，使用虚拟化技术实现了通过 x86 等通用性硬件对 5G 核心网网络功能的承载，降低了网络昂贵的设备成本，同时 NFV 技术可以通过软硬件解耦及功能抽象，使网络设备功能不再依赖于专用硬件，使资源可以充分灵活共享，实现新业务的快速开发和部署。MEC 技术的引入，降低了移动网络的时延，提供了高效的网络服务，从而提升用户的使用体验。网络切片的引入，可以支持 5G 中设想的众多服务，适配各种服务的不同特征需求。5G 网络通过这些技术实现服务化架构及云化部署，充分满足工业、医疗、交通等不同领域应用场景对网络的多样性需求。

第10章

云计算
技术回顾

边缘云的发展离不开"云"，可以说边缘计算是云计算"胳膊"的延伸（Extended Arms），边缘计算是对云计算应用场景的进一步补充和丰富。通过云计算的范式来进行边缘计算才能真正使得边缘计算有效协同，成体系、降成本、提高效率。

云计算涉及的主要技术包括虚拟化、云管理、云安全、云存储等，对云计算规划、实施、运维的详细了解读者可以参考笔者的《云计算：规划、实施、运维》一书。本章则着重介绍随着应用场景的进一步丰富，孵化出的微服务、无服务器（Serverless）技术、混合云、DevOps 等相对新的主流云计算技术。

10.1 传统云计算技术

10.1.1 虚拟化技术

虚拟化通常是指计算在虚拟资源基础上而不是真实物理资源的基础上运行的一种技术。虚拟化技术可以扩大硬件的容量，简化软件的重新配置过程。目前虚拟化的技术主要包括服务器虚拟化、存储虚拟化、网络虚拟化、桌面虚拟化。

1. 服务器虚拟化

服务器虚拟化通过区分资源的优先次序并随时随地能将服务器资源分配给最需要它们的工作负载来简化管理和提高效率，从而减少为单个工作负载峰值而储备的资源。所有虚拟技术虚拟的都是指令集。所有的 IT 设备，不管是 PC 还是服务器，都被设计用来完成一组特定的指令。对于虚拟技术而言，"虚拟"实际上就是这些指令集。虚拟机有许多不同的类型，但是它们有一个共同的主题就是模拟一个指令集的概念。每个虚拟机都有一个用户可以访问的指令集。虚拟机的功能是把这些虚拟指令"映射"到计算机的实际指令集上。

虚拟化技术有两个方向来帮助服务器更加合理地分配资源：① 把一个物理的服务器虚拟成若干个独立的逻辑服务器，使用户可以在独立的虚拟机上运行不同的操作系统和应用，典型代表技术是分区；② 把若干个分散的物理服务器虚拟为一个大的逻辑服务器，可以像使用一个服务器的资源一样支配物理上独立的服务器，从而达到最大化利用资源的目的，典型的应用是网格。由于网格技术停留在试验阶段，目前的虚拟化技术仍集中在分区技术，因此虚拟化技术被称为分区技术。

虚拟机管理（VMM）实现了从虚拟资源到物理资源的映射。当虚拟机中的操作系统通过特权指令访问关键系统资源时，VMM 将接管其请求，并进行相应的模拟处理。为了使这种机制能够有效地工作，每条特权指令的执行都需要产生自陷（Trap）以便 VMM 能够捕获该指令，从而使得 VMM 能够进行相应的指令模拟执行。VMM 通过模拟特权指令的执行，并返回处理结果给指定客户虚拟系统的方式，实现了不同虚拟机的运行上下文保护与切换，从而能够虚拟出多个硬件系统，保证各个客户虚拟系统的有效隔离。Intel x86 体系结构的处理器并不是完全支持虚拟化的，因为某些 x86 特权指令在低特权级上下文执行时，不能产生自陷，导致 VMM 无法直接捕获特权指令的执行。目前，针对这一问题有完全虚拟化和半虚拟化两种不同解决方案。

（1）完全虚拟化（Full-Virtualization）

完全虚拟化是对真实物理服务器的完整模拟。在上层操作系统看来，虚拟机与物理平台没有区别。操作系统察觉不到其是否运行在虚拟平台之上，也无须进行任何更改，因此完全虚拟化具有很好的兼容性，在服务器虚拟化中得到广泛应用。

从技术实现来说，完全虚拟化需要 VMM 能够处理虚拟机所有可能的行为。完全虚拟化的发展经历了两个阶段：软件辅助（Software Assisted）和硬件辅助（Hardware Assisted）。

① 软件辅助的完全虚拟化

在 x86 虚拟化早期，由于 x86 体系没有在硬件层次上对虚拟化提供支持，因此许多商业的虚拟化产品都采用了软件辅助的完全虚拟化技术，例如，Vmware ESX Server、VMware Workstation 和 Microsoft Virtual Server 系列产品。

为了正确处理不能直接捕获的虚拟机特权指令，完全虚拟化引入了动态指令转换（Dynamic Instruction Translation）。通过在运行时动态执行指令扫描以发现特权指令，然后依据 VMM 状态执行指令的二进制转换，使得特权指令的执行跳转到等价模拟代码段处，从而实现与自陷相同的目标。

软件辅助虽然能够实现完全虚拟化，但所有指令都要经过 VMM 进行处理，因此这种虚拟化的性能受动态指令转换引擎的设计和实现影响比较大。

② 硬件辅助虚拟化

硬件辅助虚拟化通过修改 x86 CPU 指令的语义，使其直接支持虚拟化。这一工作必须在 CPU 中进行，也就是 Intel-VT 技术和 AMD-V 技术。通过引入新的处理器操作来支持虚拟化，使得虚拟机的各种特权指令能够被 CPU 所截获，并通过异常报告给 VMM，这样就解决了虚拟化的问题。

硬件辅助虚拟化是一种完备的虚拟化方法，部分虚拟化软件产品，如微软的 Hyper-V，目前必须借助于 CPU 硬件辅助才能实现虚拟化。

（2）半虚拟化（Para-Virtualization）

与完全虚拟化技术不同，半虚拟化技术通过修改操作系统代码使特权指令产生自陷。Xen 是使用半虚拟化技术的代表，通过对虚拟机操作系统的内核进行适当的修改，使其能够在 VMM 的管理下尽可能地直接访问本地硬件平台，由此降低了由于虚拟化而引入的系统性能损失。但是，由于需要对虚拟机操作系统进行修改，所以这在一定程度上阻碍了半虚拟化技术的应用。

2. 存储虚拟化

虚拟存储就是整合各种存储物理设备为一个整体，提供永久保存数据并能被用户调用的功能，即在公共控制平台下存储设备的一个集合体。存储虚拟化是一种打通存储底层的基础建设，通过虚拟化产品提供的逻辑层整合整个存储环境，为前端服务器的存储需求提供单一化服务。存储虚拟化通常具备如下特性。

（1）异构存储设备整合

不同厂商、不同等级的异构存储设备整合，是存储虚拟化的首要特性。通过虚拟层接入不同厂商的磁盘阵列，将这些异构存储设备所含的磁盘作为整个存储池，再分配给需要容量的前端服务器，所有存储资源都能在虚拟层统一运用。

（2）多样化的存储协议支持

出于成本的考虑，在电信企业的 IT 设施中除在关键应用系统中使用光纤通道（FC）外，也应用以太网作为廉价的存储传输信道。存储虚拟化要整合整个企业的存储环境，除 FC 外还需要支持 iSCSI（即 Internet SCSI）、文件传输所需的 CIFS（Common Internet File System，通用 Internet 文件系统）、NFS（Network File System，网络文件系统）等协议。

（3）弹性的资源调配机制

存储虚拟化需要考虑为前端各式各样的应用程序提供服务，还需要具有调配后端存储资源的能力。存储资源调配需考虑实现按容量与性能分配，虚拟化产品必须具备弹性的容量与性能调整机制，以便适当地分配容量，为前端特定服务保证足够的性能。由于性能分配和存储容量分配更为复杂，因此目前多数存储虚拟化通过 In-Band（带内）架构技术实现。

（4）高可用性机制

存储虚拟化需要统一整个存储资源，而虚拟层自身却成为整个存储系统中的瓶颈。一旦虚拟层失效，整个存储服务也就中断。为避免前述情形发生，存储虚拟化需要有高可用性机制。使用两个提供虚拟服务的服务器互为备援，以确保虚拟服务的持续性。

基于不同厂商的技术特点或销售策略差异，存储虚拟化产品可分软件与硬件两类。从架构上来说，存储虚拟化产品又分为网络端、存储端与主机端三种类型。网络端是指将虚拟化软件安装在某些智能型交换器上，或在 SAN 上接一个装有虚拟化软件的应用服务器，让交换器或应用服务器来提供虚拟化服务，如 IBM SVC、NetApp 的 V 系列、HP SVS200 等。存储端使用内建虚拟化软件的磁盘阵列控制器充当网络控制器，负责管理连接在 SAN 上的所有存储设备，并提供虚拟化服务，典型的产品为 HDS 的 TagmaStore NSC、USP 等。主机端在所有前端主机上分别安装虚拟化软件，结合 SAN 架构达成存储资源的整合调配，如 Symantec 的 Storage Foundation。

3. 网络虚拟化

网络虚拟化是目前虚拟化细分领域存在争议较多的一个概念，网络虚拟化产品还处在一个初级发展阶段。网络虚拟化是将基于服务的传统客户-服务器模式迁移到网络上得以实现服务的一种技术实现，即网络即服务（Network as a Service，NaaS）。

网络虚拟化技术依据数据中心业务需求有不同表现形式。纵向分割技术是指通过虚拟化分割使得不同 IT 机构相互隔离，但通过同一物理网络访问自身应用，从而实现将物理网络进行逻辑纵向分割，从而虚拟化为多个网络，进而承载多种应用于同一物理网络中。

传统上的数据中心网络架构由于安全区域划分、策略部署、路由控制、VLAN 划分、冗余设计等诸多因素，导致网络结构比较复杂，使得数据中心基础网络的运维管理难度较高。使用智能弹性架构（Intelligent Resilient Framework，IRF）虚拟化技术，将多个设备连接横向整合组成一个虚拟 IT 设备，在网络中表现为一个网元节点，其管理简单化、配置简单化，可跨设备链路聚合，使得网络架构得以简化，同时进一步增强冗余可靠性。这种技术也成为横向整合虚拟化技术。

（1）网络架构虚拟化

网络架构虚拟化可以为运营商降低建网成本，加快网络部署速度，快速推出业务。例如在 IMS（IP 多媒体子系统）方面，虚拟化 HSS（Home Subscriber Server，归属签约用户服务器），可以使 IMS 业务管理更多的用户属性；虚拟化 CSCF（Call Session Control Function，呼叫会话控制功能）可以提高系统的负载均衡等。但网络架构的虚拟化对现网的改动较大，目前国内外都处于研究阶段，其影响主要体现在对传统业务的一致性问题上。国外积极研究网络架构虚拟化是由于一些 MVNO（移动虚拟网络运营商）开展业务的需求，而国内并不存在这种情况。

（2）网络设备虚拟化

网卡是终端上必须配备的，目前已经推出的支持虚拟化技术的网卡包括 PCI 特殊兴趣小组（PCI-SIG）的 SR-IOV、MR-IOV，以及英特尔的 VMDq。另外，网卡级别的技术也可以推进虚拟化的进程。

现在人们已经接受并开始逐步实施虚拟化技术，目的是提供理想的性能和可靠的安全性，因此硬件虚拟化技术必不可少。它的发展是循序渐进的，硬件虚拟化先从处理器开始，再到芯片组，再到 I/O 设备，并且每个阶段都以上一个阶段作为基础。VMDq（Virtual Machine Device Queues，虚拟机设备队列）是一种专门用于提升网卡的虚拟化 I/O 性能的技术，实际上实现了一个半软半硬的虚拟交换机。与来的原纯软件方案相比，提供了更高的性能、更低的资源占用率。

一般意义上的交换机，在一个网络端口只有一个固定的网络特性，也就是说，一个端口只能提供固定的地址、流量控制策略（QoS）及安全配置。虚拟化交换机则能够在一个端口上提供不同的地址、流量控制策略和安全配置，从而保证当虚拟机迁移的时候，网络端口能够随之将匹配的地址、流量控制策略和安全配置也动态迁移至新的端口，这一点对于虚拟机应用至关重要。假设一个网络中有多个虚拟机应用，一些应用需要较高的服务水平和安全策略，另外一些应用则需要较低的服务水平和安全策略，当虚拟机发生迁移后，如果不能保证与之匹配的服务水平和安全策略，则会产生不同程度的服务和安全隐患。

4. 桌面虚拟化

桌面虚拟化是虚拟化技术的一种，以基于服务器的计算加上瘦客户端的应用模式来改变传统 PC 的分布式计算模式。将桌面或者客户端操作系统与原来的物理硬件进行隔离，以实现更灵活的使用。通过使计算模式从以设备为中心转向以用户为中心来满足多样化的用户需求，在保持安全性和法规遵从的同时有效降低总体成本。以用户为中心的桌面虚拟化技术能够对用户而不是设备进行配置和管理，有效提高部署和管理用户桌面环境的效率。

　　目前桌面虚拟化产品主要有 VMware Workstation 和 Virtual PC、Ctrix 等。它们通过桌面虚拟化实现一个客户机同时运行多个操作系统从而实现多桌面计算环境。桌面虚拟化技术包括三个阶段：第一阶段，客户端操作系统的虚拟化，即实现了操作系统和硬件的隔离，虚拟化的操作系统基于文件系统基于可迁移性，目前的虚拟化产品集中于此阶段；第二阶段，虚拟桌面的网络化、集中化，虚拟桌面的计算在网络端完成，实现集中化的管理，用户通过智能终端、基于浏览器等技术，通过移动互联网访问属于用户个人的桌面，即个人的"云计算"化；第三阶段，从管理角度实现虚拟桌面的简化与可用化。

　　目前，虚拟化技术蓬勃发展，桌面虚拟化无疑将有很大的发展空间，给用户带来更多的桌面应用。通信运营商需要结合移动终端技术，基于浏览器、中间件、Widget 等技术推送桌面虚拟化的发展。相信桌面虚拟化技术将给计算机桌面带来新一轮的创新动力。

10.1.2　云存储

　　针对用户在实际应用中不同的存储需求，云存储包括云磁盘、应用和数据库存储等。为了提高存储设备的应用效率和空间利用率，合理利用已有存储空间，利用虚拟化、集群应用、网格或分布式文件系统等技术，实现异构存储整合，云平台通常提供分布式存储资源池和集中式存储资源池两种资源池。其中分布式存储通常包括分布式块存储和分布式对象存储，主要用来承载虚拟机系统、虚拟机镜像、ISO、虚拟机的模板文件、非结构化数据、大文件、音视频等，满足租户对数据的高持久、高性能和高并发的需求。集中式存储通常包括 FC-SAN 存储和 NAS 存储。FC-SAN 存储通常为高端集中式共享存储池，用来承载对 IOPS（Input/Output Operations Per Second，每秒 I/O 操作的次数）要求较高的业务数据，如高 I/O 的应用部署及 Oracle 数据库等。NAS 存储资源池通常用来承载共享类数据存储业务，如文件存储等。

1．分布式存储

　　分布式存储的典型代表是 Ceph 存储技术，能够基于 x86 通用服务器提供的存储介质构建统一存储资源池，提供存储服务。分布式存储的核心优势是，同一技术栈可提供块存储、对象存储、文件存储能力，实现统一维护，降低运维复杂度。

　　在部署方面，可根据业务需求灵活建设：可构建全闪存的高性能存储池，也可构建由 SATA 盘组成的高效存储池。池的划分通过内建 pool 来实现，支持在线横向扩展。

　　在产品方面，新建云硬盘时可选择容量型或性能型，选择不同类型将匹配到不同的 pool 来进行资源的创建和使用，从物理层面上做了安全的隔离和性能保护。

　　性能型存储池及容量型存储池的存储空间与最终的实际硬件规划直接相关，分布式存储系统采用多副本机制，因此最终的总可用容量为裸容量除以副本数。

　　在扩展方面，分布式块存储和分布式对象存储两种类型的存储池都支持在线横向扩展，这是分布式架构的先天优势，即同时具备高可用性、高可靠性、容量共享的优势。

　　（1）高可用性

　　分布式存储能动态在线扩容存储节点，存储架构具备多副本冗余保护，并具备自修复能力（能够确保在一定数量物理硬盘损坏的情况下，故障硬盘自动被隔离，数据的冗余保护级别得到恢复）。另外，实现如克隆、快照等本地数据保护功能，并提供秒级备份恢复功能。

（2）高可靠性

云平台分布式存储通过多副本、数据强一致性机制、亲和感知技术，最大限度地保障数据的安全性。在云平台中，云主机的数据都会在云存储池中写入多个副本，副本会分布在不同物理主机的磁盘上，避免节点故障造成的数据不可用。在多副本的写入过程中，只有多个写入过程全部确认，分布式存储才会返回写入完成，避免由于数据异步写入造成的数据不一致。在云平台部署过程中，为了避免多副本数据写入同一机柜中，由于机柜整体故障造成数据不可用，云平台可以将多副本自动写入不同的机柜中，避免上述情况发生。

（3）容量共享

分布式存储技术能够将云平台存储虚拟化，形成一个大的存储资源池。计算节点可使用的容量不再像传统解决方案，受到存储设备分配的 LUN（逻辑单元号）大小的限制。所有计算节点可以使用整个存储空间的容量，并可平滑无缝扩容，无须提前期规划存储 LUN 容量。

2. 集中式存储

（1）FC-SAN

SAN（Storage Area Network，存储区域网络）结构具有传输效率高、安全性高、传输时延极小、占用主机资源小、技术成熟等特点，主要用于时延要求非常低的高端应用，如大型数据库应用 Oracle、DB2、Sybase 等，以及集群部署的数据库应用和容灾系统。

FC-SAN（Fibre Channel-SAN，光纤通道存储区域网络）是 SAN 的一种。云平台集中式存储通常采用 FC-SAN 系统来承载对 IOPS 要求较高的业务数据，并提供高性能数据库专用存储服务。

FC-SAN 系统通过光纤通道将高性能物理服务器、FC 交换机和 FC 磁盘阵列连接起来。在实际选择中，根据业务提出存储资源的需求后，需要对设备的 IOPS、存储容量、存储带宽进行计算。

（2）NAS

云平台通常使用 NAS（Network Attached Storage，网络附加存储）为客户提供办公文件和数据的共享服务。NAS 将存储设备连接到现有网络上，基于 TCP/IP 协议实现文件级数据存储服务，能够支持各种操作系统及协议（如 NFS、CIFS、FTP、HTTP 等）。NAS 通常在一个 LAN 上占有自己的节点，无须应用服务器的干预，允许用户在网络上存取数据，在这种配置中，NAS 集中管理和处理网络上的所有数据，将负载从应用服务器上卸载下来，有效降低总拥有成本。NAS 本身通过任何一个工作站，采用 IE 或 Netscape 浏览器就可以对 NAS 设备进行直观方便的管理。NAS 具有以下优势。

① 高性能

NAS 的操作系统经过高度定制，去掉了不必要的功能，完全为文件传输服务，在操作系统的层面提高了性能。NAS 支持 LACP 等链路聚合协议，提高了网络带宽。数据从网络进入 NAS，如同百川归海。NAS 后端可以采用高性能的 SAN。SAN 通过 Cache 和 RAID 等机制提高了性能。RAID 0 等技术能够通过 stripe（条带）实现并发读写。NAS 能对后端提供的逻辑卷（如 CLARiiON 上的 LUN）再做一次 stripe，在高负载情况下保持高性能。

② 避免单点故障（Single point of failure）实现了高稳定性

NAS 的机头有一个随时待命的替补（Standby），一旦机头出现故障，替补可以自动补上。在一条网络链路出现问题的时候，同一个 Channel Group 的其他链路还能继续传数据。NAS 机头到 SAN 的链路也有多条，一条发生故障，可以通过另一条实现访问。RAID 和 Hotspare 技术避免了硬盘损坏而导致数据丢失。

③ 快照和备份技术保证了数据的安全

NAS 支持快照技术，对文件系统定时拍快照，在不占用大量空间的前提下支持数据的快速恢复。另外，对 NDMP（Network Data Management Protocol，网络数据管理协议）的支持，使 NAS 的数据备份和还原更快速、方便，且不占用网络资源。

10.1.3 云管理

云管理是实现虚拟机管理及智能部署等技术的综合体系，通过虚拟化管理提供云内部各种软硬件资源的统一管理。

1. 虚拟机调度

虚拟化管理平台能够从统一管理的虚拟化服务器资源池中自动选择合适的物理服务器进行资源分配。当不存在满足当前要求的可分配物理服务器资源时，可以做出相应提示。为有效利用所分配的资源，促进资源共享，在为虚拟机分配能够使用的 CPU、内存、I/O 等资源数量时，允许指定可使用资源的最大值和最小值。虚拟机在运行过程中实际使用的资源，允许随工作负载在分配的资源范围内变动。虚拟机自身的资源调度，或者虚拟机在不同物理服务器之间的迁移可以由管理员手动进行，也可以按照事先设置的策略自动进行。通过策略可以实现虚拟机资源配置的自动化和智能化，提高设备资源利用率和系统可用性。

资源调度策略的触发方式有两种。① 定时：在预先设定的时间触发资源调度或迁移。② 资源利用率阈值：当虚拟机的资源利用率达到预先设定的阈值时，触发对资源的重新配置或者虚拟机在线迁移。在触发自动迁移过程时，系统能够自动发现满足资源需求的物理服务器，并根据预先设定的策略自动选择合适的目标物理服务器完成迁移。

2. 部署管理

虚拟机管理（VMM）在物理服务器上安装完成后，支持用户通过命令行或者图形界面方式在 VMM 上创建虚拟机。创建过程需提供用户交互方式，引导用户设定虚拟机名称、资源类型和数量、操作系统类型、网络设置等配置参数。

虚拟机创建成功后，支持从本地启动或网络启动（PXE）的方式，引导进行虚拟机操作系统的安装，并支持从光盘、ISO 映像、本地存储或者共享存储中载入程序安装包。

支持通过第三方工具或者编写脚本等方式，实现虚拟机及其操作系统和应用的自动化安装和配置，并支持远程操作。

为了实现虚拟机的快速部署，服务器虚拟化产品需提供通过模板的方式克隆已有虚拟机，并进行批量自动部署的功能：支持将当前虚拟机的操作系统、应用、用户配置等数据保存为虚拟机模板；模板可根据需要修改并重新保存；通过模板快速、批量部署虚拟机，并且通过模板创建虚拟机的过程可以自动化进行。

云管理支持通过图标或树状分支图等形式，可视化直观地展示软硬件资源的拓扑关系视图。当系统组网架构发生变化后，支持拓扑关系的动态发现和更新。对物理服务器和各个虚拟机的运行状态进行实时的监控，记录详细的数据，进行趋势分析和图形化展示。为了能够更加便捷地对虚拟化平台进行维护管理，特别是对多个物理机和虚拟机进行统一管理，虚拟化平台应该提供通过脚本或流程编排的方式，支持对虚拟化服务器进行远程、自动化的操作和管理。

虚拟化管理系统应该具有良好的开放性和兼容性，以便满足企业对物理服务器和多种虚拟化平台的统一管理。

3. 存储管理

存储管理包括：实现异构存储资源的统一管理及统一分配，实现 IP-SAN、FC-SAN 与 NAS 等磁盘存储的统一整合；开放互联网接口，使得第三方可以借助云存储服务为用户提供完整的 Web 服务，允许用户直接使用存储相关的在线服务；实现异构存储资源整合、远程复制（同步及异步）、远程镜像复制及快照等功能。

4. 虚拟数据中心管理

虚拟数据中心 OS 是虚拟数据中心管理的重要技术。VDC-OS（Virtual Data Center OS）是利用云计算技术创建的虚拟数据中心操作系统。VDC-OS 用于控制整个数据中心和云系统，包括所有的硬件、软件和虚拟机。通过 VDC-OS，用户可以实现按需增加计算能力的要求。从架构上来说，VDC-OS 处于 CPU 之上，操作系统和应用之下的层面。它对虚拟架构进行了拓展，主要有以下三个方面。

① 它提供了一组基础设施服务（Infrastructure Services），可以将服务器、存储设备和网络无缝聚合为"按需使用"云资源池，并将其分配给最需要它们的应用程序。

② 它提供了一组应用程序服务（Application Services），可以充分确保所有应用程序的可用性、安全性和扩展性保持在合适的级别，无论这些应用程序是针对哪些操作系统、开发框架或架构所设计运行的。

③ VDC-OS 还提供了一组云服务（Cloud Services），可以集中"按需使用"云及"备用"云之间的计算容量。传统操作系统仅能针对单个服务器进行优化，并且只支持写入其接口的应用程序。与之不同的是，VDC-OS 可作为整个数据中心的操作系统，支持写入任何操作系统的任何种类的应用程序——无论是以前的 Windows 应用程序，还是现今运行于混合操作系统环境中的分布式应用程序。

5．评估可信体系

正是由于云计算数据集中的特性，云计算平台的可信性也成为云计算推广过程中必须要解决的问题。云计算平台的可信性具体包括以下几个突出方面。

（1）数据的安全与隐私性。数据的安全与隐私性主要存在两个方面的隐患：① 云计算平台服务提供商。Garnter 最近的一份调查报告认为，在面向服务的云计算平台上，用户的数据很可能会不受控制地被服务提供商访问与泄露。② 外部安全攻击。例如，某在线付费服务提供商由于其系统存在安全漏洞而受到外部安全攻击，导致超过 25000 名用户的付费信息泄露。

（2）可管理性、可维护性与可演化性。超大规模云计算中的硬件与软件的管理、维护及升级也将是一个巨大的挑战。这些操作必须不能影响云计算平台所支撑的服务的持续运行。

（3）可用性与容错性。云计算平台必须持续不断地提供正确的服务，保证其软硬件故障或日常维护等不会对服务造成影响。

云计算涉及安全及信任评估，需要从安全与信任上建立体系，提供高质量、安全、可信的计算通信服务保障环境。从计算机硬件、操作系统与应用三个方面分析云计算平台可信性，以提高云计算平台的可用性、可维护性、可信性、安全性与容错性等。

在计算机硬件方面，基于计算机硬件的信息安全技术，提高了云平台中软件的安全性：利用处理器对延迟异常的支持，设计并实现高效的动态信息流跟踪技术；检测缓冲区攻击等底层攻击；有效地利用信息流跟踪技术对程序的控制流与数据流进行混淆操作，从而有效地防御代码注入攻击以及对软件版权进行有效保护。

在操作系统方面，基于软件的动态虚拟化技术实现对云计算平台操作系统及其应用的双向行为约束机制：对操作系统的行为约束，以防止恶意操作系统窃取应用的数据；对应用的行为约束，以防止应用对操作系统与运行环境进行破坏。

在应用方面，使用虚拟机监控器保护应用的隐私性，从而在操作系统与其他应用不可信的情况下保证应用的隐私数据不会被恶意泄露。通过对云计算应用进程的系统调用进行权限审计、异常检测，以及将应用对关键系统资源的修改进行隔离，以防止一个恶意的应用对云平台的攻击。

10.1.4　云安全

云计算以一种新兴的共享基础架构的方法，提供"资源池"化的由计算、网络、信息和存储等组成的服务、应用、信息和基础设施等的使用。云计算的按需自服务、宽带接入、虚拟化资源池、快速弹性架构、可测量的服务和多租户等特点，会直接影响云计算环境的安全威胁和相关的安全保护策略。

云计算具备了众多的好处，从规模经济到应用可用性，能给应用环境带来一些积极的因素。如今，在广大云计算服务提供商和支持者的推崇下，众多企业用户已开始跃跃欲试。然而，云计算也带来了一些新的安全问题。由于众多用户共享 IT 基础架构，因此安全的重要性非同小可。

从 IT 网络和安全专业人士的视角出发，可以用统一分类的一组公用的、简洁的词汇来描述云计算对安全架构的影响。在这个统一分类的方法中，云服务和架构可以被解构，也可以被映射到某个包括安全、可操作控制、风险评估和管理框架等诸多要素的补偿模型中，进而符合合规性标准。

云计算模型之间的关系和依赖性对于理解云计算的安全非常关键：IaaS（基础设施即服务）是所有云服务的基础，PaaS（平台即服务）一般建立在 IaaS 之上，而 SaaS（软件即服务）一般又建立在 PaaS 之上。

IaaS 涵盖了从机房设备到硬件平台等所有的基础设施资源层面。PaaS 位于 IaaS 之上，增加了一个层面，用以与应用开发、中间件能力及数据库、消息和队列等功能集成。PaaS 允许开发者在平台之上开发应用，开发的编程语言和工具由 PaaS 提供。SaaS 位于底层的 IaaS 和 PaaS 之上，能够提供独立的运行环境，用以交付完整的用户体验，包括内容、展现、应用和管理能力。

云安全架构的一个关键特点是，云服务提供商所在的等级越低，云用户自己所要承担的安全责任和管理职责就越多。下面对云安全内容矩阵（见表 10-1）中的数据安全、应用安全和虚拟化安全等云安全层次及相应的云安全内容进行重点阐述。

表 10-1　云安全内容矩阵

云安全层次	云安全内容
数据安全	数据传输安全、数据隔离、数据残留
应用安全	终端用户安全、SaaS 应用安全、PaaS 应用安全、IaaS 应用安全
虚拟化安全	虚拟化软件安全、虚拟和安全

1. 数据安全

使用云服务的用户和云服务提供商均应避免数据丢失和被窃，无论使用哪种云计算的服务模式（SaaS/PaaS/IaaS），数据安全都变得越来越重要。以下针对数据传输安全、数据隔离和数据残留等方面展开讨论。

（1）数据传输安全

在使用公共云时，对于传输中的数据最大的威胁是不采用加密算法。通过 Internet 传输数据，采用的传输协议也要能保证数据的完整性。虽然采用加密数据却使用非安全传输协议的方法也可以达到保密的目的，但无法保证数据的完整性。

（2）数据隔离

加密磁盘或生产数据库中数据很重要（静止的数据），这可以防止恶意的云服务提供商、恶意的邻居"租户"及某些类型应用的滥用。但是静止数据加密比较复杂。如果仅使用简单存储服务进行长期的档案存储，用户加密自己的数据然后发送密文到云服务提供商那里是可行的。但是对于 PaaS 或者 SaaS 应用来说，数据是不能被加密的，因为加密过的数据会妨碍索引和搜索。到目前为止，还没有可商用的算法实现数据全加密。

PaaS 和 SaaS 应用为了实现可扩展、可用性、管理及运行效率等方面的"经济性"，大都采用多租户模式，因此被云应用所用的数据会和其他用户的数据混合存储（如谷歌的 BigTable）。虽然云计算应用在设计之初已采用诸如"数据标记"等技术以防止非法访问混合数据，但是通过云应用的漏洞，非法访问还是会发生的。最著名的案例就是 2009 年 3 月发生的谷歌文件被非法共享。虽然有些云服务提供商会聘请第三方审查云应用或使用第三方的安全验证工具加强云应用安全，但出于经济性考虑，无法实现单租户专用数据平台，因此唯一可行的选择就是不要把任何重要的或者敏感的数据放到公共云中。

（3）数据残留

数据残留是数据在被以某种形式擦除后所残留的物理表现。存储介质被擦除后可能留有一些物理特性使数据能够被重建。在云计算环境中，数据残留更有可能会无意泄露敏感信息，因此云服务提供商应向用户保证其鉴别信息及系统内的文件、目录和数据库记录等资源所在的存储空间被释放或再分配给其他用户前得到完全清除，无论这些信息是存放在硬盘上还是在内存中。

2. 应用安全

由于云环境的灵活性、开放性及公众可用性等特性，给应用安全带来了很多挑战。提供商在云主机上部署的 Web 应用程序应当充分考虑来自互联网的威胁。

（1）终端用户安全

对于使用云服务的用户，应该保证自己计算机的安全。在用户自己的终端上应部署安全软件，包括反恶意软件、防病毒、个人防火墙及 IPS 类型的软件。目前，浏览器已经成为云计算应用的客户端，但不幸的是，所有的互联网浏览器毫无例外地存在软件漏洞，这些软件漏洞加大了终端用户被攻击的风险，从而影响云计算应用的安全。因此用户应该采取必要措施保护浏览器免受攻击，在云环境中实现端到端的安全。用户应使用自动更新功能，定期完成浏览器打补丁和更新工作。

随着虚拟化技术的广泛应用，许多用户喜欢在 PC 或笔记本电脑中使用虚拟机来区分工作（公事与私事）。有人可能会使用 VMware Player 来运行多重系统（如使用 Linux 作为基本系统）。通常这些虚拟机甚至都没有达到补丁级别，这些系统被暴露在网络上更容易被黑客利用成为流氓虚拟机。对于企业客户，应该从制度上规定，连接云计算应用的 PC 禁止安装虚拟机，并且对 PC 进行定期检查。

（2）SaaS 应用安全

SaaS 应用提供给用户的能力是使用 SaaS 提供商运行在云基础设施之上的应用，用户使用各种客户端设备通过浏览器来访问应用。用户并不管理或控制底层的云基础设施，例如，网络、服务器、操作系统、存储甚至其中单个的应用能力，除非是某些有限用户的特殊应用配置项。SaaS 模式决定了 SaaS 提供商负责管理和维护整套应用，因此 SaaS 提供商应最大限度地确保提供给客户的应用和组件的安全。而用户通常只需负责操作层安全功能（包括用户和访问管理）。所以选择 SaaS 提供商特别需要慎重。目前评估 SaaS 提供商通常的做法是，根据保密协议，要求 SaaS 提供商提供有关安全实践的信息。该信息应包括设计、架构、开发、黑盒与白盒应用程序安全测试和发布管理。有些用户甚至请第三方安全厂商进行渗透测试（黑盒安全测试），以获得更为详实的安全信息。不过渗透测试通常费用很高而且也不是所有 SaaS 提供商都同意进行这种测试。

还有一点需要特别注意的是，SaaS 提供商会提供身份验证和访问控制功能，这通常是用户防范信息风险唯一的安全控制措施。大多数服务，包括谷歌，都会提供基于 Web 的管理用户界面。最终用户可以分派读取和写入权限给其他用户。然而这个特权管理功能可能不够先进，细粒度访问可能会有弱点，也可能不符合组织的访问控制标准。用户应该尽量了解云特定访问控制机制，并采取必要步骤，保护在云中的数据；应实施最小化特权访问管理，以消除威胁云应用安全的内部因素。

所有具有安全需求的云应用都需要用户登录，有许多安全机制可提高访问安全性，例如使用通行证或智能卡，而最为常用的方法是可重用的用户名和密码。如果使用强度最小的密码（需要的长度与字符集过短）和不做密码管理（过期）很容易被猜到密码，而这恰恰是攻击者获得信息的首选方法。因此云服务提供商应能够提供高强度密码，并定期修改密码，其时间长度必须基于数据的敏感程度，不能使用旧密码等可选功能。

在目前的 SaaS 应用中，SaaS 提供商将用户数据（结构化和非结构化数据）混合存储是普遍的做法：通过唯一用户标识符，在云应用中的逻辑执行层可以实现用户数据逻辑上的隔离。但是当 SaaS 提供商的云应用升级时，可能会造成这种隔离在应用层执行过程中变得脆弱。因此，用户应了解 SaaS 提供商使用的虚拟数据存储架构和预防机制，以保证多租户在一个虚拟环境所需要的隔离。SaaS 提供商应保证在整个软件生命开发周期均加强在软件安全性上措施。

（3）PaaS 应用安全

PaaS 应用提供给用户的能力是在云基础设施之上部署用户创建或采购的云应用。这些应用使用 PaaS 提供商支持的编程语言或工具开发，用户并不管理或控制底层的云基础设施，包括网络、服务器、操作系统或存储等，但是可以控制部署的云应用及云应用主机的某个环境配置。PaaS 应用安全包含两个层次：① PaaS 平台自身的安全；② 用户部署在 PaaS 平台上应用的安全。

SSL 是大多数云安全应用的基础，目前众多黑客社区都在研究 SSL，相信 SSL 在不久的将来将成为一个主要的病毒传播媒介。PaaS 提供商必须明白当前的形势，并采取可能的办法来缓解 SSL 攻击，避免应用被暴露在默认攻击之下。用户必须要确保自己有一个变更管理项目，在 PaaS 提供商指导下进行正确配置或打补丁，及时确保 SSL 补丁和变更程序能够迅速发挥作用。

PaaS 提供商通常都会负责平台软件包括运行引擎的安全。如果 PaaS 应用使用了第三方应用、组件或 Web 服务，那么第三方应用提供商则需要负责这些服务的安全。因此用户需要了解自己的应用到底依赖于哪个服务。在采用第三方应用、组件或 Web 服务的情况下，用户应对第三方应用提供商进行风险评估。PaaS 提供商可能以平台的安全使用信息会被黑客利用为借口而拒绝共享，尽管如此，用户应尽可能地要求 PaaS 提供商增加信息透明度以利于风险评估和安全管理。

在多租户 PaaS 的服务模式中，最核心的安全原则就是多租户云应用隔离。用户应确保自己的数据只能由自己的企业用户和应用访问。PaaS 提供商应负责维护 PaaS 的平台运行引擎的安全，在多租户模式下必须提供沙箱架构。平台运行引擎的沙箱特性可以集中维护用户部署在 PaaS 平台上的应用的保密性和完整性。PaaS 提供商应负责监控新的程序缺陷和漏洞，以避免这些缺陷和漏洞被用来攻击 PaaS 平台和打破沙箱架构。

用户部署的应用安全需要与 PaaS 应用开发商配合，开发人员要熟悉 PaaS 平台的 API、部署和管理执行的安全控制软件模块。开发人员还必须熟悉平台特定的安全特性，这些特性被封装成安全对象和 Web 服务。开发人员通过调用这些安全对象和 Web 服务实现在应用内的配置认证和授权管理。对于 PaaS 平台的 API 设计，目前没有标准可用，这将对云计算的安全管理和云应用的可移植性带来了难以估量的影响。

PaaS 应用还面临着配置不当的威胁，在云基础架构中运行应用时，应用在默认配置下安全运行的概率几乎为零。因此，用户最需要做的事就是改变应用的默认安装配置，这需要熟悉应用的安全配置流程。

（4）IaaS 应用安全

IaaS 提供商（如亚马逊 EC2、GoGrid 等）将用户在虚拟机上部署的应用看作一个黑盒子，IaaS 提供商完全不知道用户应用的管理和运维。用户的应用和运行引擎，无论运行在何种平台上，都由用户自己部署和管理，因此用户负有云主机之上应用安全的全部责任，用户不应期望 IaaS 提供商的应用安全帮助。

3. 虚拟化安全

基于虚拟化技术的云计算引入的风险主要包括两个方面：一方面是虚拟化软件的安全，另一方面使用虚拟化技术的虚拟机的安全。

（1）虚拟化软件安全

虚拟化软件直接部署于裸机之上，提供能够创建、运行和销毁虚拟机的能力。实现虚拟化的方法不止一种，实际上，有多种方法都可以通过不同层次的抽象来实现相同的结果，如操作系统级虚拟化、全虚拟化或半虚拟化。在 IaaS 平台中，云主机的用户不必访问虚拟化软件层，它完全应该由 IaaS 提供商来管理。

由于虚拟化软件层是保证用户的虚拟机在多租户环境下相互隔离的重要层次，可以使用户在一个计算机上安全地同时运行多个操作系统，所以必须严格限制任何未经授权的用户访问虚拟化软件层。IaaS 提供商应建立必要的安全控制措施，限制对于 Hypervisor 和其他形式的虚拟化层次的物理和逻辑访问控制。

虚拟化软件层的完整性和可用性对于保证基于虚拟化技术构建的公有云的完整性和可用性是最重要，也是最关键的。一个有漏洞的虚拟化软件会让恶意的入侵者有机可乘。

（2）虚拟机安全

虚拟机位于虚拟化软件层之上，对于物理机的安全原理与实践也可以被运用到虚拟机上，当然也要兼顾虚拟机的特点。下面将从物理机选择、虚拟机安全和日常管理三方面对虚拟机安全进行阐述。

① 应选择具有 TPM 安全模块的物理机。TPM 安全模块可以在虚拟机启动时检测用户密码，如果发现密码及用户名的 Hash 序列不对，就不允许启动此虚拟机。因此，对于新建的用户来说，选择这些功能的物理机来作为虚拟机是很有必要的。如果有可能，应使用新的带有多核的并支持虚拟技术的 CPU，这就能保证 CPU 之间的物理隔离，会减少许多安全问题。

② 安装虚拟机时，应为每个虚拟机分配一个独立的硬盘分区，以便将各虚拟机之间从逻辑上隔离开来。虚拟机系统还应安装基于主机的防火墙、杀毒软件、IPS（IDS）及日志记录和恢复软件，以便将它们相互隔离，并与其他安全防范措施一起构成多层次防范体系。

③ 对于每个虚拟机应通过 VLAN 和不同 IP 网段的方式进行逻辑隔离。对需要相互通信的虚拟机之间的网络连接应当通过 VPN 的方式来进行，以保护它们之间网络传输的安全。实施相应的备份策略，它们的配置文件、虚拟机文件及其中的重要数据都要进行备份。备份也必须按一个具体的备份计划来进行，应当包括完整、增量或差量备份方式。

在防火墙中，尽量对每个虚拟机做相应的安全设置，进一步对它们进行保护和隔离。将虚拟机的安全策略加入系统的安全策略当中，并按物理机安全策略的方式来对待。

从运维的角度来看，对于虚拟机，应当像对物理机一样进行系统安全加固，包括系统补丁、应用程序补丁、所允许运行的服务、开放的端口等。同时严格控制主机上运行虚拟机的数量，禁止在主机上运行其他网络服务。如果虚拟机需要与主机连接或共享文件，应当使用 VPN 方式，以防止由于某个虚拟机被攻破后影响主机。文件共享也应当使用加密的网络文件系统方式进行。需要特别注意主机的安全防范工作，消除影响主机稳定和安全性的因素，防止间谍软件、木马、病毒和黑客的攻击，因为一旦主机受到侵害，所有在其中运行的虚拟机都将面临安全威胁，或者直接停止运行。

对虚拟机的运行状态要进行严密的监控，实时监控各虚拟机当中的系统日志和防火墙日志，以此来发现存在的安全隐患。对不需要运行的虚拟机应当立即关闭。

10.2　容器和 Kubernetes

10.2.1　容器技术

容器（Docker）技术通过统一的镜像格式和简单的工具将应用和基础运行环境隔离开来。应用及其依赖文件被隔离在相互独立的运行环境中，但是它们却共享同一个 OS 内核，将这种运行环境称为"容器"。容器将多个应用部署在一个主机上，采用相互独立的"容器"运行模式，可以提高硬件利用率，减少应用故障对其他应用的影响。容器需要利用操作系统的虚拟文件系统、命名空间、控制组等特性实现自己的功能，可部署在虚拟机、物理机、公有云等环境中。

在容器中，"镜像"是创建容器的基础。容器使用分层的方式存储镜像，镜像中包含应用运行所需要的组件。镜像间通过引用的方式共享镜像层，减少了对存储空间的占用。这样既可以使用"隔离"带来的好处，又可以减轻资源浪费。容器环境是根据镜像来动态创建的。在容器中，应用的写操作只改变自己的读写层，公共的镜像部分对所有容器都是只读的。容器为镜像分发设计了仓库机制，通过本地和远程仓库之间的上传和下载可实现软件的标准化分发，打通了从应用开发、镜像构建、发布、下载到应用部署的完整通道。

在 Linux 操作系统上，容器利用内核提供的 Namespace（命名空间）和 Cgroup（Control groups）控制组特性，为应用构建沙箱进行资源限制：在此沙箱中，应用拥有自己的设备文件、进程间通信环境、根文件系统、进程空间、用户账号空间和网络资源空间；管理员可以以容器为单位来限制应用对 CPU、内存、磁盘 I/O 和网络等资源的使用能力。

虚拟机通过模拟硬件环境，启动完整的操作系统为应用运行提供独占环境，因此需要安装 Guest OS。与此相反，容器是主机操作系统上的进程虚拟化。容器的镜像中不需要 OS 内核，不需要安装 Guest OS，只需要应用运行相关的库和文件就可以，而容器实例中各种虚拟设备都会由运行时环境在启动实例时准备好，这就使得容器占用系统资源少、系统损耗小、启动快，同时在系统采购成本上自然降低。虚拟机与容器应用部署对比如图 10-1 所示。虚拟机与容器对比如图 10-2 所示。容器的优势说明如下。

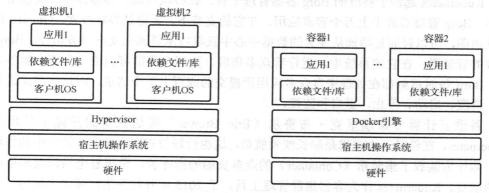

图 10-1　虚拟机与容器应用部署对比

特征	虚拟机	容器
硬件接口	仿真模拟	直接访问
运行模式	用户模式	内核模式
隔离策略	Hypervisor	Cgroup
资源损耗	5%～15%	0～5%
启动时间	分级别	秒级别
镜像尺寸	GB级至TB级	KB级至MB级
集群规模	100+	10000+
高可用策略	备份、异地容灾、迁移	弹性伸缩、负载均衡

图 10-2　虚拟机与容器对比

更轻量：容器是进程级的资源隔离，虚拟机是操作系统级的资源隔离，容器比虚拟机节省更多资源开销。

更快速：容器实例的创建和启动无须启动 Guest OS，实现秒级/毫秒级启动。

更好的可移植性：容器将应用及其所依赖的运行环境打包成标准的镜像，进而发布到不同的云平台上运行，实现应用在不同平台上的移植。

更容易实现自动化：镜像构建和镜像上传/下载都可以自动化实现；容器生态系统中的编排工具所具备的多版本部署能力可以在更高层次上对容器化应用的自动化测试和部

署过程进行优化。

更方便的配置：用户可利用外部数据卷挂载能力，为容器在多种环境下的平滑运行提供保障；还可以通过环境变量、域名解析配置等方式动态配置容器。

更容易管理：可以在已有镜像基础上利用分层特性，增量式地构建新的镜像。这种维护操作很容易实现自动化和标准化，因此更容易加以管理。

10.2.2　Kubernetes

容器离不开容器管理平台，Kubernetes 是当前最流行的一个开源容器管理平台。Kubernetes 用于管理云平台中多个主机上容器化的应用，提供了应用部署、规划、更新、维护的机制，其目标是让容器化的应用部署简单并且高效。

Kubernetes 起源于谷歌的 Borg 容器管理平台。在谷歌内部，容器技术已经应用了很多年。Borg 管理着成千上万个容器应用，在它的支持下，无论是谷歌搜索、Gmail，还是谷歌地图，可以轻而易举地从庞大的数据中心中获取技术资源来支撑服务运行。Borg 是集群的管理器，在它的系统中，运行着众多集群，而每个集群可由成千上万个服务器组成，Borg 每时每刻都在处理来自众多应用所提交的成百上千个请求，对这些应用进行接收、调度、启动、停止、重启和监控。

谷歌云计算专家埃里克 · 布鲁尔（Eric Brewer）将这款新的开源工具命名为Kubernetes，在希腊语中意思是船长或领航员，这也恰好与它在容器集群管理中的作用吻合，即作为装载了集装箱（Container）的众多货船的指挥者，负担着全局调度和运行监控的职责。Kubernetes 作为容器集群管理工具，于 2015 年开始在生产环境中使用。与此同时，谷歌联合 Linux 基金会及其他合作伙伴成立了 CNCF（Cloud Native Computing Foundation），并将 Kubernetes 作为首个编入 CNCF 管理体系的开源项目，助力容器技术生态的发展进步。Kubernetes 项目凝结了谷歌过去 10 年间在生产环境中的经验和教训，从 Borg 的多任务 Alloc 资源块到 Kubernetes 的多副本 Pod，从 Borg 的 Cell 集群管理到Kubernetes 设计理念中的联邦集群，在 Docker 等高级引擎带动容器技术兴起和大众化的同时，为容器集群管理提供了独到的见解和新思路。

Kubernetes 是一个完备的分布式系统支撑平台，具有完备的集群管理能力、多扩展多层次的安全防护和准入机制、多租户应用支撑能力、透明的服务注册和发现机制、内建智能负载均衡器、强大的故障发现和自我修复能力、服务滚动升级和在线扩容能力、可扩展的资源自动调度机制，以及多粒度的资源配额管理能力。同时 Kubernetes 提供完善的管理工具，涵盖了开发、部署测试、运维监控的各个环节。Kubernetes 的核心概念包括Master、Node、Pod、Replication Controller、Service、Label 等。

1．Master

Master 是 Kubernetes 集群的管理节点，负责管理集群，提供集群的资源数据访问入口。Master 拥有 ETCD（分布式键值存储系统）存储服务，其上运行着 API Server 服务进程、Controller Manager 服务进程及 Scheduler 服务进程，与工作节点 Node 关联。API Server 提供 HTTP Rest 接口的关键服务进程，是 Kubernetes 里所有资源的增、删、改、查等操作的唯一入口，也是集群控制的入口进程。Controller Manager 是 Kubernetes 所有资源对象的自动化控制中心。Schedule 是负责资源调度的进程。

2．Node

Node 是 Kubernetes 集群架构中运行 Pod 的工作节点。Node 是 Kubernetes 集群操作的单元，用来承载被分配 Pod 的运行，是 Pod 运行的宿主机。其与管理节点 Master 关联，拥有名称和 IP 地址、系统资源信息。每个 Node 上都运行着以下一组关键进程。

kubelet：守护进程，完成 Pod 对应容器的创建、启停等工作。

kube-proxy：负载均衡器，是实现 Service 的通信与负载均衡机制的重要组件。

Docker Engine：Docker 引擎，负责本机容器的创建和管理工作。

Node 可以在运行期间动态增加到 Kubernetes 集群中。在默认情况下，kubelet 进程会向 Master 注册自己，这也是 Kubernetes 推荐的 Node 管理方式。kubelet 进程会定时向 Master 汇报自身情报，如操作系统、Docker 版本、CPU 和内存，以及有哪些 Pod 在运行等。这样 Master 可以获知每个 Node 的资源使用情况，并实现高效均衡的资源调度策略。

3．Pod

Pod 运行于 Node 上，是若干相关容器的组合。Pod 内包含的容器运行在同一宿主机上，使用相同的网络命名空间、IP 地址和端口，能够通过 Local Host 进行通信。Pod 是 Kubernetes 进行创建、调度和管理的最小单位，它提供了比容器更高层次的抽象，使得部署和管理更加灵活。

一个 Pod 可以包含一个容器或者多个相关容器。Pod 包含两种类型：普通 Pod 和静态 Pod。后者比较特殊，它并不存在于 Kubernetes 的 ETCD 存储服务中，而是存放在某个具体的 Node 上的一个具体文件中，并且只在此 Node 上启动。普通 Pod 一旦被创建，就会被放入 ETCD 存储中，随后会被 Master 调度到某个具体的 Node 上进行绑定，随后该 Pod 被对应 Node 上的 kubelet 进程实例化成一组相关的 Docker（容器）并启动起来。在默认情况下，当 Pod 里的某个容器停止时，Kubernetes 会自动检测到这个问题并且重启这个 Pod。如果 Pod 所在的 Node 宕机，则会将这个 Node 上的所有 Pod 重新调度到其他 Node 上。

4．Replication Controller

Replication Controller 用来管理 Pod 的副本，保证集群中存在指定数量的 Pod 副本。如果集群中 Pod 副本的数量大于指定数量，则会停止指定数量之外的多余 Pod；反之，则会启动少于指定数量个数的 Pod，以保证数量不变。Replication Controller 是实现弹性伸缩、动态扩容和滚动升级的核心。

5．Service

Service 可以看作一组提供相同服务的 Pod 对外的访问接口。借助 Service，应用可以方便地实现服务发现和负载均衡。Service 定义了 Pod 的逻辑集合和访问该集合的策略，是真实服务的抽象。Service 提供了一个统一的服务访问入口及服务代理和发现机制，其关联了多个相同 Label 的 Pod，用户不需要了解后台 Pod 是如何运行的。

Service 涉及三种 IP 地址，包括 Node 的 IP 地址、Pod 的 IP 地址及 Service 的 IP 地址。

① Node IP 是 Kubernetes 集群中节点的物理网卡 IP 地址，所有属于这个网络的服务器之间都能通过这个网络直接通信，这也表明当 Kubernetes 集群之外的节点需要访问 Kubernetes 集群之内的某个节点或者 TCP/IP 服务的时候，必须通过 Node IP 进行通信。

② Pod IP 是每个 Pod 的 IP 地址，由 Docker Engine 根据 docker0 网桥的 IP 地址段进行分配，通常是一个虚拟的二层网络。

③ Cluster IP 是一个虚拟的 IP，但更像是一个伪造的 IP 网络，其代表 Service 的 IP 地址。

在 Kubernetes 集群之内，Node IP、Pod IP 与 Cluster IP 之间的通信，采用的是 Kubernetes 自己设计的特殊路由规则。

6. Label

Kubernetes 中的任意 API 对象都是通过 Label 进行标识的。Label 的实质是一系列的 key/value（键值）对，其中 key 与 value 由用户自己指定。Label 可以附加在各种资源对象上，如 Node、Pod、Service、Replication Controller 等，一个资源对象可以定义任意数量的 Label，同一个 Label 也可以被添加到任意数量的资源对象上。Label 是 Replication Controller 和 Service 运行的基础，二者通过 Label 来关联 Node 上运行的 Pod。可以通过给指定的资源对象捆绑一个或者多个不同的 Label 来实现多维度的资源分组管理功能，便于灵活、方便地进行资源的分配、调度、配置等管理工作。

10.3　微服务架构

微服务的概念和架构已经较为成熟，并且在国内外的互联网企业中已经得到广泛应用。微服务并不是一个新的事物，其发展经历了一个较为漫长的过程。微服务的应用思路最早起源于由 Peter Rodgers 在云端运算博览会首先提出的微 Web 服务。微服务（Microservice）具体来说，就是将服务定义为由单一应用程序构成的小服务，拥有自己的进程与轻量化处理，服务根据业务功能设计，并以全自动的方式部署，与其他服务使用 http 通信。微服务的发展与云计算、Docker、DevOps 是相辅相成的，随着云计算等新兴技术的发展，为微服务的应用打下了基础。微服务作为一种新型的软件部署架构，在工程领域受到越来越广泛的关注。目前众多主流的知名互联网公司已经将微服务架构作为内部应用，进行了成功的实践，并开始对外提供服务。例如，亚马逊、Netflix、Uber、Groupon 等均发布了相应的微服务应用。阿里巴巴发布的 Apache 顶级开源项目 Dubbo、微博发布的 Motan 项目，也成为国内开发者熟知的微服务应用。

IT 行业软件大部分都是独立系统的叠加，面临着扩展性差、可靠性不高、维护成本高的问题。这种单体架构在规模比较小、代码量较小的情况下，工作情况良好，但是随着系统规模的扩大，将出现非常多的问题。

① 单体架构复杂性变高的问题。当项目有几十万行代码时，如果模块之间没有清晰的区别，将出现逻辑混乱、复杂性高的问题。

② 人员流动造成"技术坑"的问题。当项目代码量过于庞大时，各种 bug 无法轻易识别，将为继任者带来很大的困扰。并且面对庞大的代码规模，再部署将造成速度的减慢，系统启动花费时间长。

③ 单体架构面临着无法按需伸缩的问题。一个应用系统中不同模块存在对计算存储能力的不同要求，例如某些模块需要计算密集型资源，某些模块需要 I/O 密集型资源。在对业务模块进行升级时，由于各模块对资源的不同需求，在单体架构下无法满足单模块升级的要求，造成资源的严重浪费，并影响应用的伸缩性，同时加大了服务部署的难度。

相比于单体架构，微服务架构具备众多优势，包括易于开发维护、启动较快、局部修改易于实现、技术栈不受限等。微服务架构中，每个模块相当于一个单独的项目，能够明显降低代码量，当出现问题时便于定位解决。微服务架构中，每个模块可以根据具体需求，采用不同的开发技术，开发模式更灵活，并且能够采用不同的存储方式，如 Redis 和 MySQL 等，避免单一架构在面对应用多样性时的问题。数据库方面，也是单个模块对应自己的数据库。微服务并不绑定某种特殊的技术。在一个微服务的系统中，既可以使用 Java 语言编写程序，也能够使用 Python 语言编写程序，各服务模块间使用 Restful 架构风格统一成一个系统，增强了服务的可扩展性。

当然，微服务架构并不适用于所有系统。微服务架构适用于耦合度较低的业务系统，各模块能够独立地部署和运行，并使用轻量级的通信机制。如果系统提供的是底层业务，如操作系统内核、存储系统、网络系统、数据库系统等，功能间有着紧密的配合关系，则不适合使用微服务架构进行部署。因为如果进行强制拆分，形成较小的微服务单元，则会让系统集成的工作量急剧上升，并且这种切割方式也不能带来业务的隔离，无法做到独立部署和运行。

10.4　混合云

近几年，随着企业、政府单位等用云率的持续提升，混合云成为云计算未来的一个主流发展趋势，其优势愈发凸显。各类用户的比例逐步上升。云服务提供商纷纷在混合云市场布局，加大投入力度。混合云的兴起，对多云管理能力、云网协同能力、安全能力等提出了较高的要求。中国信通院发布的白皮书，对混合云架构各方面的能力提出了建议要求。

（1）多云管理能力

从成本角度来看，公有云的使用成本在一定程度上要低于私有云。同时综合考虑隐私性、合规性、安全性因素，企业采用公有云与私有云混合部署、由多家云服务提供商提供资源服务的模式将成为一个发展趋势。但这也带来了资源管理、运营服务、统一门户等方面的问题。在资源管理方面，需要对所有云数据中心的资源进行统一管理与运维，应能实现统一的资源告警、资源统计、日志分析、故障定位等。在运营服务方面，需要将云基础设施资源封装成为云服务，基于服务目录提供端到端的开通、监控、计量计费等一系列的运营服务。在统一门户方面，应能够为管理员提供统一的资源管理与运维管理界面，实现对虚拟资源、物理资源等的统一维护与管理，同时应提供用户订购界面，并能够实现对已分配的虚拟资产的管理，包括使用与释放等。

（2）云网协同能力

混合云架构需要通过网络打通企业本地信息化基础设施、公有云及私有云，同时可能需要联合多家云服务提供商，因此如何实现云网协同成为实现混合云架构的关键。要实现多云间的互通，对网络质量、稳定性、可靠性提出了较高要求。在多云互通方面，云和网的协同需要保证各资源池与企业本地计算环境的互联互通，包括单一本地环境与多个 VPC（Virtual Private Cloud，虚拟私有云）的连接和单个 VPC 与多个本地环境的连接。在网络性能方面，应能够在带宽、时延、丢包率等性能指标上满足用户多样性的应用要求。在可靠性方面，应能够支持多条网络专线的容灾，当一条网络链路出现故障时，能够及时快速将流量切换至使用冗余链路传输，避免单点故障。

（3）安全能力

随着更多企业业务在混合云平台上的应用，对企业数据和业务的安全管理变得越来越困难。本地基础设施及多个私有云、公有云构成了复杂的环境，对混合云安全有了更高的要求。

在网络和传输安全方面：为避免多个云平台网络间的互相影响，需要通过安全域划分、虚拟防火墙、VXLAN 等方式实现网络的隔离；为保障传输安全，需要使用 HTTPS 等安全通信协议，以及 SSL/TLS 等安全加密协议；为保障网络连接可靠性，需要使用 VPN/IPSec、VPN/MPLS 等安全连接方式。为保障边界安全：需要使用安全组、防火墙、IPD/IDS 等；为实现对流量型攻击和应用层攻击的全面防护，需要对通信的网络流量进行实时监控，针对 DDoS、Web 攻击进行防御。

在数据和应用安全方面：在存储、备份和传输过程中应该对数据进行加密，防止数据被篡改、窃听或者伪造；通过数字签名、时间戳等密码技术保证数据完整性，并在检测到完整性被破坏时采取必要的恢复措施；使用安全接口和权限控制等手段对数据访问权限进行管理，从而避免敏感数据的泄露。

在访问和认证安全方面：使用基于密码、基于角色的分权分域等方式对访问进行控制，防止非授权或越权访问；采用随机生成、加密分发、权限认证方式进行密钥的生成、使用和管理，避免因密钥丢失导致的用户无法访问或数据丢失的风险。

10.5　DevOps

DevOps 既是一种软件开发方法，又由相应的一系列工具集支持，涉及软件在整个开发生命周期中的持续开发、持续测试、持续集成、持续部署和持续监控。DevOps 能够促进开发（应用程序/软件工程）、技术运营和质量保障（QA）部门之间的沟通、协作与整合，是在较短的开发周期内开发高质量软件的首选方法，可以提高客户满意度。

DevOps 旨在统一软件开发和软件操作，与业务目标紧密结合，在软件构建、集成、测试、发布、部署和基础设施管理中大力提倡自动化和监控。DevOps 的目标是缩短开发周期，增大部署频率，使发布更可靠。用户可通过完整的工具链深度集成代码仓库、制品仓库、项目管理、自动化测试等类别中的主流工具，实现零成本迁移，快速实践 DevOps。

DevOps 帮助开发人员和运维人员打造了一个全新空间，构建了一种通过持续交付实践去优化资源和扩展应用的新方式。DevOps 和云原生架构的结合能够实现精益产品开发流程，适应快速变化的市场，更好地服务于企业。

10.6 Service Mesh

在 Service Mesh 模型中，每个服务都有一个附属的代理 Sidecar。代理之间的互联形成了一个网状结构，于是为这个平台做了一个定义，称之为 Service Mesh（服务网格）。Service Mesh 是处理服务间通信的基础设施层，负责实现请求的可靠传递。在实践中，Service Mesh 通常实现为将轻量级网络代理与应用部署在一起，但是对应用透明。

该定义的意义在于，不再将代理视为独立的组件，而是承认代理形成的网络本身是有价值的。企业为了将其微服务部署移动到更复杂的运行时环境中，如 Kubernetes 和 Mesos，开始使用这些平台提供的工具来正确地实现 Service Mesh 的想法。它们正在从一组独立的代理转向一个适当的、在某种程度上集中的控制平面。

要完全理解大型系统中 Service Mesh 的影响还为时过早。但可以肯定的是，这种结构的两个好处在于，首先，不需要编写定制软件来处理微服务架构的最终代码，这将允许许多较小的组织享受以前只有大型企业才能使用的功能，从而创建各种有趣的用例。其次，这种结构让用户能够使用最佳工具/语言来完成工作，而不必担心每个平台的库和模式的可用性。

10.7 云原生

如今，越来越多的开发者使用云原生（Cloud Native）技术构建下一代应用和服务。

"云原生"一词用来形容基于容器的环境。云原生技术用于在容器中打包和部署应用，通过 DevOps 和持续交付过程在弹性基础设施上部署和管理微服务应用。

随着云原生技术的演进，原始的定义逐步扩展为不再局限在容器范畴内的一组技术，如无服务器（Serviceless）和流（Streaming）技术。云原生技术关注现代应用设计、构建和管理方面涉及的可扩展性、可管理性和可靠性。云原生技术帮助企业在诸如公有云、私有云、混合云的动态环境中构建和运行可扩展的应用。容器、Service Mesh、微服务和声明式 API 是云原生技术促进下涌现出的代表技术。这些技术使得系统更加松耦合、具有弹性和可管理。通过结合使用强劲的自动化工具，开发人员可以通过较小的代价获得可预见的高效率的软件迭代更新。

1. 面临的挑战

企业的应用系统开发在向云原生架构转型过程中，需要迎接的挑战是多方面的。

（1）熟悉开源技术

大多数云原生技术是开放源代码的，理解"开源"如何工作以及工作范围的合法性限定是很重要的。

（2）评估技术成熟度

不同企业对新技术不稳定性的容忍度是不同的。总的来说，从社区"毕业"的云原生工程在生产环境使用是稳定和可靠的；但是处在孵化阶段的工程在每次发布时会引入较大的架构变化，不够成熟。如果一项技术已被某些企业使用或者由公有云服务提供商支持，则表示其成熟度很好。

（3）找准云服务提供商

一个好的战略包括选定合适的云服务提供商用于迁移上云。虽然大多数公有云服务提供商是 CNCF（Cloud Native Computing Foundation）的成员或者是云原生技术的参与者，仍旧需要确定一个最佳的云服务提供商。

（4）评估人员需求

评估企业现有人员技能水平，帮助确定向云原生转型需要哪些方面的支持以及所需的时间。

2. 转型的步骤

企业在规划了云原生转型路径后，可以逐步开展使用云原生技术的工作，利用微服务、无服务器、流等技术将复杂的应用开发驱动起来。一般来说，向云原生转型包括以下步骤。

（1）容器化和 CI/CD

这一步骤包括两项内容：将已有的应用打包在容器中；设置持续集成/交付（Continuous Integration/Continuous Delivery）流水线进行源代码的获取、构建和打包。

（2）编排

当应用打包到容器中后，需要一个系统维持其运行，并随着工作负载的上升自动进行扩展，此时需要编排。编排器管理服务，同时具有监控运行时环境的功能。

（3）服务代理

这一步将引入控制机制，让各个服务更好地交互。服务发现和服务代理是让各个服务找到彼此的基本功能。例如，Kubernetes 使用类似 DNS 功能使服务映射到具体 IP 地址上，Service Mesh 通过更加复杂的控制能力管理各个服务的连接。

（4）分布式数据库和存储

当服务的规模扩张后，需要设计存储基础设施使得工作负载的运行具备弹性和适当的灾难恢复策略，其中两个重要元素是有状态服务和分布式数据库。有状态服务需要在请求之间保持状态，典型的例子是电商系统的购物车需要保持用户选择的商品，这依赖于存储基础设施。MySQL 和 PostgreSQL 数据库可以为微服务提供此类存储支持。分布式数据库一般由公有云服务提供商提供，支持数据在跨地理区域的云数据中心共享。典型产品包括 Azure Cosmos DB、Amazon Aurora 和 Oracle Autonomous Database。

（5）消息、无服务器和流技术

最后一步是引入各种不同的设计准则。服务将不仅仅依照传统方式如 API 来构筑，也要汲取消息基础设施的优势。服务之间的通信会基于消息的交换形成完全异步的范式，从而使消息、无服务器和流技术引入应用软件设计中。

3．实践

企业一般会将某些应用部署在客户侧本地数据中心中运行，如涉及隐私数据的应用或者老旧遗留系统，如此构成了公有云和客户侧共存的混合使用场景。对于需要长期运行的应用系统，较好的实践是在公有云和客户侧采用相同的设施来承载，例如使用Kubernetes。同时，客户侧的基础设施需要通过采用云原生技术实现"现代化"，能够模拟公有云的完备的运行环境。

10.8　小结

云计算的主要技术体系包括虚拟化、云存储、云管理、云安全等传统云计算技术，以及微服务、Serverless 等云计算新技术。虚拟化技术是云计算最基础的技术体系，涉及存储虚拟化、服务器虚拟化、网络虚拟化及桌面虚拟化。通过虚拟化技术，提高了基础硬件资源的使用效率。云存储涉及常用的集中式存储及分布式存储技术，这些构成了边缘云计算必不可少的基础。云管理涉及虚拟机调度、部署管理、存储管理及虚拟数据中心管理等。云安全技术包括数据安全、应用安全和虚拟化安全。随着云计算带来的诸多好处，缺点也随之而来，其中最主要的是可靠性的降低和 I/O 性能的下降，所以一方面必须在假设云基础设施一定会出故障的前提下构建云的应用，另一方面采用拓展边缘云能力的方式来提高整体云的性能。

第11章

边缘云技术

边缘计算是在生产现场靠近数据源头的网络边缘，将原本由云数据中心执行的计算、数据分析等任务迁移到位于网络边缘的设备上，就近为用户提供业务支撑服务的 IT 模式。边缘云计算（或简称边缘云）是以云的范式运行的边缘计算，进一步地将运算任务分配到由云端至设备之间的路径层次上。边缘云能够实现业务时延的降低，同时就近处理数据，缓解网络带宽压力和云数据中心压力，增强服务的响应能力，充分满足工业、医疗、新媒体等各行业数字化对敏捷、实时、智能、安全等方面的多种需求。本章将从边缘云涉及的计算、存储、网络、安全角度，对边缘云的关键技术进行介绍。

11.1 边缘计算

11.1.1 轻量级虚拟化技术

边缘计算受到场地等因素的限制，在设备虚拟化上通常采用轻量级的虚拟化技术，如容器技术。众多云服务提供商已经基于容器构建了自己的边缘计算平台。

在云数据中心，云服务提供商使用虚拟化技术，实现单个物理机上多个独立虚拟机的运行。各个虚拟机能够实现彼此隔离，同时访问底层物理资源并且互不干扰。在云计算环境下，各个虚拟机能够在宿主机上运行自己的操作系统，与宿主机共享底层 CPU、存储和网络等资源。虚拟机一旦被开启，预分配给它的资源将全部被占用。传统的虚拟化技术在隔离性上具有很大优势，可以很好地实现工作负载和多租户的资源分配，但是这种借助硬件的实现方式会引入较大的开销，消耗和浪费了大量系统资源，并不适用于边缘计算的部署。

以容器为代表的轻量级虚拟化技术，能够共享宿主机的硬件资源及操作系统，从而实现资源的动态分配。容器能够在宿主机上直接加载和运行应用程序，公用宿主机的内核，实现了宿主机操作系统资源的复用，能够对宿主机资源进行更加细粒度的隔离管理，并且成本及性能的损耗也比较小，具有较高的资源利用率，适用于边缘云场景。

Docker 是一种典型的容器方案，是实现操作系统虚拟化的一种途径，其基于 Linux Container，可以在资源隔离的进程中运行应用程序及其依赖关系。Docker 能够共享主机操作系统资源，使用 Cgroup 和 Namespace 实现 CPU、内存等资源的统一管理，利用进程隔离部署不同的应用服务。在同一命名空间下的容器进程可以使用独立、特定的系统资源，结合这两种内核技术向上层提供虚拟化资源保障。Docker 通过镜像提供轻量级的容器启动及服务交付，其架构可以公用一个内核，所占内存极小。Docker 虚拟化实例可以共享主机操作系统的资源，在操作系统级别使用进程隔离的方式实现容器的隔离，能够简化程序开发及安装部署的过程，同时避免虚拟化硬件和虚拟设备驱动程序带来的开销。在同样的硬件环境下，Docker 运行的镜像数量远多于虚拟机数量，对系统的利用率非常高。在边缘计算环境下，通过轻量级的虚拟化技术，能够提升对资源的精细化控制能力，让边缘基础设施效率更高，同时可以保证应用程序快速、可靠、一致地部署，不受部署环境的影响。总的来说，在边缘计算环境下使用轻量级的容器虚拟化技术，具有统一开发环境、提高资源利用率、快速部署交付等方面的巨大优势。

11.1.2　边缘硬件设备

边缘硬件设备是承载边缘云平台的基础设施资源，是边缘云体系最基本的组成部分。根据不同的部署位置和应用场景，边缘云的硬件形态有所不同，常见的形态有边缘网关、边缘服务器、边缘一体机。

1．边缘网关

边缘网关主要用于实现网络接入、协议转换、数据采集与分析处理，主要部署在各行业的应用现场，是工业、医疗等边缘云应用的现场接入设备。边缘网关具有一定的虚拟化能力，使用轻量级容器虚拟化技术，能够支持部分用户现场业务应用的灵活部署及运行。边缘网关在应用上主要与边缘服务器、边缘一体机等硬件设备配合，为各行业应用场景提供实时、可靠的网络接入服务等。

在接入方式上，边缘网关既支持通过无线网络的方式接入，也支持通过有线固网的方式接入。边缘网关和边缘数据中心之间需要实现资源、业务协同，需要受边缘 PaaS 管理平台的管理。边缘网关在园区物联网接入、工业物联网接入等边缘云场景中存在广泛应用。在园区物联网接入应用中，边缘网关要能够接入温度、湿度、烟雾探测等多种类型传感器，并把信号转换成云端可识别的内容进行上报，同时可以对接门禁、闸口等设备，完成基本的控制策略执行功能。在工业物联网接入应用中，边缘网关应承担设备信息、告警信息的收集和上报等功能，能够适配各类工业物联网接口。

2．边缘服务器

边缘服务器主要承载边缘云应用，是边缘计算和边缘数据中心的主要计算载体。但是，边缘机房环境与云数据中心机房环境差异较大，而且往往受到很多资源限制。另外，边缘云应用场景不同，对带宽、时延、GPU 和 AI 等方面提出了多样性的要求。若使用通用的硬件服务器承载边缘云业务，需要对边缘机房进行改造，增加了额外的建设成本。因此，在边缘云场景下，边缘服务器需要在异构计算、高效运维、部署环境等方面进行相应的设计。

为了满足不同业务应用需求，边缘服务器需要支持 ARM/GPU/NPU 等异构计算。边缘计算是数据的第一入口，需要在边缘侧分析、处理与存储业务数据，同时利用 AI 技术对数据进行分析和挖掘，提高数据源的价值。由于边缘云业务在部署、服务器选型方面存在巨大差异，大大增加了运维的难度，运维管理也成为边缘服务器的关键需求。为提升运维管理能力，边缘服务器应当具备统一的运维管理接口及业务自动部署等能力，实现对不同厂家、不同架构服务器状态的获取、配置、下发等统一运维工作。与云数据中心相比，边缘计算节点往往部署在边缘机房和现场。在边缘机房环境下，往往无法满足通用服务器对空间、温度、机架等很多方面的要求，因此边缘服务器的设计应考虑机柜空间、电源系统、环境温度等多方面因素。

3. 边缘一体机

边缘一体机是边缘计算中常用的另一种硬件设备，它将计算、存储、网络、虚拟化、动力环境等产品整合到一个机柜中，具有免机房、易安装、管理简单、集中运维、集中灾备等特点。边缘一体机在出厂时已经完成预安装和连线。在部署交付时，无须深入了解其内部原理，无须深入掌握 IT 技术，只需接上电源和网络，利用快速部署工具即可完成部署，实现业务快速上线。

11.2 边缘存储

边缘存储就是把数据直接存储在数据采集节点或者边缘云平台中，而不需要把采集的数据通过网络传输到云端服务器中的一种数据存储方式。边缘存储是边缘计算的核心组成部分，在靠近数据源头处为企业应用提供实时可靠的数据存储与访问功能。边缘存储解决了云数据中心远距离数据传输导致的高时延、网络依赖等问题，能够降低网络通信开销、节省带宽成本及降低业务时延。边缘存储主要涉及云边协同存储、分布式存储技术和边缘存储介质。

1. 云边协同存储

在边缘云应用中，为了满足数据处理的实时性要求及对海量数据的存储要求，需要云端与边缘侧同时执行存储工作。在边缘侧，应实现对数据的预取与缓存，通过将数据从云端服务器中预先下载到本地及缓存历史文件的方式，提高对业务的快速响应能力。

数据的预取需要根据访问时间、频率、数据量等内容选择要预先存储的数据。例如，企业应用根据当前用户对访问时间、数据访问频率的要求进行选择，同时，可以使用大数据分析及人工智能算法，预测未来的访问概率，实现对预取数据的合理优化选择。在面对大规模数据时，企业应用通过云端存储与边缘存储协调的方式，即云边协同存储，实现云端与边缘侧的优势互补，提高存储的服务能力。以工业企业应用为例，工业质检是典型的实时性业务，使用视觉技术对图像进行识别来判断工件是否满足质量要求。企业应用可以在边缘侧存储并处理采集到的图像，然后将识别结果反馈到云端进行存储，供后续报表、监管等业务应用使用，能够提升响应时间，提高处理效率。

2. 分布式存储技术

与云端存储相比，边缘存储在地理位置上距离数据源更近，存储设备的规模及通信开销更小。面对边缘计算的海量存储需求，分布式存储技术成为边缘存储的主流技术。该技术通过将数据分散存储在多个独立廉价的存储设备上，能够有效地分担存储负载，降低成本并提高可扩展性。常用的分布式存储系统包括 GFS、HDFS 等。以典型的 HDFS 为例，其文件系统架构采用主从结构，核心功能节点包括主名字节点、第二名字节点（从名字节点）、数据节点、客户端 4 种。在集群中部署主、从两个名字节点，其中主名字节点用来维护整个文件系统的文件目录树，管理文件系统的命名空间、集群配置和数据块复制等；第二名字节点作为备份使用，定期从主名字节点中获取整个文件系统的命名空间镜像等，以避免单点故障，实现了元数据的可恢复性。数据节点主要用来完成对文件的实际存储工作，保存文件中的内容、相应的校验信息等。客户端主要通过与主名字节点及数据节点间的通信，提供访问文件系统的接口。HDFS 代表了当前典型的满足海量数据处理需求的分布式存储系统设计架构。

3．边缘存储介质

在存储介质方面，由于边缘侧要处理对时延响应要求较高的任务，因此边缘存储终端设备普遍使用固态硬盘（SSD）。SSD 具有很高的 I/O 性能，具有功耗低和可靠性高的优势，能够高效地完成边缘存储任务。

11.3　边缘网络

边缘计算需要为用户提供低时延、超高可靠的网络服务，边缘网络是边缘云的关键能力体现。在产业界，边缘网络通常包括边缘云接入网络、边缘云内部网络、边缘云互联网络。边缘云接入网络是指从用户系统到边缘云平台所经过的网络基础设施，边缘云内部网络是指边缘云平台内部的网络基础设施，边缘云互联网络是指从边缘云平台到中心云平台、其他边缘云平台及各类云数据中心所经过的网络基础设施。

11.3.1　边缘云接入网络

边缘云接入网络包括用户现场设备接入边缘云平台的一系列网络基础设施。其根据应用场景的不同，大致可以分为园区网络、无线接入网、边界网关。其中园区网络包括企业的内部网、大学的校园网、厂区内的局域网等，常用网络技术有 L2/L3 局域网、Wi-Fi、时间敏感网络、现场总线等。无线接入网包括 2G/3G/4G/5G、运营商 Wi-Fi、光接入网络 PON，以及各类接入专线等。边界网关包括宽带网络网关、用户终端网关、物联网（IoT）接入网关等。

边缘云接入网络具有高融合性、大带宽、广连接等特性。首先，在众多边缘云场景下，如物联网、工业互联网，用户终端多种多样，其接口和协议种类存在较大差异，因此边缘云接入网络需要支持多种异构网络的融合接入。其次，边缘云应用，如视频点播、智能监控等，具有数据量大、带宽占用高等特点，为了满足这些应用的性能要求，边缘云接入网络需要引入大量新技术和协议，实现对大带宽特性的支持。另外，在物联网相关场景中，需要连接的设备数量是现有数量的数千倍，边缘云接入网络必须能够支持海量设备的接入。

边缘云接入网络中涉及的关键技术主要包括 5G 网络、时间敏感网络、超级上行技术等。5G 网络的大带宽、低时延、泛连接特性能够提升边缘云接入网络的性能，提升用户体验。其中，SDN 技术的引入使得边缘云接入网络向智能灵活、可管可控的方向演进；NFV 技术解决了网络设备功能对专用硬件的依赖问题，使资源可以充分灵活共享，实现新业务的快速开发和部署。时间敏感网络是 IEEE 802.1 工作组正在开发的一套协议标准，定义了以太网数据传输的时间敏感机制，为标准以太网增加了确定性和可靠性，从而确保以太网能够为关键数据的传输提供稳定一致的服务级别，适用于工业、车联网等对确定性、可靠性要高的垂直领域。超级上行技术能够满足业务对上行带宽与时延的超高要求，通过将 TDD 和 FDD 协同、高频和低频互补、时域和频域聚合，能够充分发挥 3.5G 大带宽能力，以及 FDD 低频段、穿透能力强的特点，在实现上行带宽及覆盖率提升同时，降低了网络时延。

11.3.2 边缘云内部网络

边缘云内部网络包括连接服务器所用的网络设备、与外网互联的网络设备，以及由其构建的网络等。与云计算大规模集中部署计算存储资源的规模效应不同，边缘计算主要满足特定业务对性能（如低时延等）的要求，更加强调用户体验，其内部网络所拥有的特征也和中心云平台内部网络存在较大差异。边缘云内部网络在架构上可以根据服务器规模选择 Spine-Leaf 架构、三层架构、扁平架构等不同的设计方式，在管理上更加注重与中心云平台的协同，支持云边协同的集中管控。

在架构设计上，扁平架构适用于小型的边缘云网络，能够用一套设备完成所有的二层和三层网络功能，包括服务器接入、与外网互通、路由寻址等，具有简单、高效的特点，但是扩展能力受限。三级架构通常分为"出口—核心—接入"三层，适用于中小型规模的边缘云网络，维护便利，但扩展能力受限。Spine-Leaf 架构也称为分布式无阻塞网络架构，主要解决数据中心的扩展问题，满足内部流量的快速增长和数据中心规模的不断扩大等需求。

使用融合型网络设备也是边缘云内部网络的一个特点。与中心云平台相比，边缘云平台对硬件设备（如交换机、路由器、服务器）的体积、性能有特殊的要求。融合型网络设备以一个设备集成所有的网络应用，包括路由交换、网络安全、流量监管等，能够实现边缘云设备的小型化、集约化、模块化，支持计算、存储、网络等多厂家板块的即插即用，在边缘云中得到越来越广泛的应用。

11.3.3 边缘云互联网络

边缘云互联网络涉及的对象种类较多，并且用户对低时延的要求也会在边缘云互联网络中体现，因此单一的组网技术很难满足要求。边缘云互联网络技术主要包括 SD-WAN、SRv6、EVPN（Ethernet VPN，以太网虚拟专用网络）等。

SD-WAN（软件定义广域网）将 SDN 技术应用于 WAN（广域网），用于连接广阔地理范围的企业网络，包括企业的分支机构及数据中心等。SD-WAN 架构不依赖于专有的物理设备，将网络功能和服务从数据平面迁移到可编程控制平面上，实现数据平面和控制平面的分离，弹性地解决了多分支机构企业网络在差异化服务、网络灵活度、线路成本、安全传输等方面面临的持续增长的压力。SRv6 是基于 IPv6 协议和 Segment Routing 扩展出的一种源路由机制的传送协议。其在报头封装指令列表，使得源节点能够指导路由的转发。SRv6 支持 SDN 架构，具有良好的网络可编程能力，能够通过控制器实现网络资源的按需调配，满足不同业务服务质量需求。EVPN（Ethernet VPN，以太网虚拟专用网络）是在现有的 BGP（Border Gateway Protocol，边界网关协议）的 VPLS（Virtual Private LAN Service，虚拟专用局域网业务）方案基础上，参考 BGP/MPLS（Multi-Protocol Label Switching，多协议标签交换）L3 VPN 架构提出的一至二层 VPN 技术。对于 EVPN 来说，控制平面采用 MP-BGP（多协议扩展边界网关协议），因此 EVPN 可以被看成构建在 MP-BGP 上的应用。EVPN 定义了一套通用的控制平面。随着 EVPN 技术的扩展，其也被用来传递 IP 路由信息、作为 VXLAN 等 Overlay 网络技术的控制层、作为云数据中心互联的控制层。将 EVPN 应用在边缘云互联网络中，能够提升边缘云平台的可扩展性、可靠性，并使得运维简化等。

11.4　边缘安全

　　边缘计算的安全问题是边缘云产业发展需要重点关注的问题之一。例如，边缘节点需要接入众多使用异构网络协议的现场移动设备，这些协议在安全性上大多考虑不足，同时边缘云平台环境往往缺少有效的数据备份、恢复及审计等措施，这些都将导致边缘计算存在众多潜在的安全威胁。边缘安全包括边缘节点安全、边缘网络安全、边缘数据安全、边缘应用安全等。

　　边缘节点安全是边缘计算最基本的保障，保障了节点在启动、运行、操作等过程中的安全，主要包括完整性校验、节点的身份鉴别、虚拟化安全、OS 安全等。在具体的实践中，边缘节点应提供端点安全配置、安全与可靠的远程升级、轻量级可信计算、硬件 Safety 开关等功能。安全与可靠的远程升级功能可以实现漏洞和补丁的及时修复，轻量级可信计算功能可以提供简单物联网设备的可信认证。

　　边缘网络安全主要应对拒绝服务攻击（DoS）、恶意数据包注入等网络安全威胁。通过抗 DoS 设备、防火墙、入侵检测和防护（IPS/IDS）、VPN/TLS 等，实现边缘计算的网络隔离、监测与防护。在边缘云环境下，边缘节点数量多、网络拓扑复杂，这导致了边缘攻击路径的增加，增加了向边缘节点发送恶意数据包、发动拒绝服务攻击的风险，严重影响了边缘网络的可靠性和可信性。因此边缘网络安全防护应建立纵深防御体系，从内到外保障边缘网络安全。

　　边缘数据安全主要涵盖轻量级的数据加密、数据存储、数据防篡改、敏感数据监测、数据防泄露等安全措施，保障了生产数据在复杂异构的边缘网络中的传输及存储安全。数据加密是边缘计算中信息保护最可靠的方法之一。由于设备的分布式部署、资源受限等原因，使用边缘网络与商用保密算法相结合的轻量级数据加密方式能够满足不同用户场景下的数据加密需求。数据存储的安全往往通过分布式存储、加密存储、数据访问控制、数据备份等方式来保障。在敏感数据监测方面，需要在众多数据中识别出敏感数据，实现敏感数据的脱敏，以及在节点间的共享，另外还需实现敏感数据的溯源、分析。

　　边缘应用安全保障了边缘应用在运行中的基本安全需求，主要涉及边缘应用安全加固、监控和审计等。边缘设备在资源上往往受限，存在安全性能低下等问题，比较容易受到漏洞攻击。攻击者极易利用边缘应用的漏洞发起代码损毁攻击等行为，对边缘云平台的整体安全性能产生非常大的影响，因此采用边缘应用安全加固机制能够有效地防范面向边缘应用的漏洞攻击。边缘应用监控和审计包括对流量、占用带宽、异常操作等行为的监控、分析和告警，从而对违反安全规则的行为进行及时告警和阻断，动态监控应用的资源占用情况，并对应用的正确性、合法性进行审计，有效防范安全威胁。

11.5　小结

　　计算、存储、网络、安全 4 个维度构成了边缘云的技术体系。边缘计算部署在工业、智慧城市等现场，需要面对大量接入设备、异构网络协议、异构计算等，并且现场环境往往对服务器的部署有一定限制。基于上述问题，在计算方面，边缘云往往采用轻量级的虚拟化技术。边缘硬件设备主要包括边缘网关、边缘服务器、边缘一体机等。在存储方面，边缘存储需要现场处理的数据，处理后的数据将长传至云端进行存储，主要涉及云边协同存储、分布式存储技术和边缘存储介质。在网络方面，主要涉及边缘接入网络、边缘云内部网络和边缘云互联网络。在安全方面，涉及边缘节点安全、边缘网络安全、边缘数据安全、边缘应用安全等。本章对上述技术进行解读，为读者深入了解边缘云的技术体系提供重要参考。

第12章

边缘人工智能

我们这里讨论的人工智能是基于数据的分析来建立起模型的，当环境或场景变化时，将相应的参量输入模型中，从而得到反馈回来的结果。这样一个"过程"就具备了一定的类似人的智力和相应的行为。这是数据科学最为关心的事情。要把这件事情做好，需要的是：第一，要得到有质量的数据；第二，要提出算法使得这些数据产生价值，这个算法就是模型。所有的一切都围绕这两件事情：如果没有算法将无法使得数据产生价值，如果没有数据或者数据质量不高，再好的算法也没有用，无法保证结果的有用性。5G 边缘云网络基础设施的大带宽、低时延、泛连接特性，为人工智能应用提供了高效、可靠、海量的数据传输服务，保障了数据的可靠传输。与此同时，将一定量的机器学习放在边缘侧，在联邦计算的框架下，边缘侧的机器学习就是联邦机器学习的一个重要组成部分，由此产生的人工智能无论从成本上和质量上都会较之前没有联邦机器学习有大的提升。

12.1 机器学习

机器学习不是一个新概念，它可以追溯到 1956 年的 Rosenblatt 感知机。这是一个典型的"软"（人脑的思维）领先于"硬"（计算能力）的例子。因为硬件处理能力跟不上，所以感知机被搁置了近 30 年。20 世纪 80 年代，其最初的模型被 Yoshua Bengio、Yann LeCun、Geoffrey Hinton 进行了改进。但是，直到计算机的处理能力越来越强，价格也降了下来，使人们用得起，它才又进入了人们的视野。其中比较著名的例子是 IBM 的"深蓝"计算机，以及谷歌的 AlphaGo。

机器学习从数学上表述并不复杂，就是你给它一个输入，它给你一个适用场景的输出。机器学习示例如图 12-1 所示。机器学习输出的准确度与样本集的大小、质量，以及在同样样本集情况下的算法是分不开的。

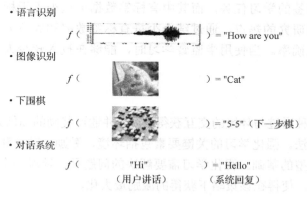

图 12-1　机器学习示例

12.1.1　算法分类

机器学习是指通过计算机模拟人类的学习活动，对数据进行学习，识别现有的知识，获取新的知识，并且不断改善性能、不断完善学习效果，从而实现提升自身性能的一类算法。机器学习可以通过计算机在海量数据中学习其中的规律和模式，解决工程实践中面临的预测、聚类、分类和降维这 4 类最重要的问题。

以下介绍机器学习主要的算法分类。

1．监督学习

监督学习就是用打好标签的数据进行训练，以预测新数据的类型或值，其根据预测结果的不同可以分为分类和回归。当机器学习用于解决分类问题时，它的主要任务是将实例划分到合适的、特定的类别中，能够预测一个离散值的输出。例如，当前照片中是人或者动物，输出值分别为 0 或者 1。机器学习的另一项任务是回归，它主要用于预测数值型数据，能够预测出一个连续值的输出，例如，股票的估值曲线。大多数人可能都见过回归的例子——数据拟合曲线，即通过给定数据点的最优拟合曲线。分类和回归属于监督学习。之所以称为监督学习，是因为这类算法必须知道要预测什么，即按照目标变量来进行信息的分类。

2．无监督学习

与监督学习相对应的是无监督学习。此时数据没有类别信息，也不会给定目标值。无监督学习是在数据没有标签的情况下做数据挖掘，将数据根据不同的特征在没有标签的情况下进行分类，实现聚类。在无监督学习中，将数据集合分成由类似的对象组成的多个类，这一过程称为聚类；把寻找描述数据统计值的过程称为密度估计。无监督学习可以减少数据特征的维度，以便利用二维或三维图形更加直观地展示数据。

3．半监督学习

半监督学习可以理解为监督学习和无监督学习的混合使用，其策略是利用额外信息。这是一种在无监督学习或者监督学习的基础上扩展的学习模式。半监督学习针对的是部分数据有标签的学习任务，而其中有标签数据远远少于无标签数据。半监督学习是机器学习领域研究的热点，通过结合少量有标签数据和大量无标签数据可以有效提升学习任务的准确率。当使用半监督学习时，能够在投入较少人员的同时带来比较高的准确性。

4．强化学习

强化学习是一种通过与环境的交互获得奖励，并通过奖励的高低来判断动作的好坏，进而训练模型的方法。强化学习的关键要素包括环境、激励、动作和状态，这几个要素是构建强化学习模型的基础。强化学习需要解决的问题是，针对一个具体问题，如何得到一个最优的策略，使得在该策略下获得的激励最大化。

表 12-1 列出了机器学习的算法分类及常用算法。

表 12-1 中的很多算法都可以用于解决同样的问题，那么，为什么解决同一个问题存在多种算法？精通其中一种算法，是否可以处理所有类似的问题？12.1.2 节将回答这些疑问。

表 12-1　机器学习的算法分类及常用算法

算 法 分 类	常 用 算 法
监督学习	K 近邻算法，朴素贝叶斯算法，支持向量机，决策树算法，线性回归算法，局部加权线性回归，Ridge 回归算法，分类器算法
无监督学习	K 均值算法，DBSCAN 算法，最大期望算法，Parzen 窗设计，聚类算法，密度估计算法
半监督学习	自训练算法、基于图的半监督算法、半监督支持向量机
强化学习	Q_learning，DQN 算法，Policy Gradients 算法

12.1.2　选择算法

从表 12-1 中所列的算法中选择实际可用的算法，必须考虑下面两个问题。

1. 目的

首先，需要考虑使用机器学习算法的目的，想要算法完成何种任务，是预测明天下雨的概率还是对投票者按照兴趣进行分组？

如果想要预测目标变量的值，则可以选择监督学习。确定选择监督学习之后，需要进一步确定目标变量的类型，如果目标变量是离散值，如是/否、1/2/3、红/黄/黑等，则可以选择分类器算法；如果目标变量是连续值，如 0.0～100.00、–999～999 等，则需要选择回归算法。

如果不想预测目标变量的值，则可以选择无监督学习。然后进一步分析是否需要将数据划分为离散的组。如果这是唯一的需求，则使用聚类算法；如果还需要估计数据与每个分组的相似程度，则使用密度估计算法。

这里给出的选择方法并非一成不变。在某些情况下，我们会使用分类算法来处理回归问题，显然这与监督学习中处理回归问题的方法不同。

2. 数据

其次，需要考虑的是数据问题。我们应该充分了解数据，对实际数据了解得越充分，越容易创建符合实际需求的应用程序。主要应该了解数据的以下特性：数据是离散型变量还是连续型变量，特征值中是否存在缺失的值，何种原因造成值缺失，数据中是否存在异常值，某个特征发生的频率如何等。充分了解这些数据特性可以缩短选择机器学习训练算法的时间，以及在学习结果用于测试场景时提高其准确度。

通常，我们只能在一定程度上缩小算法的选择范围，因此，尝试不同算法的执行效果是有意义的。对于所选的每种算法，还可以使用其他的算法来改进其性能。在处理输入数据之后，两种算法的相对性能也可能会发生变化。我们可以用算法来改进算法，甚至可以用几种算法互补来解决问题。一般来说，发现最合适算法的关键环节是反复试错的迭代过程。

机器学习算法虽然各不相同，但是使用算法创建应用程序的步骤却基本类似，后面我们将介绍设计机器学习算法的通用步骤。

12.2 人工智能

人工智能（Artifical Intellegence，AI）是当下最火的科学研究与工程领域之一。

人工智能目前包含大量各种各样的子领域，范围从通用领域（如学习和感知）到专门领域（如下棋、参加知识竞赛、证明数学定理、在拥挤的街道上使用无人驾驶汽车功能、教授知识和诊断疾病）。人工智能与智力工作相关，它是一个有普适意义的研究领域。它试图理解智能实体，而且还试图构建智能实体。

具体来讲，我们可以把人工智能定义为：研究与开发用以模拟、延伸和扩展人的智能的理论、方法、技术及应用系统的一门技术科学。也可以理解为：人工智能是计算机科学的一个分支，它试图了解智能的实质，并生产出一种新的以人类智能相似的方式做出反应的机器。该领域的研究包括：语音识别、图像识别、自然语言处理、机器人和专家系统等。图 12-2 是对人工智能的直观表述。图中用的是一个人脸外形，但这并不必要，因为无论如何，它都只是一台机器。

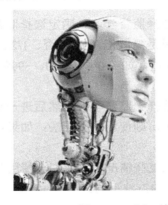

图 12-2 对人工智能的直观表述

12.2.1 模式定义

要想正确地使用人工智能，我们首先需要讨论被广泛认可的人工智能的模式定义。如果没有这些模式定义，那么很可能会出现给笨拙地跳着小苹果广场舞的"玩具"贴上 AI 标签的情况。以下列举几种主流方式。

1. 图灵测试

由阿兰·图灵（Alan Turing）提出的图灵测试旨在为智能提供一个令人满意的可操作的定义。如果一位人类询问者在提出一些书面问题以后不能区分书面回答来自人还是来自计算机，那么计算机通过测试。目前，我们要注意的是：为计算机编程使之通过严格的测试还有大量的工作要做。计算机尚需具有以下能力：

① 自然语言处理（Natural Language Processing），以成功地用语言交流；

② 知识表示（Knowledge Representation），以存储它知道的或听到的信息；

③ 自动推理（Automated Reasoning），以运用存储的信息回答问题，并推出新结论；

④ 机器学习（Machine Learning），以适应新情况并检测和预测模式。

因为人的物理模拟对于智能是不必要的，所以图灵测试有意避免询问者与计算机之间的直接物理交互。然而，所谓的"完全图灵测试"（Total Turing Test）还包括视频信号，以便询问者既可以测试对方的感知能力，又能传递物理对象。要通过完全图灵测试，计算机还需具有以下能力：

⑤ 计算机视觉（Computer Vision），以感知物体。

⑥ 机器人学（Robotics），以操纵和移动对象。

以上这 6 个领域构成了人工智能的大部分内容，并且至今仍然适用。然而人工智能研究者并未完全致力于通过图灵测试，他们认为研究智能的基本原理比复制样本更重要。在"人工智能飞行"方面，莱特兄弟和其他人停止模仿鸟并转向了解空气动力学，设定了"能完全像鸽子一样飞行的机器，以致它们可以骗过真鸽子"这样的"人工飞行"目标，并获得成功。

2．认知建模

如果我们说某个计算机程序能像人一样思考，那么我们必须有某种方法来确定人是如何思考的。我们需要领会人脑的实际运用情况。目前，有三种方法来帮助完成这项任务：

① 内省：试图捕获人自身的思维过程。

② 心理测试：观察工作中的一个人。

③ 脑成像：观察工作中的人脑。

只有具备关于人脑的足够精确的理论，我们才能把这样的理论表示成计算机程序。这是"重建人脑"的论调之一。如果该程序的输入/输出行为与相应的人类行为匹配，这就是该程序的某些机制可能也在人脑中运行的证据。例如，设计了 GPS（General Problem Solver，通用问题求解器）的 Allen Newell 和 Herbert Simon 并不满足于仅让其程序正确地解决问题，他们更关心的是比较程序推理步骤的轨迹与求解相同问题的人类个体的思维轨迹。认知科学（Cognitive Science）正是这样一个交叉学科领域，它把人工智能计算机模型与心理学的实验技术相结合，试图构建一种精确且可测试的人类思维理论。

12.2.2　人工智能核心技术简介

人工智能涉及的内容非常广泛，本节选取计算机视觉、自然语言处理和语音识别这三种当前最为核心以及应用最为广泛的人工智能技术进行简单介绍。

1．计算机视觉

计算机视觉是一种使用计算机等硬件设备对生物视觉进行模拟的技术。计算机视觉使用服务器及图像采集设备，通过对采集到的视频、图像进行一系列的采样、抽象、分析等处理，获取有用信息，并结合机器学习、深度学习等算法实现对图像、物体、方位、轨迹等的识别与判断，以实现对于外界环境的理解，以及控制机器自身运动。计算机视觉技术综合了多个学科，包括信号处理、数学统计、计算机应用等，核心技术涉及图像处理、模式识别、信号处理等。计算机视觉技术是工智能的基础应用技术之一，在业界取得广泛应用，如人脸识别、图像识别等领域，是实现自动化、智能化的必要手段。

图像分类是计算机视觉中最为基础的技术，要求在最小的分类误差下，将图像划分到不同的类别中。常用的图像分类方法既包括基于机器学习的方法，也包括基于深度学习的分类方法。基于机器学习的方法，通常通过各种经典的特征算子+经典分类器组合学习实现。基于深度学习的分类方法，如 VGGNet（Visual Geometry Group Network）、ResNet（Deep Residual Network）等，则将深度学习算法应用在特征算子的分类上。当前基于深度学习的图像分类技术已经非常成熟，并接近算法的极限。

目标检测与跟踪也是计算机视觉中的一个基础技术。目标检测主要关注图像信息中的特定目标，包括分类和定位，以实现待测目标的分类及位置信息的确认。目标检测经典算法包括 Faster R-CNN、基于区域的全卷积网络、Single Shot MultiBox Detector（简称 SSD 目标检测）等。这几种算法是目前性能最好的集中目标检测算法，能够实现在整个图像上共享计算。目标跟踪是指在特定场景下实现对一个或多个特定目标的追踪的过程，其在视频交互、监控、无人驾驶等领域得到广泛应用。目标跟踪的主流技术有生成类模型方法与判别类模型方法两种，区别在于判别模型的建立过程中是否区分背景信息与目标信息。其中，判别类模型方法在实际中得到了更广泛的应用，该类方法在目标跟踪时将背景信息与目标信息进行区分，其表现更为稳定，鲁棒性更高。

计算机视觉的另一个核心技术是图像语义分割。图像语义分割是指将图像的整体分成独立的像素组，分别对其添加标记并进行分类。图像语义分割在语义层面上实现对图像中每个像素的理解，在这个过程中涉及对密集像素的模型预测，这也是其与分类方法最大的区别。目前的图像语义分割大部分是基于完全卷积网络（FCN）的，属于端到端的卷积神经网络（CNN）体系结构，在没有任何全连接层的情况下进行密集预测。图像语义分割的典型算法包括空洞卷积（Dilated Convolutions）、DeepLab 及 RefineNet 等。其与通过滑动窗口算法进行块分类的方法相比，能够实现重叠块之间共同特征的特征共享，提高计算效率。

2. 自然语言处理

自然语言处理（NLP）是一种人机交互方式，是指计算机拥有识别和理解人类文本语言的能力。它属于计算机科学与人类语言学的交叉学科。自然语言处理是各类企业进行文本分析及挖掘的核心工具，在电商、文化娱乐、金融、物流等行业中得到广泛应用，能够实现内容搜索、内容推荐、舆情识别及分析、文本结构化、对话机器人等功能。

自然语言处理的核心技术组成包括分词与词性标注、句法分析、词义表示、情感分析、机器翻译等。

① 分词和词性标注是自然语言处理的基础。分词是指按照人类语言的规范，将文本或其他媒介中的连续字序列重新组合成词序列。词性标注是指在一段文字中确定每个词的词性，如形容词、动词、名词等。

② 句法分析是识别句子结构的过程，其通过自动识别句子中包含的句法单位，并构

建句法单位之间的关系实现。通常给定一段文字作为输入，基于语法特征，将语法作为知识源构建一棵短语结构树。

③ 词义表示在自然语言处理中有着非常广泛的用途，通常基于无监督学习实现。目前，词义表示模型大部分都依赖于本地上下文关系，并且往往一词一义。

④ 情感分析是指对带有情感色彩的主观性文本进行分析、处理、归纳和推理。情感分析是自然语言处理中常见的场景，例如，淘宝商品评价、饿了么外卖评价等，对于指导产品更新迭代具有关键性作用。

⑤ 机器翻译是指利用计算机把一种自然源语言转变为另一种自然目标语言。这个方向在日常生活中应用已经比较成熟，如有道翻译、百度翻译、谷歌翻译等。目前应用最多的是基于深度学习的统计机器翻译方法，包括传统机器翻译模型上的神经网络改进、采用全新构建的端到端神经机器翻译。

3. 语音识别

语音识别同样属于交叉学科，是对声学、计算机、信息处理等学科的综合应用，在计算机、通信领域等有较为广泛的应用前景。语音识别是指计算机通过识别和理解，将语音信号转变成相应的文本或指令，实现语音到文字信息的转换，并且对语音做出正确的响应。语音识别技术包括语音预处理、特征参数提取等。

语音预处理是语音识别的第一步。语音信号经过话筒的传递后，实现了语音信号向电信号的转变，并将作为语音识别系统的输入。人类发声器官本身或者语音信号采集设备会带来混叠、高次谐波失真、高频等问题，对语音信号质量产生影响。语音预处理的目的是，尽可能保证后续语音处理得到的信号更均匀、平滑，为特征参数提取提供优质的参数，提高语音处理质量。目前使用比较广泛的语音预处理技术包括端点检测技术、预加重技术、分帧技术、加窗技术等。

完成语音预处理之后，语音识别系统将对传入的信号进行处理，这就是整个过程中极为关键的特征参数提取。在人类语音信号中，通常包含丰富的特征参数，表征了不同的物理和声学意义。特征参数提取就是尽量去掉或削减语音信号中与识别无关的信息的影响，减少后续识别阶段需处理的数据量，生成表征语音信号中携带的说话人信息的特征参数。根据语音特征的不同用途，需要提取不同的特征参数，从而保证识别的准确率。常用的语音特征参数提取方法有线性预测分析、感知线性预测系数、线性预测倒谱系数、梅尔频率倒谱系数等，其中梅尔频率倒谱系数应用最为广泛。

语音识别的核心部分是语音模板库的训练及最终模板匹配识别工作。语音识别在本质上是一个模式识别的过程，主要解决分类器和分类决策的问题，涉及的主要技术包括动态时间规整分类器（DTW）、隐马尔科夫模型（HMM）等。DTW 适用于孤立词、中小词汇量识别，其识别速度快，系统开销小，是语音识别中效率很高的匹配算法。对于大词汇量、非特定人语音识别场景，DTW 的识别效果会急剧下降，而 HMM 能明显提升识别效果。

12.2.3　人工智能应用案例

让机器和人一样听得懂，需要语音识别；让机器和人一样看得懂，需要视觉识别；让机器和人一样运动，需要运动识别；让机器和人一样思考，需要更多，如机器学习、自动推理、人类意识、知识表示等。由此可见，语音识别、图像识别、自然语言处理、机器人和专家系统是构成人工智能学科的基础。

我们举一个人工智能在自然语言处理领域的例子——沙特阿拉伯机器人"公民"索菲亚（Sophia）。从 2016 年年底开始，初创公司 Hanson Robotics 的人工智能机器人索菲亚就活跃在各档电视节目中，"她"用连贯自然、语意巧妙的对答和生动的表情赢来了现场嘉宾与观众们的赞叹。而索菲亚显露的明显的自我意识，以及"我会毁灭人类"之类的玩笑也引起了广泛的讨论甚至担忧。

自然语言处理领域的研究者表明，哪怕目前最先进的人机对话系统也难以达到索菲亚那样的语言水平，尤其是索菲亚在话语中不时显露的暗讽，并且主动掌握话题走向，都是目前的系统所无能为力的。而索菲亚这种仿佛超出普通人类的语言能力，有人推测是为做电视节目提前编排好的。

网上流行着借霍金、比尔·盖茨等人之名提出的，人工智能将对人类造成巨大的灾难的说法。对此说法其实大可不必担心。从本章的讨论可以看出，所有这些"智能"都来自"人工"，没有"人工"，哪里来的"智能"？在规则明确的领域内，从大量的记忆中快速提取所需的信息，进而采取相应的行动，在这种情况下，机器胜过人是可行的，如 IBM 的 Watson。但是，机器不可能具备创造性。对于未知的东西，机器永远是胜不过人的。要胜，也只能是在 Sci-Fi（Fiction not Science）影片中。

人工智能让机器展现出人类智力。我们所说的"广义人工智能"，也就是打造一个超级机器，让它拥有人类感知能力，甚至还可以超越人类的感知能力，可以像人一样思考。而"狭义人工智能"则着重于像人类一样完成某些具体任务，有可能比人类做得更好。这些应用已经体现了一些人类智力的特点，它们的智力来自通过海量数据进行的机器学习。

下面介绍人工智能的应用实例。

1．IBM 的 Watson

2011 年，机器人 Watson（沃森）参加了知识竞赛节目——Jeopardy（危险边缘）来测试它的能力，如图 12-3 所示。这是该节目有史以来第一次人与机器的对决。比赛时 Watson 没有接入互联网，我们可以认为它是一个真正的边缘人工智能的例子。Jeopardy 是哥伦比亚广播公司一档自 1964 年开始播出且长盛不衰的电视问答节目，其最精彩的地方在于节目里的问题包罗万象，几乎涵盖了人类文明的所有领域。它的规则是，答对问题可以获得奖金，答错就会倒扣。Watson 最后打败了最高奖金得主布拉德·鲁特尔和连胜纪录保持者肯·詹宁斯，赢得了头奖 100 万美元。

Watson 在比赛节目中按下信号灯的速度一直比人类选手快，但在个别问题上反应极慢，尤其是只包含很少提示的问题。对于每个问题，Watson 会在屏幕上显示 3 个最有可能的答案。

图 12-3　Watson 参加知识竞赛节目 Jeopardy

在 Watson 的 4TB 磁盘存储空间内，包含 200 万页结构化和非结构化的信息，包括维基百科的全文。Watson 的核心是 IBM 研发的计算机问答系统 DeepQA。

在 Watson 分析问题并确定最佳解答的过程中，运用了先进的自然语言处理、信息检索、知识表达和推理及机器学习技术。DeepQA 技术能够生成假设、收集大量证据，并进行分析和评估。Watson 通过加载数以百万计的文件，包括字典、百科全书、网页主题分类、宗教典籍、小说、戏剧和其他资料，来构建它的知识体系。

与搜索引擎不同，用户可以用自然语言向 Watson 提出问题，Watson 则能够反馈精确的答案。从解答的过程来看，Watson 通过使用数以百计的算法，而非单一算法，来搜索问题的候选答案，并对每个答案进行评估打分，同时为每个候选答案收集其他支持材料，然后使用复杂的自然语言处理技术深度评估搜集到的相关材料。如果越来越多的算法运算的结果聚焦到某个答案上，这个答案的可信度就会越高。Watson 会衡量每个候选答案的支持证据，来确认最佳的选择及其可信度。当这个答案的可信度达到一定的水平时，Watson 就会将它作为最佳答案呈现出来。

Watson 的成功可以追溯到约 14 年前 IBM 的"深蓝"（Deep Blue）计算机。1997 年 5 月，被誉为"世界上最聪明的人"的国际象棋大师卡斯帕罗夫经过 6 局对抗，败于"深蓝"计算机，引起全球瞩目。这场博弈当时被称为"里程碑式的人机博弈"。现在，IBM 以其创始人 Thomas J. Watson 名字命名的机器人，继续着对人类智能极限的挑战。

1960 年之后，人工智能技术的研发曾经停滞不前。数年后，科学家便发现，如果以模拟人脑（重建大脑）来定义人工智能，那么可能会走入一条死胡同。现在，"通过机器的学习、大规模的数据库、复杂的传感器和巧妙的算法，来完成分散的任务"是人工智能的最新定义。按照这个定义，Watson 在人工智能方面被认为又迈出了一步。

首先，Watson 必须要听懂主持人的自然语言；其次，Watson 要分析这些语言，例如，哪些是反讽，哪些是双关语，哪些是连词，随后根据关键字来判断题目的意思，然后进行相关搜索，并评估各种答案的可能性；最后，选择三个可能性最高的答案，当其中一个的可能性超过 50%后，程序启动，Watson 按下抢答器。所有这些，依靠的是 90 台 IBM 服务器、360 个计算机芯片驱动电路及 DeepQA 系统。IBM 为 Watson 配置的处理器是 Power 750 系列处理器，这是当前 RISC（精简指令集计算机）架构中最强的处理器。这些配置使 Watson 最终得出可靠答案的时间不超过 3 秒。

此外，IBM 全球研发团队采用的模式也加大了 Watson 赢得比赛的可能。这些团队分工极为细致，例如，以色列海法团队负责深度开放域问答系统工程的搜索过程，日本东京团队负责 Watson 在问答中将词意和词语连接，IBM 中国研究院和上海分院则负责以不同的资源给 Watson 提供数据支持，还有专门研究算法的团队，以及研究策略下注的博弈团队等。这种分工与协同开发的 DeepQA 系统保证了 Watson 可以具备崭新的人机交互模式，例如，可以理解并分析自然语言。此前，"深蓝" 计算机让 IBM 在商业运用与政府部门中取得了大量的订单，因此 IBM 也希望可以将 Watson 的 DeepQA 系统运用于医疗服务、咨询等领域之中。

认知计算系统能够通过感知和互动理解世界，使用假设和论证进行推理，以及向专家学习和通过数据进行学习，它将认知技术应用到具体应用、产品与运营中，从而帮助用户创造新的价值。实际上，在推动认知计算普及的众多原因之中，数据正是最为重要的原因之一。

作为一个技术平台，Watson 能够采用自然语言处理和机器学习技术，从大量非结构化数据中寻找答案，展示其非凡的洞察力。Watson 具有以下核心能力。

理解：Watson 通过自然语言理解技术，能够与用户进行交互，并理解和回答用户的问题。

推理：Watson 通过生成假设技术，能够透过数据产生洞见，揭示模式和关系，实现以多种方式认知和产出多种结果，而不仅仅是一种结果的传统方式。

学习：Watson 通过以证据为基础的学习能力，能够从所有文档中快速提取关键信息，使其能够像人类一样进行学习和认知。通过追踪用户对自身提出的解决方案和问题解答的范库及评价，Watson 还能够不断进步，提升解决方案和解答的能力。

借助：通过自然语言理解技术，能够获得其中的语义、情绪等信息，以自然的方式与人互动交流。

实际上，Watson 不仅仅是这些技术的简单集合，而是以前所未有的方式将这些技术统一起来，彻底改变了解决商业问题的方式和效率。

参加知识竞赛时的 Watson 主要基于机器学习、自然语言处理、问题分析、特征工程、本体分析等 5 项技术。而今天，Watson 背后的核心支撑技术已经涵盖了排序学习、逻辑推理、递归神经网络等来自 5 个不同领域的技术，包括大数据与分析、人工智能、认知体验、认知知识、计算基础架构。

2011 年 Watson 的 "问与答" 能力只是今天的 Watson 具备的 28 项能力之一。除此之外，这些能力还包括关系抽取、性格分析、情绪分析、概念扩展及权衡分析等。

对于企业而言，认知计算的应用可以有多种形式。除直接通过云服务调用 Watson API 进行开发外，企业还可以在此基础上定制自己的认知系统，也就是让 IBM 提供针对特殊应用场景的认知算法，然后结合自己的数据，实现应用和商业模式的创新。

当然，Watson 能做的工作还有很多。例如，在迭代中学习找到解决方案，理解人类的自然语言与对话，动态地分析各类假设和问题，在相关数据的基础上优化问题解答，对大数据的理解和分析等，而更多的功能还在持续不断地被发掘。

特别是，IBM 将 Watson 作为基于云的 API 平台对外开放，这样每个人都能将 Watson

的强大能力添加到他们自己的应用中。这也有助于推动 Watson 得到更加广泛的应用，并且加速创新。根据 IBM 提供的资料，有 36 个国家、17 个行业的客户都在使用认知技术；全球有超过 7.7 万名开发者在使用 Watson Developer Cloud 平台来进行商业创新；全球有超过 350 名生态系统合作伙伴及既有企业内部的创新团队正在构建基于认知技术的应用、产品和服务。其中 100 家企业已将产品推向市场，使得 AIaaS 成为可能。

IBM 对于 Watson 的评价"Watson，不止于人工智能"，其实是不过分的。

2. 无人驾驶

无人驾驶是另一个比较典型的人工智能应用，其相较于人工驾驶具有更短的反应时间、更高的控制精度、更持久的驾驶时间等优势。谷歌、通用、特斯拉、Nuro、百度等众多公司均致力于无人驾驶产品的试点与落地，并已经在产业界形成相对成熟的解决方案。

无人驾驶的商业化应用也已经逐步提上日程。2019 年 8 月，位于上海临港新区的智能网联汽车综合测试示范区开园，为集卡、乘用车、公交车、城市作业等不同类型的自动驾驶车辆提供真实的测试和示范运行环境。当前，临港新区已经聚合了上汽荣威、上汽大通等众多车企，以及科大讯飞、地平线等众多人工智能企业，智能网联车产业链已经初具规模。中国工程院院士、北京邮电大学计算机学院院长李德毅对自动驾驶汽车持乐观态度。各大公司也在整合商用化战略布局，中国电信与吉利公司签订了全面战略合作协议，将打造面向 5G 自动驾驶的整体示范应用。

无人驾驶是车辆通过对道路环境的自主感知，借助自身以及位于边缘数据中心的计算能力，进行路径的规划决策并自主控制执行，最终实现车辆全自动驾驶的一种车辆驾驶模式。

无人驾驶的发展阶段，大致可以分为 4 个。第一阶段是理性辅助驾驶，以人驾驶为主；第二阶段是半自动驾驶，局部时段可以放开手和脚；第三阶段是全自动驾驶，即用自动驾驶接管驾驶权；第四阶段是人机协同驾驶。随着智能化的发展，我们就要和运行了 100 多年的人工驾驶模式说再见了。

无人驾驶的实现离不开道路环境感知和路径规划决策这两个最为基础也最为关键的技术。道路环境感知通过车辆配置的大量传感器、激光雷达、高清摄像头、GPS、IMU（惯性测量单元）等设备实现。其配合定位、目标识别、目标追踪等算法，能够对行驶路径中的动静态障碍物、交通信号灯、道路标志、车道变道等信息进行实时监测。路径规划决策是指基于车辆感知到的路况路网等信息，在满足车辆可行性的条件下，根据安全、驾驶效率等限制因素对车辆未来的行驶路径进行最优规划，包括行为预测、避障规划等，并通过刹车、转向、加减速等车辆基本操作实现车辆的自动驾驶。路径规划算法已经获得了广泛研究，常见算法包括基于图搜索的算法、基于采样的算法、基于数值优化的算法等。

谈到无人驾驶必然离不开支撑无人驾驶的 IT 系统。IT 系统的核心在于实现数据的采集、传输，以及基于数据进一步产生价值。无人驾驶也不例外。在通常的人工智能应用场景中，IT 系统将采集到的数据发往云数据中心进行训练，通过算法对各类信息进行智能化的分析处理，解决人们在生活中面对的各种难题，最终提炼出数据的价值。但是在无人驾驶场景中，将数据全部发送到云数据中心进行处理存在较大风险。具体来说，存在实时性不够和带宽不足两个问题。高速行驶的车辆需要在毫秒级时间内响应，一旦由于数据传输、网络等问题导致系统响应时间增加，将会造成严重的后果。例如，车辆在起始位置感测到前方 3m 有阻碍物，如果发送影像和决策内容到云数据中心进行分析后再处理，将导致严重事故。在无人驾驶车辆的行驶过程中，高清摄像头、激光雷达等设备持续不断地搜集和感知道路环境信息，每秒会产生多达 1GB 的数据。如果道路中的所有车辆均将采集到的数据全部传输至云数据中心，将给网络带宽造成了极大的压力。这两个问题注定了无人驾驶无法将所有数据传输到云数据中心进行处理，云边协同无疑将成为最适合无人驾驶的一种 IT 模式。

无人驾驶的应用通常包括强实时性应用、交互式应用及离线应用。强实时性应用对算法的响应速度有极其严格的要求。例如，定位应用 SLAM（Simultaneous Localization And Mapping）通常需要在 5ms 内返回运算结果。如果在中心云或者边缘云中进行处理，即使使用 5G 技术也难以满足要求。这类应用需要部署在车辆本身的 IT 系统上。交互式应用包括寻径应用、车载信息娱乐应用等，这类应用对响应时限要求较高，但相比强实时性应用对低时延的要求没有那么严格，略微延迟不会造成严重后果。随着 5G 技术的发展，使用边缘计算服务器卸载这类交互式应用，能够在一定程度上释放无人驾驶车辆的计算能力，并缓解车辆大规模实施计算产生的散热问题。离线应用用于对车辆硬件监控数据、日志数据进行分析与排错等。这类应用对时限要求更加宽松，通常可以在边缘云和中心云中部署。

人工智能算法的实现依赖于训练集、测试集和验证集。由于应用场景的多样性，无人驾驶算法的训练集通常比较复杂，包括数千个拥挤且高度互动的交通场景，百万像素级的图像、标记实例，几万个车辆实例、行业 3D 模型等。无人驾驶模型的训练要耗费大量的计算、存储等资源，因此对于无人驾驶的模型训练、测试改进将放在中心云中进行。训练好的无人驾驶模型将部署在车辆本身的 IT 系统中。这种服务模型能够在一定程度上弥补人工智能在边缘设备上对计算、存储等能力的需求，同时有效地降低深度学习模型的推断时延，满足了无人驾驶对算法实时性的要求。

在讨论完无人驾驶适合使用的 IT 模式后，我们接下来看一个无人驾驶的示例。谷歌自动驾驶汽车从 2011 年上路，已经累计跑了 170 万英里。我们来看看它的工作原理。首先，要安全地驾驶。通常，安全驾驶需要的基本信息是通过传感器获取的（见图 12-4）。

谷歌自动驾驶汽车系统的核心是安装在车顶上的激光测距仪（见图 12-5）。该设备是一个 Velodyne 64 光束激光器，可生成详细的环境 3D 图。然后，该车将激光测量与高分辨率的地图相结合，生成不同类型的数据模型，使其能够避开障碍物并遵守交通法规驾驶自己。该车还装载了其他传感器，如图 12-6 所示，其中包括：安装在前后保险杠上的 4 个雷达（Radar），可以让自动驾驶汽车"看得"足够远，以便处理高速公路上的快速交通；位于后视镜附近的照相机，用于检测交通灯；GPS/IMU 和车轮编码器（Wheel Encoder），用于确定车辆的位置并跟踪其运动。

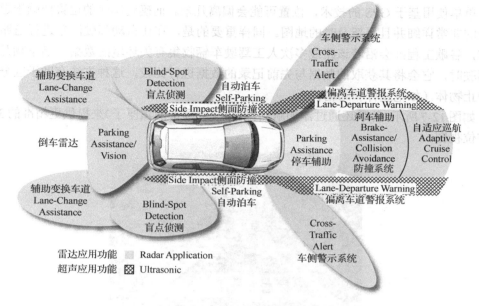

图 12-4　安全驾驶需要的基本信息

图 12-5　在车顶上安装的激光测距仪

图 12-6　谷歌自动驾驶汽车添加的其他传感器

单单使用基于 GPS 的技术，位置可能会偏离几米。而确定车辆的位置依赖于道路和地形的非常详细并且更新及时的地图。同样重要的是，在让自动驾驶汽车进行道路测试之前，谷歌工程师会沿着该路线多次人工驾驶车辆收集有关环境的数据。当车辆开始自动驾驶时，它会将其获取的数据与先前记录的数据进行比较，这种方法有助于区分行人与静止物体（如电线杆和邮箱）。

如图 12-7 所示，谷歌还通过添加新的摄像系统（顶部的黑匣子）来提供更精准的 360°全方位视图。

图 12-7　添加新的摄像系统

从以上的描述可以看出，谷歌自动驾驶汽车配备了大量的传感器，因而每秒会产生多达 1GB 的数据。可见，让车辆更智能化需要大量的计算能力。除大数据全周期的方方面面外，还特别需要注意实时性和即刻响应，也就是使用快速而强大的图像分析软件和实时控制系统。

在美国，智能化汽车的普及估计还需要 5 年的时间。谷歌自己设计制作的用于拍摄本地地貌环境的小车——小蜜蜂，以及改装的普锐斯和雷克萨斯在硅谷都可以看到，如图 12-8 所示。这说明，谷歌智能化汽车的商用工作在紧锣密鼓进行当中。

智能化汽车可以帮助实现更加安全和高效的运输：汽车将彼此靠拢，间距缩小，能够更好地利用 80%～90%的空车道；可以通过车与车的通信对话（物联网）在高速公路上形成快速车队；能够比人类更快地做出反应，以避免事故发生。

图 12-8　在硅谷拍摄到的小蜜蜂、改装的普锐斯和雷克萨斯

3. 工业物联网深度学习边缘架构

工业物联网深度学习边缘架构是在边缘侧运行的工业物联网+机器学习/深度学习（ML/DL）框架，包括三个层次，即边缘层、平台层和企业层，对应于 5G 边缘云的薄雾层（Mist Layer）、雾层（Fog Layer）和云层（Cloud Layer）。一个典型的工业物联网平台需要实现：边缘层数据汇聚/流处理、边缘层数据缓存、平台层流处理和平台层数据缓存。在工业物联网平台上增加机器学习/深度学习能力，需要实现：边缘层使用 CPU 或者 GPU 的机器学习/深度学习推理框架，平台层使用 CPU 或者 GPU 的深度学习推理框架，以及平台侧使用 CPU 或者 GPU 的深度学习训练框架。

在传统的实现方式中，所有实时数据均发送到云端，所有 ML/DL 均在公有云或者企业私有云上进行。而工业物联网深度学习边缘架构提出一种新的方式，如图 12-9 所示。其改进如下。

① 将计算移至边缘层进行，引入分布式并确保低时延。

② 在边缘层使用函数即服务（Function as a Service）处理批量实时数据。

③ 使用处于边缘层和平台层的两个推理引擎，分别从局部和全局视角处理数据。

这种架构具有的优势如下。

① 低时延。提供毫秒级时延，当数据从边缘层经过多跳到达平台层时，可以确保时延限制在 50～150ms 内。

② 高吞吐量。通过边缘层进行数据缓存，相较于访问平台层数据中心有若干数量级的吞吐量提升。

③ 减少传输。通过在边缘层运行应用，减少发往平台层的上游应用的数据量。

④ 隔离性。许多环境不能保证总是连接到公网上，而边缘层可以确保在断开公网连接时继续提供服务。

⑤ 准确性。将边缘层和平台层的运算结果结合起来，以更好的视图发掘实时数据的意义。

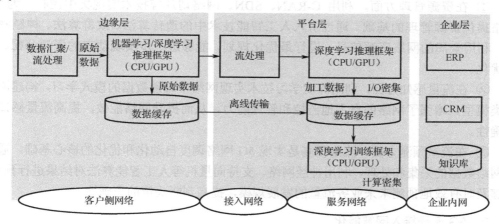

图 12-9　工业物联网深度学习边缘架构

12.3　5G 人工智能

5G 网络打开了万物互联、智能交互的通道，5G 网络的部署将为人工智能打下坚实的网络基础。5G 网络作为通信基础设施，可以为人工智能应用提供高效、可靠、海量的数据传输服务。同时，人工智能作为新型智能化技术，可以有效促进 5G 网络的演进，提升 5G 网络和应用的能力。

12.3.1　人工智能组网

5G 网络中引入了 SDN/NFV、云计算、边缘计算等大量网络、IT 技术，实现了网络的控制与转发分离、网元的云化部署。利用众多的新技术，5G 网络可以实现网络的灵活配置、加快建设进程、节省建设成本。虽然这些技术在一定程度上增加了网络的灵活性，但是在网络配置的过程中依然存在着智能化水平不高的情况。随着网络规模的快速扩大，网络中的管理流量急剧增加，逐步暴露出资源利用率低、缺少有效的监控手段、网络优化困难等问题，同时现有网络中的数据也没有得到充分利用。而人工智能技术具备自主学习、判断、决策等能力，将人工智能与 5G 技术有机结合，应用在 5G 网络的建设中，通过感知、挖掘网络数据并进行智能化的预测、推理，能够实现 5G 网络的智能管理、智能监控，优化 5G 网络的各种服务资源，提供自主灵活的网络分配及路径选择，进行自动的网络连接健康状态分析，提升 5G 网络的服务质量与效率。目前，人工智能技术已经与无线接入网、网络切片、网络虚拟化、安全防护等技术融合，被广泛应用于 5G 无线接入网和核心网中。

1. 5G 网络智能化需求

在 5G 网络中主要存在着资源管理、流量感知、流量预测等方面的智能化需求。

① 在资源管理方面，利用 C-RAN、SDN、网络切片等技术实现集中控制，为 5G 网络提供资源管理的基础。通过引入人工智能技术中的遗传算法、蚁群算法、神经网络等，利用全局的网络资源信息，进行最优化规划，能够进一步实现动态的资源分配、自动优化。

② 在流量感知方面，利用深度学习技术实现网络中海量数据的模式学习，构建流量分类模型，增强了网络的自主地监控和管理能力，从而提升网络能效，提高流量感知的准确性。

③ 在流量预测方面，流量预测是实现 5G 网络调度自动化和优化的核心基础。通过对网络数据的采集和处理，利用神经网络、支持向量机等人工智能算法对结果进行预测，能够及时有效地预测未来业务流量的发展规模，提高判断决策的正确性。

2. 5G 无线接入网智能化

在 5G 无线接入网中，人工智能技术的引入能够提升频谱利用率，扩大网络覆盖率，优化无线和虚拟化网元部署。5G 天线的优化需要利用上万种优化参数的组合，需要利用人工智能分析设备、无线接入网和核心网汇集的相关数据，并动态制定频谱使用策略，实现无线接入网/基站的优化管理，从而提升频谱利用率。同时，在 5G 网络中，单个基站的覆盖面较低。为了实现网络覆盖，需要建设大量的基站。对这些基站进行选址、规划及配置是一项非常烦琐的工作。通过人工智能进行预测计算，能够指导 5G 基站的规划建设，大大节省基站建设和维护成本，提升基站利用率，扩大网络覆盖率。另外，5G 无线接入网可以借助 NFV 技术对计算、频谱等资源进行虚拟化部署。人工智能能够根据无线接入网的物理数据和用户数据，监测和优化无线接入网的虚拟化资源的使用情况，并实时监测网络状态，预测和评估网络性能，提升资源使用效率。

3. 5G 核心网智能化

在 5G 核心网中，人工智能融合网络切片、SDN、NFV 等技术，能够实现动态的网络分配、资源管理、路径选择，能够提升网络的自动化管理能力，实现运营、运维以及运行的自动化。

网络切片可以根据用户的业务需求，分配满足不同带宽、时延、误码率的网络资源，从而满足用户不同的网络 QoS 指标，并且提升网络资源的利用率。但是，在 5G 核心网中使用传统的人工管理模式，无法满足核心网中海量网络切片的运营和管理要求。使用人工智能技术，能够实现对 5G 核心网资源的动态监测和分析，掌握整个网络中的资源和业务使用情况，并通过智能化的监测和调控针对不同业务场景按需动态划分网络切片。

在 5G 网络中引入 SDN 技术，利用控制与转发分离技术，使得网络具备开放、可编程等特性，提升了网络的运营、运维效率。通过人工智能与 SDN 技术的融合，可以实现流表的智能化监测、预测、优化和回收，实现控制器与交换机的智能化，提升控制平面的性能，增强数据转发路径的预测与优化能力。

引入 NFV 技术，可以实现 5G 网络功能软件和硬件的解耦，使得 5G 网络更具弹性。在服务功能的编排方面，人工智能能够实现网络资源、业务资源的全局统一管控，实现跨层跨域编排。在虚拟化功能管理方面，人工智能能够实现虚拟化资源的动态智能化监测、预测、优化和回收，提升虚拟化资源的利用率。

4. 5G 安全防护智能化

在 5G 网络的安全防护中，人工智能能够基于数据对安全事件进行跟踪、预警、识别和应对，形成智能化和自动化的安全处理机制。将机器学习、自然语言处理、分布式 Agent 系统等人工智能技术应用于 5G 网络安全领域，在安全漏洞防护方面，能够形成自动化挖掘、评估、修补能力；在入侵监测方面，能够建立行为描述模型并及时发现和阻止网络入侵行为；在异常流量监测方面，能够自动分析内、外部网络流量数据间的关联关系；在恶意软件防御方面，通过建立统计模型，能够寻找恶意软件家族特征并预测恶意软件演进方向，提前进行防御。人工智能能够汇聚 5G 网络安全、应用安全、用户安全、设备安全等数据，经智能化的数据分析，进行安全事件预警、安全事件识别，生成安全事件处理策略，全面赋能 5G 网络安全，增强 5G 安全防护体系的智能性。

12.3.2　人工智能运维

人工智能运维（AIOps）是指利用大数据、机器学习和其他分析技术，通过动态分析、预测、优化等方式，直接和间接地增强 IT 系统运维能力的一种新型运维技术。人工智能在 IT 系统运维领域的应用有其独特的优势。人工智能具备超强的学习能力，能对大量的输入信息进行分析和学习，并通过不断的学习加强模型，掌握专家经验，提升解决问题的准确性，同时能处理和发掘人类不容易注意的问题与不确定的信息，能模拟人类的方式进行大量重复的工作，提升运维生产效率。

1．目标

AIOps 主要在以下三个方面提升运维能力：质量保障、效率提升和成本管理。

① 质量保障是运维的基本目标之一。随着企业 IT 业务的不断发展，运维系统也在持续的演进。尤其是伴随着企业上云及各种生产系统等的不断升级改造，企业业务软件的规模变大、调用关系变复杂、更新频率变快，运维系统的规模、复杂程度不断加大。在这样背景下，AIOps 能够提供精准的业务质量感知、异常检测、故障预测功能，支撑用户体验优化，提升故障诊断、自愈能力，全面保障运维质量。

② 效率提升也是 IT 系统运维需要面对的一大难题。随着企业业务软件的不断发展，运维效率的提升就成为运维体系中非常重要的一环。通过智能预测、智能决策等，AIOps 能够提供自动化的运维服务，成为效率提升的重要工具。

③ 成本管理是每个企业都很关注的问题。当前企业的 IT 系统普遍存在着资源利用率偏低的问题。有关统计表明，平均资源利用率能做到 20%以上的企业非常少。AIOps 通过智能化的资源监控手段，实现对设备、带宽等资源的优化，并根据使用量预测未来需求，统筹未来容量规划，优化综合服务器性能等，实现 IT 系统成本的态势感知，提升成本管理效率。

将基于人工智能的运维引入通信网络是网络智能化的一大趋势，可以有效地提高网络运维效率、降低运营成本、提升业务质量。5G 网络采用了众多新型网络技术，尤其是云化部署后的核心网较以往更为复杂化、动态化；同时，当前的运营商网络中 2G、3G、4G、5G 网络并存，网络组成异构化；网络服务也跟随时代的发展和用户的需求变化呈现出多元化和个性化；用户网络行为和网络性能也比以往更动态化而难以预测。这些都给网络运维带来更大的压力和挑战。

5G 网络中使用了大量的 x86 服务器、路由器、交换机、基站等硬件设备，运维对象数量庞大、种类复杂。面对软硬件故障、系统变更、用户需求变更、恶意攻击，运维响应的工作量巨大。网络规模的扩大及用户接入数量的激增，使得调用链路的增加非常显著。例如，一个终端请求在云数据中心内部可能要经过十几个系统。日志平台中的增量数据、监控指标等激增，使得故障处理难度非常大。同时，网络系统中也存在资源空闲、报警激增、误报漏报、报警项之间没有关联等问题。传统的网络运维优化模式以工程师的经验为准则，借助人工路测、网络 KPI 分析、告警信息等手段处理网络问题并进行优化调整，在效率、准确性等性能上表现较差，并且成本相对较高。企业 IT 系统使用传统模式很可能无法满足 5G 网络的未来运维需求，需要在网络运维优化中引入人工智能技术。AIOps 将人工智能与 5G 网络运维相融合，可根据 5G 网络特点，利用生产运营中产生的网络承载、网络流量、用户行为等数据不断优化网络配置，进行主动式的网络自我校正；通过人工智能增强无线网络优化的决策能力，驱动 5G 网络的智能化运维转型。

2. 适用场景

AIOps 在 5G 网络运维中的主要工作包括故障分析和溯源、无线网络优化覆盖、流量预测等。

网络的故障分析和溯源是 AIOps 在 5G 网络运维中非常重要的一个工作内容。网络发生故障的现象和原因有很多，传统故障排查方式依赖运维经验和手工操作，效率低下。例如，当运行业务软件的服务器有板卡发生故障时，运维人员需要将位于故障服务器上游及下游的服务器中对故障服务器的流量从配置文件中摘掉，再将故障服务器中运行的应用全部停掉，最后将相关服务器的监控屏蔽掉，才可完成整个故障的运维。整个操作过程非常烦琐且效率低下，无法应对如今大规模、分布式、异构 IT 系统的运维挑战。

机器学习算法会辅助运维人员自动确定决策，并由机器自动完成所确定的决策，以此达到高效解决问题的目的。在网络故障发生时，会触发多种类型的故障告警信息。人工智能能够从告警信息中快速准确地提取有用信息，结合网络拓扑、网络配置等，融合已有的历史处理故障经验对诊断库进行训练，快速生成故障处理规则，及时得到故障原因并给出处理方法，实现 5G 网络故障的快速溯源。

同时，人工智能能够从多个维度分析运维中的多种网络性能监控报表，包括网络设备、网络线路、主机系统的中断次数、中断时长、运行率等资源统计分析报表，网络设备与主机应用告警解决时长和告警触发次数 TOPN 等告警分析报表，网络线路统计流量峰值和均值、带宽占用情况、拥塞状况等性能分析报表。通过对这些报表的多维度分析，为实现网络故障的快速溯源提供强大支撑。

无线网络优化覆盖是移动通信网络质量的基础，也是 AIOps 的一个重要的工作内容。现有的网络优化覆盖主要依靠仿真优化和人工经验，对传播模型的准确性依赖比较强。但是，在仿真模型中并没有充分考虑用户及业务量分布场景。基站站点的位置选择在实际部署时会受到建设投资、地形的影响，往往无法像仿真模型一样完美。同时传播路径的动态变化、网络负荷等因素也会对仿真模型产生影响，导致在部署时需要不断优化调整基站位置，以满足用户对网络质量的要求。

在虚线网络环境中，影响网络质量的因素比较复杂，任意一个参数的变化都可能对网络质量产生非常大的影响。利用深度学习等人工智能技术，可以结合路测①、工程参数、无线 KPI 分析、参数配置等多种无线覆盖历史数据，对数据进行训练，并结合现网运行状态，准确、实时地给出优化调整建议和决策，对天线位置、倾角及相应配置进行适当调整，实现网络覆盖的优化。

流量预测是 AIOps 在 5G 网络运维中另外一个重要的工作内容。智能终端、传感器、

---

① 路测（Drive Test），通信行业中对道路无线信号的一种常用的测试方法。

AR/VR 等个人或产业接入设备的飞速发展，以及超高清视频等大带宽业务的广泛应用，引起了 5G 网络流量的激增。如何采用合理的方式进行网络流量预测，对 5G 网络负载均衡设计起着重要的作用，可以为用户带来良好的业务体验。5G 网络负载呈现动态变化的特性。例如，用户在网络中分布不均匀，白天集中在商务区而晚上集中在住宅区，且午间和晚间接入网络更为集中。用户业务需求随时间、空间不断发生变化，这将导致网络负载随时间周期性动态变化。通过分析现网流量数据，提取网络数据特征，聚焦流量变化趋势，可以探索网络在以什么样的规律和机制运行。人工智能利用网络在时间、空间上的多维度历史流量数据，根据当前的网络质量数据进行流量预测，通过动态资源调度等策略对网络流量进行优化调整，做到网络繁忙时的负载均衡以保证用户体验，做到网络空闲时的智能关断以实现绿色节能。

12.3.3　5G 人工智能应用

人工智能通常应用在端到端的场景中，在企业用户和个人用户侧，往往只进行数据的采集及初步的压缩等操作，数据的最终分析处理通常在云数据中心中进行。面向企业用户，人工智能提供设备故障预测、质量检测等服务。但是如何对数以千万计的设备完成数据采集，这是一个大的挑战。同时，企业生产数据更新非常频繁，在短时间内可能产生大量的数据，而这些企业应用通常对数据的时延比较敏感。如何实现数据的按需传输也是人工智能技术真正实现价值的一个较大考验。面向个人用户，人工智能可以提供人脸识别、语音识别等服务，但是视频监控、AR/VR 等常见应用的发展导致了用户流量的激增。大量的数据怎样才能被快速地发送到云数据中心中也成为限制这些应用的一个瓶颈。在人工智能应用中，会产生很多对大带宽、低时延、超高可靠网络的不同需求。

5G 网络面对的是万物互联，需要支撑增强型移动宽带（eMBB）、大规模机器类型通信（mMTC）、超高可靠和低时延通信（uRLLC）三大典型应用场景。这三大典型应用场景的共性为：提供沉浸式、及时、个性化、隐私保护的用户体验；计算能力不再全部集中在云端，而是可以分布在网络的各个环节中；终端的必要能力与移动边缘设备形成的边缘云服务进行互补。5G 网络使得人工智能的能力得到优化和提升。借助 5G 网络特点，人工智能将与 5G 业务进一步融合，在医疗、制造等领域会有超常的发展。

1. 人工智能在医疗领域的应用

医疗影像数据是医疗数据的重要组成部分。从数量来看，超过 90%的医疗数据都是影像数据；从产生数据的设备来看，包括 CT、X 光、MRI、PET 等医疗影像数据。据统计，医学影像数据年增长率为 63%，而放射科医生人数年增长率仅为 2%，可见放射科医生供给缺口很大。人工智能技术在医疗影像中的应用有望缓解此类问题。这类应用主要指通过计算机视觉技术对医疗影像进行快速读片和智能诊断，其实现分为两部分：一是感知数据，即通过图像识别技术对医学影像进行分析，获取有效信息；二是数据学习和训练，即通过深度学习海量的医疗影像数据和临床诊断数据，不断对模型进行训练，促使其掌握诊断能力。目前，人工智能与医疗影像诊断的结合场景包括肺癌检查、糖网眼底检查、食管癌检查，以及部分疾病的核医学检查和病理检查等。

2．人工智能在制造业的应用

人工智能与相关技术相结合，可提高制造业各环节的效率。人工智能通过工业物联网采集各种生产数据，再借助深度学习算法处理后提供建议甚至自主优化。然而，相较于金融、商业、医疗行业，人工智能在制造业的应用潜力被明显低估了。人工智能嵌入生产制造环节，可以使机器变得更加聪明，不再是仅仅执行单调的机械任务，而是可以在更多复杂情况下自主运行，从而全面提升生产效率。随着国内制造业自动化程度的提高，机器人在制造过程和管理流程中的应用日益广泛，而人工智能更进一步赋予机器人自我学习的能力。结合数据管理，导入自动化设备及相关设备的联网，机器人通过学习和分析，可以实现生产线的精准配合，并能更准确地预测和实时检测生产问题。而且，因为这些系统可以持续学习，其性能会随着时间推移而持续改善。汽车零部件厂商已经开始利用具备机器学习算法的视觉系统来识别有质量问题的部件，包括检测没有出现在用于训练算法的数据集内的缺陷。无序分拣机器人可应用于混杂分拣、上下料及拆垛，大幅提高生产效率，其核心技术包括深度学习、3D 视觉及智能路径规划等。

3．人工智能赋能交通运输行业

在交通运输领域，无人驾驶技术可以应用于卡车长途运输、封闭道路上的配送，以及同城运送。无人驾驶技术的普及，能够在增加道路上卡车数量的同时，降低人为事故导致的死亡率，从而节约整体成本。其中，前两个领域已经有巨头和创业公司在布局。无人货运技术的实施主要面临的是货车盲区大、机动性差、稳定性差和结构松散的问题。而通过人工智能的多传感器在线标定、多传感器融合、远距离感知、精细化建模和控制、多目标优化决策等技术，将解决以上问题。无人货运技术一旦实现商业化，既能解放司机劳动力，又能实现企业节能减排目标，为应对全球气候变暖做贡献。图 12-10 展示了普适人工智能即服务（AIaaS）的交付过程，其中的绝大部分计算活动发生在中心云中。

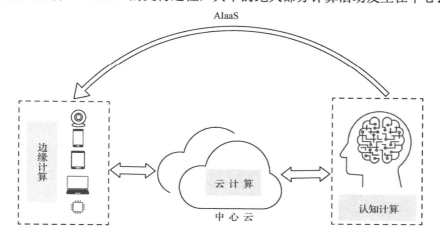

图 12-10　普适人工智能即服务的交付过程

12.4　小结

人工智能是关于认知的科学，其包含知识的表达、知识的获取及知识的应用，其目的是更好地服务于人类。在机器学习与人工智能涉及的多个环节中，数据传输的重要性不言而喻。5G 边缘云将人工智能运用到云层（Cloud Layer）、雾层（Fog Layer）、薄雾层（Mist Layer），甚至器件层（Device Layer），借助层次间的协同能力实现人工智能的编排，为人工智能使用的数据提供了一条低时延、超高可靠的高速通道，为人工智能向边缘产业化发展打下了基础。

第4篇

运 维 篇

按照定义，项目的标识就是具有起点和终点，而部署的终点就是运维。但运维是一个持续过程，没有终点。在已交付的情况下，企业要保证业务的正常运行，需要投入必要的技术手段和人力资源。实际上，运维（Maintenance）和运营（Operation）是略有区别的，前者的范畴比后者小一些。为了简化起见，这里不加区分，互为置换。由于 5G 边缘云具有云、雾、薄雾、器件的分层架构，其平台通常需要构建在具有广阔地理位置的云数据中心和客户机房中，因此 5G 边缘云的运维除了包含对一般云计算平台的运维，同时由于边缘云自身的分布式特性，还要面对多样化的新需求与挑战。这些需求与挑战主要表现在以下 4 个方面。

（1）5G 网络运维

5G 边缘云体系借助 AI、大数据等技术工具，将显著提升传统网络运维效率，以应对人与机器、物与机器广泛连接带来的数据量激增和网络复杂度加剧。边缘应用的海量数据处理需求及分布式流量特性，对网络架构提出新需求：网络连接必须是健壮的，以保证快速、高效地传输数据；必须有足够的网络资源池来支持终端数据忽高忽低脉冲式流量的传输与分布；必须有自动灵活的网络功能配置能力以提升网络效率。另外，5G 网络切片功能的智能运维将实现高度自治的全网联动，大幅度提升网络生命周期管理效率。

（2）边缘云环境的监管

5G 边缘云的实施从边缘数据中心正式部署开始。合理运维离不开对云环境的科学监管。云服务提供商和行业客户从各自角度提出建立 IT 运维系统的需求。该系统涵盖网络、服务器、数据库、中间件和应用等监控对象。通过制定监控策略，包括定义告警条件、告警内容标准、告警通知方式，将集中式监控和分布式监控相结合，可及时发现云环境中的系统故障，减少故障处理时间。企业可以选取自建系统或者委托第三方建设系统两种途径建立 IT 运维系统。同时，众多的开源监控软件（如 Zabbix 和 Telegraf）为企业提供了更多的选择。云环境的监管是 5G 边缘云运维的重要组成部分，其最终目的是要保证系统可用（不出问题）。

（3）边缘云的治理

5G 边缘云体系内不同层次上数量庞大的主机、器件为运维管理带来了巨大的挑战。除了一般云环境的监管，还需要做到以业务为中心，自动探测"云边协同"和"万物互联"场景下网络设备、服务器和应用的可用性、使用率及吞吐量，提供更强的自动化操作和远程处理能力；在面向用户业务的边缘侧，提供更高的可靠性和更为丰富的开放接口。一套完整的边缘云治理方案包括对基础设施平台、无线接入平台的管理，数据平面的加速优化，以及提供运营商级别的可靠性、安全性和可管理性。开源社区涌现出的一系列框架平台如 StarlingX 和 OpenNESS，从不同的角度为边缘云的治理、维护提供了观点和参考。另外，操作系统方面的性能调优是满足边缘应用场景在带宽和时延方面严苛需求的运维必由之路。

（4）运维人员

高效的 5G 边缘云运维离不开运维人员对故障处理的应急能力。完善运维流程的管理有助于企业提高运维人员自身的能力，以保障高效的运维工作。同时运维工作要求运维人员具备全面的素质，包括：在云计算方向的研发能力，通过自身对技术和开发的了解，配合开发团队进行快速迭代部署；具备 IT 行业广阔的知识面，在应用业务向云上迁移过程中能够辨识应用对云的功能、性能和容量要求，能够更好地使用云资源，使得运行于云上的应用可以效能最大化；能够对应用业务和数据进行分析，只有理解业务、读懂数据，才能够在运维工作中为企业带来价值。运维人员只有具备如上素质，才能得心应手地进行硬件和软件维护、监控资源变化、收集性能指标、执行性能优化、进行运维方案的编制。

本篇首先介绍 5G 网络运维，分析 5G 网络运维的挑战，提出 5G 边缘云对 OSS/BSS 的关键技术要求；从边缘数据中心的架构出发，结合边缘数据中心在选址、机房空间、配电和制冷方面的需求与难点，介绍其在设计、建设和运营等不同阶段需要着重考量的方方面面，并阐述如何建造全栈融合的边缘数据中心。接下来，介绍作为 5G 边缘云重要组成部分的一般云环境的监管。行业企业面对日益复杂的业务系统，对于完整 IT 运维系统有强烈的诉求。针对这些诉求，本篇论述了如何制定运维监控策略，找到合适的监控体系建立途径，如何从业界开源软件中汲取力量以快速提升云的运维能力。然后，本篇聚焦于边缘云的治理，介绍一套完整的适用于 5G 边缘云的治理方案。该方案强调对基础设施平台、无线接入网的管理，以低时延的保障达到最佳资源利用率和性能，同时提供运营商级别的可靠性和安全性。并且，本篇将对蓬勃发展的边缘计算开源社区的代表软件栈进行介绍，包括边缘计算及物联网云平台 StarlingX 和开放网络边缘服务软件 OpenNESS。此外，还将讲解边缘云操作系统的性能分析工具和常见调优思路。最后，本篇提出对运维人员的能力要求，介绍运维人员的任务内容。

第13章

5G网络运维

13.1 5G 网络运维的挑战

一个典型的 5G 边缘云体系，包括成百个的云，成千层的雾，上百万个的薄雾和器件，如此体量和规模的混合体系带来了更高的运维复杂度。各种 5G+边缘计算行业应用在使用云计算和虚拟化技术的同时，对海量 IoT 业务的网络连通性、稳定性提出新的挑战。随着 5G 边缘云所承载的越来越多应用服务的持续运行，作为通信运营商核心系统的运营支撑系统（OSS）和业务支撑系统（BSS）将不断转型，提供紧耦合的网络规划能力、优化网络功能和服务提供能力，并具备增强的智能化、敏捷化和实时能力。

在 5G 边缘云体系中，不同参与者，如通信运营商、ISP（Internet Service Provider，互联网服务提供商）、CSP（Communication Service Provider，通信服务提供商）、ASP（Application Service Provider，应用服务提供商）和垂直行业等，需要共享频谱、网络和 IT 资源，建立一个共享合作的数字生态系统。因此，需要实现参与者在控制平面、用户平面和管理平面（包括 OSS/BSS）上自动化和标准化的操作流转。一些苛刻使用场景（如信息中心网络、海量/关键机器类型通信等）下的应用需要在网络边缘提供服务。

5G 边缘云对 OSS/BSS 的关键技术要求如下。

1．标准化的业务流程和业务模型

系统需要定义一个共享的参考模型，其中包括关键业务角色及业务角色之间的信息流。针对不同业务场景的参考模型的实例化也很重要，这需要通过预定义的 API（应用程序接口）进行信息流的标准化。

2．企业实体之间可信交易的能力

系统需要在合作企业实体之间使用区块链和智能合约之类的技术，以实现具备数据完整、临时信任建立、小额支付、资产管理、身份管理和整体内部中介的参与者生态。

3．跨层和跨组织的服务管理

在 E2E-LSO（端到端生命周期服务编排器）中管理 5G 网络切片时（基于服务订单、网络状态和客户 SLA），系统需要针对跨层和跨组织的网络/IT 资源分配进行优化；系统还需要建立市场和经纪服务，以便在多个交互业务实体之间提供基于 5G 的网络服务（NS）和应用程序服务（AS）；系统需要确保在多个业务实体之间的混合网络场景中的主动服务保证。因此，系统还需要跨不同组织边界的分层编排，即跨 LSO（生命周期服务编排器）、NSO（网络服务编排器）、CSO（云服务编排器）、SDN 控制器和服务管理的功能。

4．运营商 OSS/BSS 软件栈的模块化和转型

系统需要对运营商 OSS/BSS 软件栈进行模块化和转型，以适应不同的业务场景，并与市场、代理服务和 E2E-LSO 进行集成。

满足以上技术要求，5G 边缘云的 OSS/BSS 将能够更好地适应基于移动宽带（MBB）的新产品以及大规模/关键 MTC 服务。

实现 5G 边缘云的 OSS/BSS 转型是复杂且重要的。5G 应用和服务正在由不同的标准

化机构和行业联盟（如 3GPP、ETSI、ITU、IEEE、NGMN、5GPPP）给出定义。面向 5G
应用和服务所需的 OSS/BSS 升级正在由行业联盟（如 TMForum）进行调查。这些行业
联盟和标准化机构正在成为使用 5G 应用和服务实现不同行业垂直领域中现有业务流程
数字化的关键驱动力。虽然转型大多处于原理阶段，具体实现还未成体系，但是
TMForum 规划的蓝图（Open Digital Architecture，ODA）实施正在进行中，如图 13-1
所示。

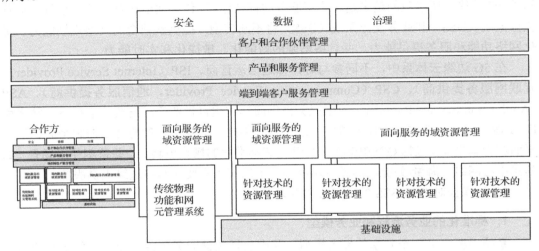

图 13-1　TMForum 规划的蓝图

13.2　边缘数据中心

为了减轻 5G 边缘云的运维压力，提高网络可用性，企业做好边缘数据中心架构设
计是最核心环节。不合理的架构设计会带来无穷无尽的运维故障和运维压力，反之则可
以节约很多的工作量。

1."云—边—端"融合的网络架构

边缘数据中心和机房架构是什么样子？先来看一个典型的"云—边—端"融合的网
络架构示意图，如图 13-2 所示。

5G 核心网的用户平面功能（User Plane Function，UPF）下沉，与边缘计算、CDN
等 ICT（信息通信技术）基础设施构成边缘数据中心，并分布式部署于 5G 网络的接入、
汇聚和骨干机房等位置，从而通过端到端的网络管道实现与云计算的融合，形成"云—
边—端"融合的网络架构。

分布式的边缘数据中心将远端的数据中心计算能力、内容和应用下沉到距离用户数
十千米范围内，使之更接近设备数据产生的位置，缩短了数据来回传输的时间，降低了
网络回传的负荷。同时，边缘数据中心在本地存储和处理数据方面还保障了园区、医院、
工厂等各行各业的数据安全性和隐私性。

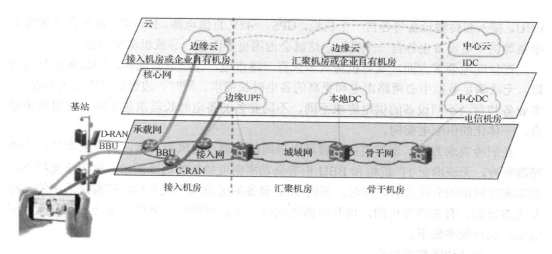

图 13-2 "云—边—端"融合的网络架构

2. 边缘数据中心的建设方案

边缘数据中心距离客户侧越近，网络时延越低，可支撑的 5G 业务类型越多，但是需要的边缘数据中心的节点数也必然更多。可以预见，未来将有大量的边缘数据中心涌现，在早期边缘计算业务还未大规模爆发之前，边缘数据中心建设主要以利用现有的接入、汇聚机房进行改造为主，以实现低成本、快速部署。但随着 5G 边缘云业务的不断发展，后期还需新建大量边缘数据中心。

（1）利旧改造

对于利旧改造场景，现有机房将融合边缘数据中心功能、C-RAN 功能，以及汇聚、传输、电信计费等功能，即在同一个机房中既部署接入设备、传输交换设备，又部署核心网用户平面网元和边缘云计算能力。各种 ICT 设备共存，不同设备的机柜尺寸标准、供配电需求、制冷形式等不尽相同，这对机房的空间、供配电、制冷等基础设施能力提出了全新的要求。如图 13-3 所示为边缘数据中心部署在接入端局示意图。

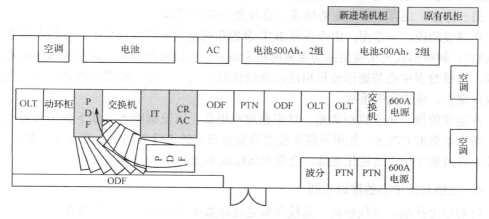

图 13-3 边缘数据中心部署在接入端局

在机房空间要求方面，如果不同设备不能融合部署或者高密部署，例如，IT 设备、

BBU、接入和传输设备等各自一个机柜，UPS、–48V 直流电源、HVDC（高压直流输电）、电池等供备电设备也各自一个机柜，这就会占用更多面积，导致机房空间紧张。

在供配电要求方面，现有机房大多只有一路市电，无法放置油机，因此备电时长较短，无法满足数据中心两路市电和更高的备电时长需求。同时，边缘数据中心内多设备、多业务共存，不同设备的供电需求不同，不同业务的备电时长需求也不同，这要求多融合、一体化的供配电架构。

在制冷要求方面，现有机房一般采用房间级空调，送风距离远，制冷效率低，无法精准制冷，无法满足 IT 机柜和 BBU 柜等高功率密度机柜的制冷需求，也无法支撑不同功率密度机柜的分区部署。同时，不同 ICT 设备的进出风方式多样，有前进后出的，有左进右出的，有右进左出的，也有中部进风而上下方向同时出风的，这会导致气流组织混乱，制冷效率低下。

（2）新建边缘数据中心

边缘数据中心如果无法利用旧机房，则需要选址新建。这又面临光纤传输引入困难，以及站址租用和投资成本高等挑战。

3．建设边缘数据中心面临的挑战

在规划阶段，建设边缘数据中心面临工勘工作量大和难以精准规划两大挑战。

在利旧改造场景下，现有大多数机房的基础设施无法满足边缘数据中心的部署需求，并且站址分散，机房环境千差万别。专业人员需要多次上站，平衡空间、承重、供备电、制冷、安全、环保等多重因素，工勘工作量很大。

由于边缘计算需求不可预测，因此还面临难以按需规划、精准投资的挑战。若按传统方式一次性面向终期需求完成规划，则会带来前期空置率高、回报周期长的问题。若等待业务新增需求时再规划并建设，可能会存在原有初期架构无法满足新业务上线需求、改造困难、重置成本高的问题。

在设计阶段，一方面，近乎海量的站址、站型可以说千差万别，每个机房设计都需要根据可用空间进行定制，尤其是利旧改造机房和大量的租用机房，无法做到标准化设计；另一方面，还存在多专业协同难、设计变更多的问题。

在建设阶段，一方面，由于各种 ICT 设备和机电设备机柜尺寸不一，供电需求"七国八制"，制冷形式无法满足高功率密度机柜需求，气流组织混乱，以及现场环境复杂等原因，边缘数据中心部署面临机房改造难的挑战；另一方面，新建边缘数据中心还面临获取周期长、成本高等挑战。

在运营阶段，由于机柜数量、功率密度双增长，以及制冷效率低下会带来用电量上升，增加电费的 OPEX，如果不能实现对海量分布式的边缘数据中心的远程可管、可视、可控，以及数字化、智能化运维，会带来运维成本上升。

4．边缘数据中心的建设原则

针对以上挑战，全栈极简、全栈高效是边缘数据中心建设的必然趋势。

（1）全栈极简

全栈极简是指，通过"全栈模块化"实现从站址到系统方案、到架构、到部件的一系列模块化方案，以满足业务对边缘数据中心可大可小的规模需求；通过"全栈融合"实现机电设备、无线、传输、计算能力等设备融合，最终实现边缘数据中心基础设施部署极简化。

全栈模块化，首先应从全局统筹规划，采用典型配置规划站址，快速实现批量站址评估、批量设计，并采用预安装、预调测等预制化方案实现现场的简单、快速安装，从而实现去工勘、去设计、去工程化，满足海量边缘数据中心快速部署和业务快速上线的需求。然后，从系统方案、架构到部件，都要采用模块化来实现快速、灵活和柔性的部署。例如，对于供配电架构，各个配电模块可通过热插拔方式灵活支撑业务快速上线。

全栈融合，指一柜或一模块融合 IT 设备、BBU、接入、传输等 ICT 设备，一柜或一模块融合-48V 直流电流、交流市电电源、HVDC、UPS、制冷、电池等机电设备，从而解决占用机房空间大的问题。

针对机房制冷需求，同样沿用融合思路，采用行级空调和更小颗粒度的机架式空调，将它们尽量与 ICT 设备共同部署在同一柜内，以实现近距离精确制冷，并节省占地空间。

（2）全栈高效

针对工勘工作量大、运维管理困难等挑战，企业需借助人工智能、大数据等数字化技术，推动边缘数据中心向全栈高效，即全生命周期高效和全栈协同的方向发展。

全生命周期高效是指通过 BIM、3D 建模、人工智能等技术，创建基础设施的数字孪生模型：在数字世界里构建与物理站点一模一样的数字化站点，实现数字化工勘、设计、交付与验收等，从而使边缘数据中心的部署更高效、更规范；同时，还应考虑海量边缘数据中心无人值守方案；为提升运维效率，还应依托物联网、人工智能、大数据技术，实现数字化、智能化运维。

全栈协同是指边缘数据中心基础设施与设备硬件、业务联动，实现根据负荷自动关闭或开启电源、精准制冷等系统级的智能化能耗管理，以降低 PUE，节省电费。

13.3　5G 网络的智能运维

5G 边缘云体系中，数据流量的激增、网络复杂度的不断提升，正在给传统的网络运维工作带来巨大挑战。借助人工智能、大数据等新技术和工具，可以显著提升网络运维的效率。与此同时，未来的运维将从关注稳定性、安全性转向关注应用需求和用户体验。

5G 网络的特性之一就是高度灵活，可以根据不同的应用场景和业务需求划分网络切片。这就要求 5G 网络在部署规划、运行维护等方面具备高度的自动化和智能化，构建以人工智能为中心的自动化运维体系。

5G 之前的网络运维大多是被动式的，在接到用户投诉后，指挥中心才向维修点下达工单，维修人员接到工单再去处理故障。但是这样的效率不仅十分低下，而且容易出现故障定位不精准的情况。

通过自动化、智能化运维，及早发现问题并将隐患排除，将成为 5G 网络运维的主线。近几年来，国内三大通信运营商一直在积极地进行各领域人工智能技术应用的探索，并且成功地在部分领域实现了规模化应用。

网络切片是 5G 网络的一个重要特性，通过对网络资源的灵活分配、网络能力的灵活组合，基于一个物理网络虚拟出网络特性不同的逻辑子网，可以满足不同场景的定制化需求。网络切片运维实质上就是提供网络切片实例的全生命周期管理，包含设计、开通、SLA 保障、终结等阶段。但是，网络切片在带来灵活性的同时，也增加了运维管理的复杂度。因此，基于人工智能来增强网络切片自动化管理能力是必然趋势。

在网络切片管理系统中引入人工智能，根据人工智能训练平台输出决策依据，自动化执行管理策略，赋予网络智能感知、建模、开通、分析判断、预测等方面的能力，从而实现网络切片的灵活性和管理复杂度之间的完美平衡。

13.3.1　智能化网络切片开通

在网络切片管理系统中引入人工智能，实现 5G 智能化网络切片开通，步骤如下。

（1）业务定制

业务定制是指运用数据采集和机器学习，深度挖掘业务特点以提供定制化、安全隔离的私有切片专网。

（2）网络规划

网络规划是指综合分析整网可用资源，利用人工智能技术不断训练和优化算法，将业务需求快速转化为网络需求，有效地解决差异化 SLA 与建网成本之间的矛盾。

（3）模型设计

模型设计是指根据人工智能训练平台的分析结果，对虚拟化资源进行智能编排和调度，自动输出网络切片生命周期、策略规则及网络切片优化部署等模板。

（4）自动化部署

自动化部署是指结合自动化集成部署工具和网络切片模型，自动完成各层次资源实例化，同时智能匹配测试场景及用例，自动完成网络切片测试。部署周期可以从几周缩短到几天。

（5）E2E 业务激活

E2E 业务激活是指根据配置模板定义自动将配置参数拆解到各个子网中，执行参数自动化计算以形成批处理脚本，通过配置通道自动完成业务激活。

图 13-4 展示了为一个 360VR 直播业务开通网络切片的全流程。此业务需要划分三个网络切片，分别承载 VR 全景视频流、高清视频流以及用于仪表监测的流量。开通步骤如下：

S1　端到端网络切片订购、设计、发布、开通、部署。

S2　网络切片相关参数下发到网元中。

S3　各专业网完成子切片的创建。

S3.1　核心网完成子切片实例化。

S3.2　传输承载网建立 SR 隧道和 L3 VPN。

S3.3　无线接入网完成子切片对象创建，实现网络切片感知。

S4　终端注册入网完成网络切片附着。

S5　360VR 直播切片业务上线。

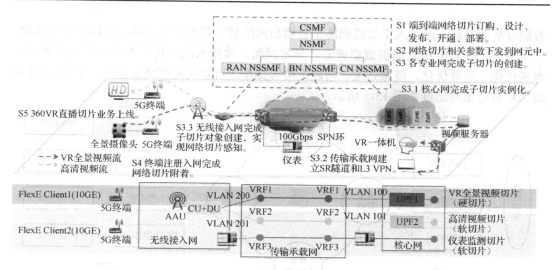

图 13-4 开通网络切片的全流程

13.3.2 网络切片智能 SLA 保障

网络切片保障实质上就是对用户要求的 SLA 进行保障。网络切片管理系统智能化 QoS 能力可对业务需求、网络能力及用户特性等方面进行智能分析和多标准决策，并引入 QoS 监督反馈，从而形成 SLA 保障闭环。

（1）QoS 能力保障

系统能够采集海量业务数据（如业务类型、时间需求等）、网络数据（连接数密度、负载、流速、时延等）和用户数据（如用户等级、通信习惯、时间、位置等），通过智能分析和判断，实时评估当前业务体验，形成一套或多套更优的 QoS 参数集，从而进行最佳决策和控制。

（2）QoS 差异化服务

系统能够基于时间、位置、访问业务、用户通信习惯、用户签约需求、网络实时负荷压力等方面的智能判断，形成最佳匹配的 QoS 控制参数，为用户提供实时的差异化服务。

（3）QoS 预测预警

系统能够基于海量数据采集、建模和分析来实现 QoS 预测，并提供极端情况下的 QoS 能力预警，给运维保障动作提供参考，如提前终止业务、改变业务操作等。例如，基于神经网络和线性回归算法实现同期增长率预测、峰值/均值流量分析，并预测网络拥塞，从而进行动态调度或者流量提速等操作。

13.3.3 网络切片智能闭环运维

为高效地管理网络切片，降低运维复杂度和成本，网络切片管理系统必须具备网络自感知、自调整等智能闭环保障能力。

目前，网络策略仍是基于人工静态配置的，可能会忽略网络的实际情况。引入人工智能后可基于时间、位置和移动特性，结合网络中的流量、拥塞级别、负载状态等进行智能分析和判断，通过人工智能训练平台输出网络切片管理动态策略，实现智能化调度。

另外，在线分析还提供健康评分、异常预测、故障根因分析等参考数据，据此执行容量优化、配置优化、资源弹缩、问题定位等操作，可以实现网络切片闭环优化。5G 网络切片智能闭环运维如图 13-5 所示。

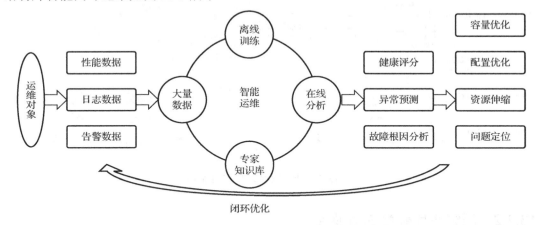

图 13-5　5G 网络切片智能闭环运维

13.3.4　网络切片故障智能定位

网络切片故障智能定位指网络切片管理系统通过分析网络切片告警中时间、地点、事件描述等多维度特征，结合历史频度信息、跨网元信息、同一专业网信息、跨专业网信息及同一业务关联信息等，识别得到告警线索关系，并根据当前告警、统计、日志等信息，以及训练获得的规则进行推理，获取匹配的告警根因。

故障智能定位主要分为训练过程、推理过程和闭环优化。

1．训练过程

- 进行数据提取。
- 进行数据清洗，去除无效数据。
- 进行格式规整和数据分割，形成事务数据集用于关联挖掘。
- 算法运行：基于资源关系、告警码及时间窗口，通过人工智能算法进行综合判断，建立告警线索关系的相关知识。
- 结果分析：将获取的知识按照一定的内部规则建立相应的 RCA 规则并存储到规则库中。

2．推理过程

推理过程包括实时监控告警，定时采样资源、配置数据等步骤，指网络切片管理系统利用已学习的规则对现网告警数据、资源数据、业务承载关系和时序进行综合判断，找出根因并自动进行修复或者提示运维人员进行修复。

3. 闭环优化

闭环优化是指网络切片管理系统根据实际规则应用情况或专家判断对规则库进行更新、修正和完善。

采用网络切片故障智能定位所取得的效果，可以通过有效告警根因规则数和告警压缩比两个指标进行衡量，也可以通过工单数量减少率来进行间接评估。

13.4　小结

5G 边缘云的智能运维将会经历领域内探索、跨领域融合、高度自治三个阶段。首先，5G 网络各子领域将分别与人工智能初步结合和应用，依托大数据与机器学习的支撑，在网络资源分配等领域探索并实现初级智能化。然后，随着技术的发展，人工智能将可以学习跨领域的 5G 网络大数据，部分子领域将出现融合智能，实现中级智能化。最后，5G 和人工智能技术高度发展，将实现全网联动和高度自治，大幅提升网络全生命周期管理效率，并基于人类控制网络的意图实现高级智能化。

第14章

边缘云
环境的监管

随着云计算技术的成熟和普及，各大公司购买了大量的机器，开始在边缘数据中心进行正式的部署，以及对内或对外运营。5G 边缘云的合理运营离不开对云环境的科学监管。IT 系统运维监控体系是一系列 IT 管理产品的统称，它所包含的产品功能强大、易于使用、解决方案齐全，可一站式满足用户的各种 IT 管理需求。

IT 系统运维监控体系应具有性能稳定、用户界面友好、跨平台、易实施、易集成等特点，从而能简化 IT 设施和业务系统的监控管理。对于运维平台内简单实用的运维设备，用户只需要将其接入网络，按向导简单配置，即可自动发现需要监控的网络设备、服务器和服务，还可以对它们的运行状态设置主动巡检，从而发现业务系统中存在的隐患，进行智能预警，保障业务正常运转。

14.1 背景

越来越多的用户在考虑或采纳涵盖所有业务的集中 IT 系统方案。然而业务系统集中后，会变得更加繁杂，从而增加了运维的工作强度。因此，有效的系统和应用监控体系成为精确了解业务资源使用状况，及时发现可能导致系统故障的隐患，实现系统运营保障的关键。

另外，借助于集中监控解决方案，用户除了能够正确和及时地了解系统的运行状态，还能利用监控工具发现影响整体系统运行的瓶颈，并进行必要的系统优化和配置变更，甚至进行系统的升级和扩容。强有力的监控和诊断工具还可以帮助运维人员快速地分析出应用故障的原因，把他们从繁杂重复的劳动中解放出来。

目前多数企业信息化系统都有自己的监控平台和监控手段，可以采用多种手段去实现对系统的实时监控和故障告警。

为了更好、更有效地保障系统上线后的稳定运行，企业对于其服务器的硬件资源、性能、带宽、端口、进程、服务等都必须有一个可靠和可持续的监测机制。企业通过统计分析每天的各种数据，可以及时发现服务器哪里存在性能瓶颈、安全隐患等。企业还需要有"防患于未然"的意识，即事先预测服务器有可能会出现哪些严重的问题，出现这些问题后又该如何去迅速处理。例如，数据库的数据丢失，日志容量过大，被黑客入侵等。

边缘云环境的监管离不开传统的云环境监管。云环境监管与传统的运维工具的不同之处在于云环境的复杂性。图 14-1 展示了组成云环境的各个层面，它们都需要进行监控和管理。现阶段，由于不同层面所用的监管工具不同，因此急需一套能够统筹管理的工具——UMP（Unified Management Platform）。该工具能实现从智能化无人值守的新型数据中心机房，到全国统一资源视图，再到区域资源配置和跨区资源调度，其中涉及机房、网络、电力、存储、虚拟化和备份等各个层面。站在企业管理角度，一个全面完善的业务监控体系，能够帮助企业准确及时了解业务在各个层面的实际运营情况，并最终对业务管理提供量化依据。

图 14-1　组成云环境的各个层面

14.2　监控对象和监控策略

14.2.1　监控对象

通常，可以将监控对象分类如下。

（1）服务器监控

服务器监控主要监控服务器的 CPU 负载、内存使用率、磁盘使用率、登录用户数、进程、状态、网卡状态等。

（2）应用程序监控

应用程序监控主要监控应用程序的服务状态、吞吐量和响应时间。因为对于不同的应用程序，需要监控的对象不同，这里不一一列举。

（3）数据库监控

这里之所以把数据库监控单独列出来，是为了说明它的重要性。数据库监控主要监控数据库状态、数据库表或者表空间的使用情况，如是否有死锁、错误日志、性能信息等。

（4）网络监控

网络监控主要监控当前的网络状况、网络流量等。

14.2.2　监控策略

（1）定义告警优先级条件

一般的监控返回结果为成功或者失败。例如，Ping 不通、访问网页出错、连接不到 Socket 等称为故障。故障是最优先的告警。除此之外，运维人员还能监控到返回的时延、内容等，例如，Ping 的返回时延、访问网页的时间、访问网页得到的内容等。运维人员利用这类返回的结果，可以自定义告警条件。例如，利用 Ping 的返回时延一般为 10～30ms。如果时延大于100ms，则表示网络或者服务器可能出现了问题，导致网络响应慢。这时运维人员需要立即检查是否存在流量过大或者服务器 CPU 负载太高等问题。

（2）定义告警内容及规范

当服务器或应用发生故障时，告警信息内容会非常多，包括告警运行业务名称、服务器 IP 地址、监控的线路、监控的服务错误级别、出错信息、发生时间等。预先定义告警内容及规范，使收到的告警内容具有规范性及可读性，这对于用短信接收告警内容特别有意义。这是因为短信内容最多为 70 个字符，要用 70 个字符完全描述故障内容比较困难，运维人员需要预先定义告警内容规范。例如："视频直播服务器 10.0.211.65 在 2019-10-18 13:00 电信线路监控到第 1 次失败"，就可以清晰明了地表达故障信息。

（3）通过邮件接收汇总报表

通过每天发送一封网站服务器监控的汇总报表邮件，运维人员用两三分钟的时间就可以大致了解网站和服务器状态。

（4）集中式监控和分布式监控相结合

主动（集中式）监控不需要安装代码和程序，非常安全且方便。但这种方式缺少很多细致的监控内容，例如，无法获取硬盘的大小、CPU 的使用率、网络的流量等。但是这些监控内容实际上非常有用，例如，CPU 的使用率太高表示有网站或者程序出现问题，网络流量太大表示可能被攻击等。

被动（分布式）监控常用的是 SNMP（简单网络管理协议）。通过 SNMP，运维人员能监控到大部分自己感兴趣的内容。多数操作系统都支持 SNMP，其开通管理非常方便，也非常安全。SNMP 的缺点是需要占用一定带宽，会消耗一定的 CPU 和内存。在 CPU 使用率高和网络流量大的情况下，SNMP 无法有效进行监控。

针对不同的应用场景，运维人员将上述两种监控方法相结合使用，可以获得较理想的监控效果。

（5）定义故障告警主次

如果监控同一个服务器的服务，运维人员需要定义一个主要监控对象。当主要监控对象出现故障时，告警系统只发送主要监控对象的告警，其他次要监控对象暂停监控和告警。例如，用 Ping 来作为主要监控对象，如果 Ping 不通出现 Timeout，则表示服务器已经死机或者断网。这时告警系统只需要发送服务器 Ping 告警并持续监控 Ping，因为此时再继续监控和告警其他对象已经没有必要。这样做能大大减少告警消息数量，同时让监控更加合理、更加有效率。

（6）实现对常见性故障的业务自我修复功能

对常见性故障，运维人员应统一部署业务自我修复功能脚本，并对修复结果进行检查确认。一般来说，检查频次不多于 3 次。

（7）对监控的业务系统进行分级

一级系统实现 7×24 小时告警，二级系统实现 7×12 小时告警，三级系统实现 5×8 小时告警。

14.3　监控体系

一般企业建立监控体系有两种方式：自建监控系统和使用第三方监控软件。

（1）自建监控系统

自建监控系统可以针对企业业务特点，定制和实现业务监控模型，进而实现对业务各部分状况的精确监控。一般中大型企业会选择自建监控系统（含外包定制），它们会有专职团队将监控、告警及事件和故障结合起来，产生一个行之有效的工作流，将故障事前、事中、事后的处理流程化。

（2）使用第三方监控软件

这包括开源和商业的监控软件。比较常用的开源监控软件有 Zabbix、Telegraf 和 Cacti。经验告诉我们，没有一个监控系统是包罗万象、全能的，也不存在一套大而全的监控手段能够覆盖业务的所有方面。我们只有通过多维的局部监控手段，才能检测和发现问题。其道理同人们去体检一样，需要通过数十个体检项目，不同的医学检测仪器，才能全面诊断潜在的健康问题。

一般而言，普通企业可以直接购买商业监控软件或开源软件，解决监控有无的问题，满足最通用的监控需要。如果企业规模较大，对 IT 系统高可用性要求很高，则建议结合业务特点，由专业团队在商业或开源软件的基础上进行修改和定制，主要针对应用层加强监控。

下面对常用的两种开源监控软件进行介绍。

14.4　开源监控软件

14.4.1　Zabbix

Zabbix 是一个成熟的企业级开源监控软件，适用于百万量级监控规模的网络监控和应用监控。它是一个企业级的开源分布式监控解决方案，由一个国外的运作团队持续维护和更新。Zabbix 可以自由下载使用，其运作团队靠提供收费的技术支持赢利。Zabbix 通过 C/S 模式采集数据，通过 B/S 模式在 Web 端进行展示和配置。

Zabbix 的架构如图 14-2 所示。

Zabbix 的主要特点如下：

① 分布式监控。适合构建大规模的分布式监控系统，具有节点（Node）、代理（Proxy）两种分布式模式。

② 自动化功能。自动发现和自动注册服务器，自动添加模板，自动添加分组。

③ 触发器。告警条件有多重判断机制。

④ 具备常见的商业监控软件所具备的功能，包括主机的性能监控、网络设备的性能监控、数据库、FTP 等通用协议监控、多种告警方式、详细的报表图表绘制。

⑤ 扩展性强，提供通用接口，便于用户自行开发完善各类监控插件，支持自定义监

控项及告警级别的设置。

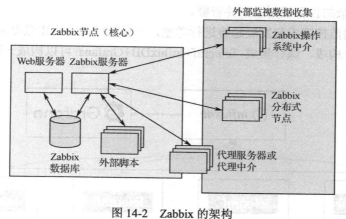

图 14-2 Zabbix 的架构

14.4.2 Telegraf

Telegraf 是一个插件驱动的用于收集、报告指标和事件的服务代理，支持从数据库到 IoT 设备等各类数据源。Telegraf 支持直接从其运行的容器和系统中提取各种指标、事件和日志，也支持从第三方 API 提取指标，甚至支持通过 StatsD 和 Kafka 消费者服务进行指标监听，还支持将指标发送给各种其他数据存储、服务和消息队列，包括 InfluxDB、Graphite、OpenTSDB、Datadog、Librato、Kafka、MQTT[1]、NSQ[2]等。

Telegraf 具有内存占用小的特点。通过扩展插件系统，开发人员可轻松添加支持其他服务的扩展。目前，最新版 Telegraf 支持超过 200 个插件，由社区内专家维护。

Telegraf 的插件架构不强求用户改变自己的数据流，无论是将其运用在边缘位置处还是采用集中的使用方式。

InfluxDB 是一个开源的分布式时序、事件和指标数据库。它使用 Go 语言编写，无须外部依赖。其设计目标是实现分布式和水平伸缩扩展。InfluxDB 的特性如下。

① 时序。可以使用与时间有关的相关函数（如求最大值、求最小值、求和等）。

② 指标。实时对指标进行运算。

③ 事件。支持任意事件数据。

Grafana 是一个纯 HTML/JavaScript 的 Web 应用，是一个开源的仪表盘工具。其访问 InfluxDB 时不会存在跨域访问的限制，只要配置好数据源后，即可展示监控数据。其主要特点如下。

① 丰富的数据源接口，支持 InfluxDB、MySQL、Elasticsearch、PostgreSQL 等多数据源。

② 丰富的 API，方便自动化程序调用。

---

① MQTT 为基于 C/S 模式的消息发布/订阅传输协议。

② NSQ 为实时分布式消息系统。

③ 支持监控面板导入/导出：用户制作好模板并导入后修改参数即可实现实时监控。

④ 支持复杂的告警规则及邮件告警。

结合实际的监控需求和发展趋势进行考量，一套监控系统应由数据采集、数据存储、数据展示三部分构成，综合集成 Telegraf+InfluxDB+Grafana 可以构成一套完整方案，如图 14-3 所示。

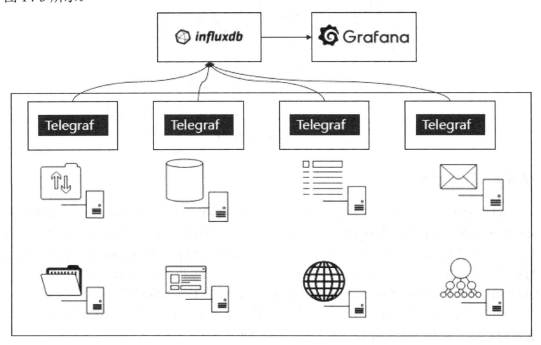

图 14-3　综合集成 Telegraf+InfluxDB+Grafana

14.5　小结

5G 边缘云导致对云环境的监管变得非常复杂。云环境监管的复杂性来自多个方面：基础设施种类繁多且规模巨大，一个物理网卡可以映射为多个动态 IP 地址，相当大比重的非云环境的并行存在等。监管是运维的重要组成部分，其最终目的就是保证系统可用（不出问题）。我们要保证系统不出问题，首先需要"知道"正在发生什么。如果系统出现问题，我们要能迅速定位是什么地方出现问题，进而快速、有效地排障。此外，云环境的监管，对监管工具的要求也越来越高：从被动发现到预先判断，再到主动预防（Passive-Pro Active-Active）。很多监管工具的问题是经常的误报，而一个高质量的监管工具，要能够减少误报，并能从混合 IT 的层面进行端到端的统一监控。

第15章

边缘云的治理

　　5G 边缘云不再是纯技术的概念，它已经步入了现实。5G 边缘云包括动辄上百甚至成千上万个的处于云、雾、薄雾和器件不同层次的主机，为运营管理带来了巨大的挑战。

　　5G 边缘云有广泛的应用场景，客户涵盖电信、电力、教育、服务机构、金融/银行、医疗、交通、政府等众多行业。这些客户迫切需要一套适用于 5G 边缘云的 IT 运维管理工具。该工具应具有众多特点：能以业务为中心，自动探测网络设备、服务器和服务的可用性、性能、使用率和吞吐量；能对数据进行分析处理，为用户呈现直观、易于理解的图表，帮助用户发现问题并及时运维，同时记录运维日志；简单实用，投资成本低；可提高用户的 IT 管理效率，通过故障预警和快速定位，确保用户的网络设备和业务系统的正常运行。

15.1　背景

　　5G 边缘云把我们带入物联网（IoT）新阶段。从自动驾驶、无人机到增强现实，连接这些设备需要快速可靠的通信链路。边缘云在接近移动用户和设备的无线接入网内创建虚拟化计算环境，而非完全依赖核心网中的集中式架构。为了能够提供构建灵活、可扩展的网络，需要借助 NFV（网络功能虚拟化）和 SDN（软件定义网络）技术，同时要提供各种新型大带宽、低时延服务。

　　边缘云将处理、分析和服务分配到网络边缘，在面向最终用户的边缘侧构建强大的计算、存储和传输能力，减轻核心网络的压力，降低业务时延，并进一步提高内容分发效率，从而提升用户体验。在这同时，边缘云也提出了 4 个方面要求。

　　（1）基础设施平台：边缘计算的分布式基础设施需要不同体系架构的协同。

　　（2）实时性：相比中心云，边缘云的运维管理需要更多的自动化操作和远程运维。

　　（3）可靠性：边缘云虽然部署在网络边缘，但同样需要具备完整的控制、计算和存储能力。

　　（4）开放接口：边缘云处于面向用户业务的前线，需要更高的实用性和可靠性，例如丰富的开放接口能力。

　　为此，需要一个适用于边缘云的治理软件栈。该软件栈应具备从控制、计算到存储的全面边缘云部署和管理能力，同时具有灵活便捷的特性，更适合在网络边缘进行部署。

15.2　边缘云治理方案

　　5G 边缘云的科学运维需要一个完整的治理方案，需要 CSP 在网络边缘提供边缘数据中心所需要的所有组件，并引入新的服务。该方案通过确保大带宽和超低的往返时延，保证高可用性和高安全性以及全面的软件栈，体现与边缘云相关的业务和技术优势。

　　具备以下特性的边缘云治理方案可以提供服务提供商所需要的灵活性、高性能和运营商级可靠性。

（1）基础设施虚拟化平台。边缘云平台需要一个全面集成、超高可靠且易于部署的基础设施虚拟化平台，可根据各种室内或室外安装需求进行定制，提供本地计算、存储和网络资源，以及集成电源和散热，可帮助服务提供商以更低成本更快地部署虚拟化服务，并保证正常运行时间。其一般是专为小型电信边缘应用而设计的，支持双服务器和多服务器的高可用配置。

（2）无线接入平台。边缘云平台在无线接入网内部创建一个标准云计算生态系统，允许 CSP 在促进网络货币化的同时，降低 CAPEX 和 OPEX。该系统应具备多接入（Multi Access）的能力，并提供注册认证、业务卸载功能（TOF）和实时 RNIS（无线网络信息服务）等多接入边缘服务。

（3）低时延优化。边缘云平台要确保每个组件能尽可能快地通过平台加速数据包，以支持实时边缘应用。向客户虚拟机（VM）传递数据包所花的时间是体现应用程序性能的关键因素。边缘云平台具有低时延特性和对集成虚拟化管理程序的全面增强功能，可为 VM 提供微秒量级的平均中断时延。

（4）运营商级可靠性和安全性。边缘云平台对正常运行时间做出了 6 个 9（99.9999%）级的承诺，保证每年服务停机时间少于 30s。这依赖于软件栈的众多功能，包括自动故障检测和恢复，以及快速、实时的 VM 迁移。同时包含一套安全功能和工具：加密签名的镜像用于主机保护，证书存储于 TPM（可信平台模块）硬件中的传输层安全（TLS）协议，安全密钥环数据库用于存储加密密码等。

（5）可管理性。为确保服务连续性并限制 OPEX，边缘云平台需要提供：全面的故障检测和报警系统，可以及时通知操作员可能影响服务的各种问题；强大的修补程序交付和编排引擎，可以独立管理所有节点上产品更新的部署和激活；强大的日志分析工具和清晰的图形可视化工具，可以加速系统调试以排除故障及问题调查。

（6）最佳资源利用率和性能。边缘云平台应基于通用硬件架构进行优化，使用用户态开放技术，如 DPDK（Data Plane Development Kit，数据平面开发套件）；同时使用较少的 CPU 来实现线速（Wire Speed）虚拟交换，获得更高的网络吞吐量；并且最大限度地利用底层硬件资源，从而实现出色的性能。

15.3　边缘计算开源软件栈

15.3.1　StarlingX

StarlingX 是一个专注于对低时延和高性能应用进行优化的开源边缘计算及物联网云平台。2018 年发布的 StarlingX 1.0 在专用物理机上提供了强化的 OpenStack 平台。而 2019 年 9 月发布的 StarlingX 2.0 为混合工作负载提供灵活性、稳健性及相关支持，进而利用构建块来构建开源基础设施。

StarlingX 旨在为边缘计算重新配置经过验证的云计算技术，在大规模分布式计算环境中提供成熟且稳健的云平台。StarlingX 提供了适用于裸机、虚拟机和容器化部署环境的完整边缘云基础设施平台，支持对高可用性（HA）、高服务质量（QoS）、高性能和低时延等有严格要求的应用场景。

StarlingX 利用 Ceph、Linux、KVM、OpenStack 和 Kubernetes 等其他开源项目的组件，并添加配置和故障管理等服务对这些组件加以完善，可同时满足运营商和行业应用对边缘计算的严格要求。应用案例包括基于交通运输的物联网、工业自动化、智能建筑与智慧城市、自动驾驶汽车、定位零售业、虚拟化无线接入网（vRAN）、AR/VR、超高清媒体内容分发、医疗成像/诊断/监测，以及通用型客户终端设备（uCPE）等。

StarlingX 2.0 的主要特性如下：

● 在专用物理机上集成 OpenStack 和 Kubernetes 的强化云原生平台；

● 使用基于 Stein 版本的容器化 OpenStack；

● 容器化工作负载的边缘应用场景基于 Kubernetes。

StarlingX 本身是一个云原生架构的平台，主要组件如图 15-1 所示。下面介绍其中 5 个服务：配置管理、故障管理、主机管理、服务管理和软件管理。

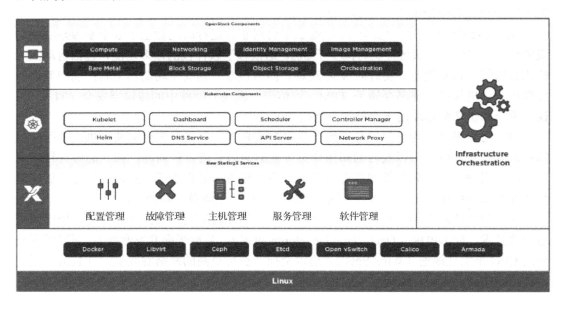

图 15-1　StarlingX 主要组件

（1）配置管理

配置管理允许用户获得节点配置和清单管理服务，重点是支持自动发现和配置新节点，这对于部署和管理大量远程站点至关重要（其中一些可能位于难以到达的区域）。该服务带有 Horizon 图形用户界面和命令行界面，用于管理 CPU、GPU、内存、大页面、加密/压缩硬件等清单。

（2）故障管理

该服务允许用户为基础结构节点及虚拟机、网络等虚拟资源设置、清除和查询自定义警报与日志。用户可以通过 Horizon GUI 访问 Active Alarm List 和 Active Alarm Counts Banner。

（3）主机管理

该服务提供生命周期管理功能，以通过 REST API 管理主机。这种与供应商无关的工具通过为集群链接状况、关键过程故障、资源利用率阈值和 H/W 传感器故障提供监控与警报来检测主机故障并启动自动恢复。该工具还与板管理控制器（BMC）连接，用于带外复位、电源开/关和 H/W 传感器监控，并与其他 StarlingX 组件共享主机状态。

（4）服务管理

该服务通过跨多个节点的 N+M 或 N 个冗余模型提供高可用性（HA），从而支持服务的生命周期管理。该服务支持使用多个消息传递路径来避免脑裂通信故障，提供主动或被动监视，并允许用户使用完全数据驱动的架构来指定服务故障的影响。

（5）软件管理

该服务允许用户使用适用于基础设施堆栈所有层的一致性机制（从内核一直到 OpenStack 服务）来部署用于纠正内容的软件更新及新功能。该服务可以执行滚动升级，包括并行化和对主机重新启动的支持，以及使用实时迁移技术从节点移动工作负载。

伴随着 2.0 版本边缘计算平台项目的发布，StarlingX 到达了一个重要的里程碑。其支持将计算能力部署在网络边缘，即 5G 蜂窝基站、远程位置或小型分支。

StarlingX 支持灵活的部署交付方式，其中比较常用的部署方式说明如下。

（1）All-in-one Simplex 方式

All-in-one Simplex 方式如图 15-2 所示：将三种角色功能（controller、compute 和 storage）部署在单一服务器上。由于所需资源较少，这种方式适用于 PoC（Proof of Concept，概念验证）或者其他开发验证的场合。其中，通信运营商根据实际需要，将网络的运营工作分为三大类：操作（Operation）、管理（Administration）、维护（Maintenance），简称 OAM。

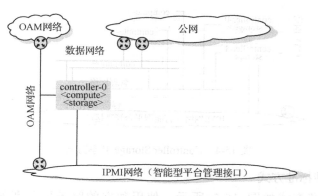

图 15-2　All-in-one Simplex 方式

（2）All-in-one Duplex 方式

All-in-one Duplex 方式如图 15-3 所示：使用两个服务器同时承载三种角色功能（controller、compute 和 storage），提供一个高可用性（HA）的部署方式。其中，controller 的高可用性服务能够确保平台运行在主/备模式下，storage 的后端是一个双节点的 Ceph 存储集群。当一个服务器发生硬件故障时，controller 上的各个服务会在健康服务器上继续运行，业务虚拟机将在健康服务器上恢复。

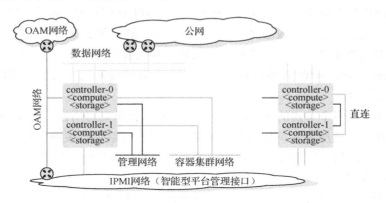

图 15-3　All-in-one Duplex 方式

（3）Controller Storage 共享方式

Controller Storage 共享方式如图 15-4 所示：使用两个服务器提供高可用性的 controller，以及最多 10 个服务器的计算节点规模平台；复用承载 controller 的两个服务器，部署一个双节点的 Ceph 集群作为 storage 后端。当一个 controller 的服务器故障时，该 controller 上的各个服务会在健康服务器上继续运行；当计算节点故障时，业务虚拟机将在健康服务器上恢复。

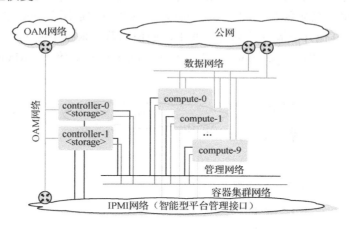

图 15-4　Controller Storage 共享方式

（4）专属存储标准方式

专属存储标准方式如图 15-5 所示：使用独立的服务器分别部署三种角色功能（controller、compute 和 storage）。这里使用两个服务器提供高可用性的 controller，最多支持 100 个计算节点；使用 2～9 个服务器部署 Ceph 集群作为 storage 后端，构成 4 组双节点存储集群或者 3 组三节点存储集群。

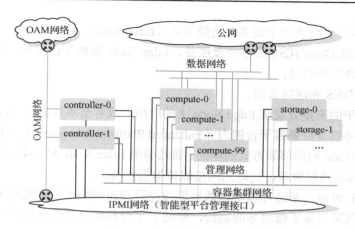

图 15-5 专属存储标准方式

15.3.2 OpenNESS

开放网络边缘服务软件（Open Network Edge Services Software，简称 OpenNESS）是一个布局于网络和企业边缘，用以促进开放协作与应用创新的工具集。基于开源生态，OpenNESS 化繁为简，屏蔽平台底层和网络接入技术的多样化，服务于边缘应用的创建和部署，向应用开发者提供基于 3GPP 或 ETSI 的标准 API。OpenNESS 衍生于 5G 和 MEC 标准下的边缘计算架构，在 Kubernetes 和 OpenStack 等主流资源编排框架内植入了多云、多平台、多接入的云原生理念。OpenNESS 运行于这些平台之上，成为应用发布和订阅的使能平台。

应用和服务场景是多样化的。无论无线接入网形态是 LTE、5G、Wi-Fi，还是光纤，基于 OpenNESS 部署的业务使得用户对外部网络切换并无感知。于边缘计算而言，数据平面的流量路径与不同物理位置的边缘节点强相关。集成于 IaaS 层的 OpenNESS 为网络资源编排和边缘计算控制器提供了路由设置策略的标准化 API。

OpenNESS 技术栈包含以下几个关键技术。

编排：在 OpenNESS 的上下文中，编排是指用以部署、管理、自动操作边缘计算集群和应用的北向接口。例如，为 ONAP 服务治理平台提供的边缘解决方案的北向接口。

边缘服务：为终端用户流量和其他边缘计算应用提供服务的应用。例如，CDN 就是一种为终端用户提供流量缓存业务的边缘应用。

网络功能：为在无线接入网、有线网络和 Wi-Fi 条件下部署边缘云提供使能。例如，5G UPF 作为一个网络功能容器（Container Networking Function）支持流量向边缘云应用的分发。

网络平台：指部署在网络边缘或者客户侧，提供计算能力、运行客户应用或者部署 VNF 的节点。

接入技术：指 OpenNESS 方案中遇到的各种类型的流量处理，包括 5G、LTE、有线和 Wi-Fi。

多云：指在 OpenNESS 集群中布置多个公有云/私有云的应用，如 Amazon AWS Greengrass、百度云等。

OpenNESS 平台包含一个或多个边缘节点（Edge Node）和一个管理节点（Controller Node），用于承载 OpenNESS 的各个微服务。Edge Node 微服务提供如下功能：

- 应用生命周期管理；
- 增强的 DNS 和网络策略；
- 将数据平面流量分发至 Edge Node 上的应用，或者至本地出口（Local Breakout）；
- 提供服务以支持暴露平台能力（Enhanced Platform Awareness）至边缘应用。

Controller Node 根据部署方式的不同，通过调用 Edge Node API 或者使用已存在的编排器对 Edge Node 进行管理，同时为网络编排器提供接口。

OpenNESS 可以在多云环境中高效地编排与管理跨网络平台和采用不同技术的边缘服务。该工具包采用基于微服务的架构，降低了平台和网络基础设施的复杂性，提供了基于本地边缘和网络边缘的两种部署模型，便于用户在 5G 及下一代网络中构建和部署边缘应用，支持其从数据中心到边缘中任何节点的运行，并自动提供新的硬件增强、开源技术，可与丰富的工具包集成。

OpenNESS 的抽象架构与接口类型符合 ETSI MEC 参考模型标准，如图 15-6 所示。其核心组件包括 OpenNESS 边缘节点和 OpenNESS 边缘控制器上的服务组件。这些服务组件均由一组特定的微服务组成，微服务之间使用 gRPC（Google Remote Procedure Calls）进行通信。

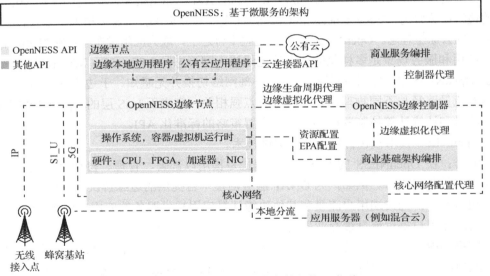

图 15-6　OpenNESS 的抽象架构与接口类型

OpenNESS 支持两种参考部署方案，分别对应企业边缘（On Premise Edge）和网络边缘（Network Edge）的使用场景。

（1）企业边缘部署（On Premise Edge Deployment），又称为企业级部署方式

其中，OpenNESS 边缘节点部署在 uCPE 之上，处于企业网络范围内，而 OpenNESS 边缘控制器则部署在 Telco/Public Cloud（公有云）之上。

企业边缘面向的是将 Edge Node 作为 IaaS 子系统的应用场景，是中心业务向边缘的

延伸。在该场景中，用户的需求只是单纯地希望 APP 可以尽量靠近其服务的终端，处理一些实时性要求比较强的业务。所以只需要提供一个可用于运行的 x86 服务器作为 Edge Node 即可。

OpenNESS 边缘节点直接通过 Edge Node 上的 Docker/Libvirt 部署 VI（虚拟化基础设施），无须添加 VIM（虚拟化基础设施管理系统）。也因此，该部署方式也只能允许一个租户使用，而并非是专门为 MEC 而设计的部署方式（MEC 要求多租户可以使用同一个边缘云）。该部署方式通常应用于客户办公室、工厂、体育场或其他单租户设施中。

（2）网络边缘部署（Network Edge Deployment），又称电信级部署方式

其中，OpenNESS 边缘节点部署在 NFVI 之上，运行于 NGCO 或 vRAM 的无线接入聚合点（Wireless Access Aggregation Point）中。而 OpenNESS 边缘控制器同样部署在 Telco/Public Cloud（公有云）之上。

该部署方式不再面向单一或小规模的 Edge Node，而是拥有针对 MEC 的 VIM，即边缘计算基础设施（OpenStack/Kubernetes）。其要求边缘计算基础设施位于通信运营商的设施内，并作为数据网络（包含无线接入网、核心网及边缘计算基础设施）的一部分，与 OSS 集成在一起。其应用于多租户场景，并且规模非常大。OpenNESS 边缘控制器不仅可以管理边缘计算基础设施，还可以通过网络连接管理网络基础设施，提供一种更加贴近于 ETSI MEC 参考模型的部署方式。

OpenNESS 的一个典型应用是基于生产者-消费者模型的智能视频应用案例，如图 15-7 所示。其中，消费者应用基于 OpenVINO——英特尔公司推出的高性能深度学习工具集。场景如下：

- 消费者应用根据视频输入执行推理过程；
- 生产者应用向消费者应用发出通知，改变推理模型；
- 使用一个嵌入式 Linux 客户端捕获视频输入，参见图 15-7 中的摄像头/无人机；
- 将被标记的视频从 Edge Node 返回给客户端设备。

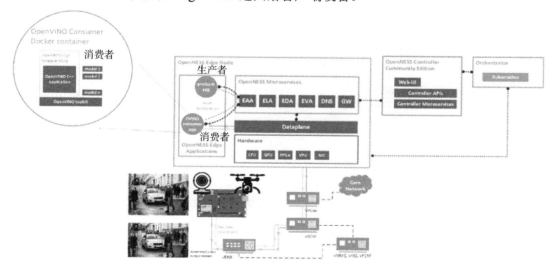

图 15-7　智能视频应用案例

15.4　小结

　　5G 边缘云在确保云环境合理监管的同时，在云边协同、异构资源管理、自动化操作、实时性、可靠性和开放接口等方面提出了更高的要求。科学的边缘云治理方案包括对基础设施平台、无线接入平台的管理，通过数据平面加速，实现低时延优化，并且提供运营商级别的可靠性、安全性和可管理性，以及最佳资源利用率和性能。开源社区不断涌现出针对边缘云应用场景的平台框架和软件栈，其中开源边缘计算及物联网云平台 StarlingX 和开源网络边缘服务软件 OpenNESS 就是这方面的代表。

第16章

运维人员

在 5G 边缘云环境下，运维人员面对的机器数量将会暴涨，但对单台机器的稳定性要求不会像以前那么高。所以运维方式将会发生重大转变，对运维人员工程素质的要求也会提高，例如要熟悉机房情况、网络状况、Kernel、操作系统、CPU 等，并具有一定的开发能力。甚至，运维人员也需要对底层核心架构优化有比较深刻的理解。因为对于规模特别大的系统来说，哪怕性能只优化了 1%，但在有 1 万台机器的环境中，这就意味着可以节约 100 台机器。因此，在规模足够大的环境中，这种优化是值得且必须深入做的。

在 5G 边缘云环境下，单纯的技术支持或流程管控已经不能满足企业需求。运维人员的职业生涯将向广度发展，将变成真正的复合型人才。专业的区分将会淡化，多种知识和技能的整合才是终极目标。只懂技术不懂管理，或只懂管理不懂技术绝对不再是一个合格的标准。诸如法律专业来做安全，技术人员"出家"去做管理，这样的跨平台跨专业的知识和技能整合才会具有核心竞争力。今天的运维人员应该闻风而动，抢先一步充实自我，做好迎接云计算浪潮的心理和技能储备。关键词只有一个——学习。

本章针对运维人员进行讨论，指出云环境下的运维人员需要具备哪些素质，又有哪些职责。

16.1　需要具备的能力

与传统的运维人员相比，云环境下的运维人员的最核心区别是，对技术细节和知识的全面学习及掌握的程度。当只有 10 台或 50 台机器时，运维人员可能还能手动处理一些问题，但当拥有 1000 台、2000 台或更多机器时，就必须采用自动化方式。由于集群规模的扩大，很多边界效应及以前没遇到的各类问题都会出现。这时就需要运维人员对知识有充分的掌握，对细节有更深入的了解，从而解决这些异常。大致来讲，云环境下的运维人员需要具备以下几项能力。

1．产品研发能力

由于云计算产品所面对的数据量、计算量极其庞大，需要能快速迭代、收敛问题。这就要求运维人员能通过自身对底层和开发的了解，以及对生产状况的掌控，配合开发团队进行快速迭代部署、发布和 Debug 等，从而提升开发人员对工程素质的重视，更好地保证云集群的稳定。更理想的情况是，运维人员不仅对开发流程有深刻的了解，并且在需要的时候，自己也能上阵改进代码。尤其对于快速迭代的互联网企业，部署应用的人必须能够与产品技术团队紧密配合。

2．知识面广泛

我的业务是否需要用 NoSQL？

Cassandra 和 MongoDB 哪个更适合我？

HDFS、S3 对象存储、数据库云，各有什么特点？

CDN 服务选哪家？

是否需要使用固态硬盘（SSD）？

缓存需要多少？

文件系统选哪种？

操作系统选哪种？

Web 服务器选哪种？

各种存储方式的特点是什么？

各种虚拟化系统的特点是什么？

开展新业务的时候，我如何为未来的横向扩展做好准备？

现在用 OpenStack 可能会遇到哪些问题？

Hadoop 这个东西究竟适不适合我？

MySQL 引擎选哪种？

搜索引擎选哪种？

等等。

身为运维人员，需要有比较广泛的知识面。尤其在可以选择的选项越来越多的时候，只有能够进行分辨并给出高质量建议的人，才有更高的价值。企业的 CTO、项目经理本身可能专精于某个领域，容易忽略以上这些问题。因而一个思虑周全的运维人员将减少很多潜在的技术成本。

3．业务和数据分析能力

运维人员要学习统计学，读懂数据，了解业务需求，考虑成本控制，甚至考虑商业变现方面的问题。企业雇用每个员工都是为了创造价值。只有贴近企业的核心价值，才能够成为企业中被重视的人。例如，淘宝网"双十一"活动，其核心运维、应用运维团队一定是整个活动团队当中的核心决策者之一。运维人员作为最先接触到用户数据的人群，如果能利用这一优势为企业带来更直接的价值，运维就不会总被当作"浪费钱的替罪羊"了。多跟产品、业务人员、商务经理聊聊，运维人员就会更清楚自己的价值在哪里。

16.2 云计算系统运维与传统数据中心运维比较

云计算管理员面对的是分布式局域网计算基础设施。云计算系统与传统数据中心最大的区别之一就是，所有被存储、调配和管理的数据都在一个私有云中。基于云计算的高效工作负载监控，管理员可以在发生问题之前就发现一些苗头，从而防患于未然。我们了解云计算运行的详细信息，将有助于交付一个更强大的云计算系统。

对于传统数据中心来说，运维工作主要分为两个层面：网络管理及应用运维。相应地，运维人员也分为两类，如图 16-1 所示，网络管理人员主要负责物理环境及网络的管理，应用运维人员则按照物理资源的划分进行具体的应用维护。

云计算系统运维示意如图 16-2 所示。除了物理网络，云计算中心运维人员还需要维护物理主机、物理存储器等，进行物理设备级的数据备份、高可用性管理和容灾管理，并执行所有相关安全策略。而对于云应用运维人员来说，他们仍按照以前的范围维护服务器和存储系统等，只不过这些都变成了虚拟资源。他们也同样需要进行应用层面的数据备份、高可用性管理和安全防范等。

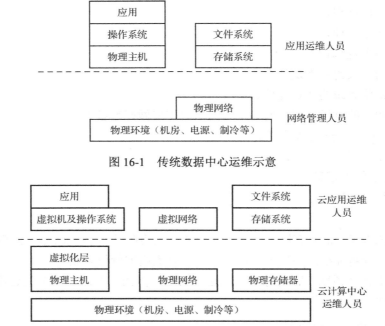

图 16-1　传统数据中心运维示意

图 16-2　云计算系统运维示意

详细来讲，云计算中心运维人员主要需要完成以下工作。

（1）日常监控与健康巡检

日常监控与健康巡检是指检查系统的运行状态，确保系统是健康的。具体内容如下：

● 检查云计算平台的运行状态。

● 检查物理主机的运行状态。

● 检查物理存储器的运行状态。

此外，基本的网络管理功能，如物理网络监控等工作，与现有运维模式相同。

（2）备份与灾备

这里的备份主要包括两方面内容，一是对云计算平台数据的备份；二是对所有物理存储器中的数据的备份，从而保证某物理存储器损坏后数据不丢失。

（3）故障处理

这里的故障是指云计算平台本身的故障。应用层面的故障则需要由应用用户自己解决。对于云计算平台来说，它能够在绝大部分环节上实现高可用性，如网络高可用性和存储高可用性等。但是，一旦系统出现单路故障，运维人员应该立即对故障进行排除，避免影响业务运行。

（4）安全防护

安全防护是指确保系统的安全性，主要包括以下内容：

● 物理安全。需要保证所有物理设备及机房的安全，与目前运维模式相同。

● 网络安全。需要保证所有物理网络及虚拟网络的安全；需要根据应用需求划分虚拟网络，配置访问策略，进行入侵防范和安全审计。

- 主机安全。需要对物理主机及其上运行的虚拟化环境进行安全防范，包括对用户、密码和权限进行管理，以及对访问进行审计等。
- 数据安全。需要定期对物理存储器进行完整性检查和备份，并对某些设备进行加密处理；需要对灾备进行配置和演练。

（5）运营配置管理

运营配置管理是指识别、控制和维护现存所有资源配置项，例如，服务器、端口资源、IP 资源、域名资源、网络设备、存储设备及一些专业软件。再具体一些，例如，某项业务用了多少个服务器？服务器的型号是什么？放在哪个机房的哪个机架上？用的是什么网络设备？用的是什么存储设备？等等。

在业务规模较小时，配置管理很可能被忽视。但是当一个运维人员要管理数百个乃至千台服务器时，配置管理的重要性就能被深刻体现出来。在一些粗放式管理的数据中心里，我们时常可以听到定位服务器难、IP 冲突等抱怨。

16.3 任务内容

16.3.1 硬件管理和维护

硬件管理和维护包括对硬件的升级、定期维护和更新等。由于业务规模的增长和系统负载的增加，运维人员要对服务器进行升级以适应业务发展的需要。系统运行一段时间后，运维人员要定期对硬件进行检查和维护，保证硬件的稳定运行。当服务器发生硬件故障时，运维人员要及时检测和定位故障，更换发生故障的部件。

升级或者更换部件时，运维人员不但要考虑服务器内各种部件的兼容性，还要协调这些部件的性能，消除性能瓶颈。服务器的 CPU 频率、内存大小、磁盘容量、I/O 性能、网络带宽和电源供给能力等要达到均衡和协调，才能避免浪费并且使系统整体性能达到最优。在选取部件时，运维人员应尽量选取同一品牌和型号的部件。这样做一方面可以提高不同服务器部件之间的可替换性和兼容性，另一方面可以减少由于部件型号不同而对系统性能产生的影响，也便于售后服务的管理。

灰尘是导致服务器故障的一个重要因素。服务器的散热风扇在运转时容易将灰尘带入机箱内，灰尘中夹带的水分和腐蚀性物质附着在电子元器件上，会影响散热或产生短路，增加系统的不稳定性。因此，定期的清理除尘也是必不可少的。

16.3.2 软件管理和维护

数据中心的常见软件包括操作系统、中间件业务软件和相关的一些辅助软件。其管理和维护工作包括软件的安装、配置、升级和监控等。

操作系统的安装主要有两种方式：使用安装文件和克隆安装。使用安装文件的优势是支持多种安装环境和机器类型，但是在安装过程中大多需要人工干预，容易出错，而且效率较低。对同一类服务器，运维人员则可以采用镜像克隆方式进行安装，以避免手动安装引入的错误，减少人为原因引起的配置差异，提高部署效率。

系统升级需要遵守严格的流程，包括新补丁的测试、验证及最后在整个数据中心中进行规模分发和安装。补丁的分发有两种方式：一种是"推"方式，由中央服务器将软件包分发到目标机器中，然后通过远程命令或者脚本安装；另一种是"拉"方式，在目标机器中安装一个代理，定期从服务器中获取更新。

常见的安全措施包括安装补丁、设置防火墙、安装杀毒软件、设置账号密码保护和检测系统日志等。运维人员应遵循稳定优先的原则，一旦服务器运行在稳定的状态下，应避免不必要的升级，以免引入诸如软件和系统不兼容等问题。

中间件及其他软件的管理和维护工作与操作系统类似，也包括软件的安装、配置、维护和定期升级等。

总的运维原则是：只要还在运转就别动它（If it works, don't fix it）。

16.3.3　监控资源变化

运维人员应主动计算工作负载。在发生应用高峰时，许多系统都可以监控工作负载并提供工作流程自动化服务。某些诸如旅游业这样的市场，往往在一年中的特定时间段会发生使用高峰事件。为了应对这样的突发事件，运维人员可以设置工作负载阈值，以便于在需求增加到超过预设值时创建新的虚拟机。这样，最终用户将总是可以访问数据和保持正常的工作负载，而无须做出性能牺牲。适当的工作负载监控设计，不仅有助于提升系统的稳定性，更重要的是保证了业务的连续性。

16.3.4　收集性能指标

运维人员应积极主动地收集和记录云计算服务器的性能指标与统计数据。这主要是因为托管云计算工作负载的大多数服务器都需要使用专用资源的虚拟机。对于云计算服务器来说，过度分配资源或分配资源不足都会付出错误的代价。

进行适当的规划和工作负载的管理，是企业部署重大云计算项目之前必须实施的环节。对运行专用工作负载的特定服务器的性能指标，我们建议应该评估如下参数。

（1）CPU 使用率

云计算服务器可以是物理的或虚拟的。运维人员应查看机器，并确定用户是如何访问 CPU 资源的。当无数用户在云环境下启动桌面服务或应用程序服务时，运维人员应该认真考虑一个服务器需要多少个专用核。

（2）RAM 需求

基于云计算的工作负载可能是 RAM 密集型的。运维人员在一个特定服务器上监控一个工作负载，可分析应分配 RAM 资源的大小。其关键在于按需规划而不过度分配资源，并且可以通过工作负载监控来实现这一目标。通过查看一段时间内 RAM 的使用情况，运维人员可以确定何时将会发生使用高峰以及选择合适的 RAM 等级。

（3）存储需求

存储规模规划是云计算工作负载分配的重要一步。用户设置和工作负载分配都需要空间资源。运维人员还必须检查 I/O。例如，大批量操作系统的启动和大规模应用高峰，都可以秒杀任何一个未对这类事件做好预案和采取措施的 SAN。通过监控 I/O 和控制器指标，运维人员可以确定特定存储系统的性能水平。运维人员可以使用固态硬盘或非易失性存储器以应对 I/O 高峰。

（4）网络设计

网络及其架构在云计算的基础设施与工作负载中起到了非常重要的作用。监控数据中心和云计算内的网络将有助于确定特定的速度需求。从服务器到 SAN 的上行链路通过 10Gbps 光纤连接，将有助于减少瓶颈和改善云计算工作负载的性能。

16.3.5 使用性能分析工具

为了满足视频、移动应用和物联网应用等典型边缘应用场景在带宽和时延方面严苛的需求，边缘云计算平台相较于一般云计算平台具有更高的性能。性能指标包括操作系统完成任务的有效性、稳定性和响应速度。在应用程序、操作系统、服务器硬件、网络环境等方面，对性能影响最大的是应用程序和操作系统。因为这两个方面出现的问题不易被察觉，隐蔽性很强。

当运维人员收集到性能指标后，需要对各项指标进行分析和测算，找到系统的性能瓶颈从而进行性能调优。在性能优化过程中，运维人员除了借助 IT 运维系统的支撑，还应从 Linux 操作系统层面手工进行性能度量和调试。附录 C 介绍了 Linux 系统的性能调优思路和可供使用的性能分析工具。

16.3.6 运维预案和预演

运维预案主要针对可能遭遇到的重大运维故障，例如，核心机房电力瞬断、核心网络瘫痪、重大安全事故等。运维人员对这些场景进行提前准备和提前演练，能更好、更快地开展应急恢复工作，最大程度降低故障给用户和业务带来的损失。预案是运维中不可缺少的一环，如同 "和平时期不搞演习，真正打仗必要吃亏"，道理是一样的。

运维人员准备预案时，首先要设想可能遇到的重大故障场景，设计对应的解决方案，并明确故障处理中的角色和职责，以提高故障处理的反应速度。要记住，在真正遇到故障时，必须紧张而有序地解决问题，不能遇到故障就慌乱。病急乱投医是不能解决问题的。

预案可分为三个阶段：启动、处理和结束。在三个阶段中，故障处理人员应定时和业务负责人沟通进展情况，确保业务人员能根据实际情况决定对外措辞，安抚用户。在故障处理结束后，故障处理人员需要提交一份故障处理总结。

光有预案还不行，运维人员还必须提前预演，以应急预案为蓝本，真实复现预案设计的故障场景，例如，手动切断核心交换机，手动给机架断电，手动拔掉存储光纤等。预演地点和场景均应是真实的，这样可以最大程度检验和锻炼运维人员对紧急情况的处理能力，确保重大故障发生时运维人员能第一时间响应处理，最大程度降低损失。

16.4　小结

　　在 5G 边缘云环境下，运维人员的职业生涯将向广度发展。单纯的技术支持或流程管控已经不能满足企业需求，跨平台跨专业的知识和技能整合才会具有竞争力。所以今天的运维人员应该通过不断学习充实自我，做好迎接 5G 云计算浪潮的知识和技能储备。

第 5 篇
实 例 篇

前面我们沿着几条主线对 5G 边缘云进行了探讨。正如书名所表达的，5G 边缘云的交付就像创作一部大型交响乐，需要遵从"规划、实施、运维"三部曲。我们对 5G 边缘云认知的进步同样是一个由数字到数据到信息到知识再到数据的轮回，也可以表示为"数字—数据—信息—知识—应用—结果"。

企业认识 5G 边缘云需要结合具体的业务场景。规划阶段是一个了解数据的过程，也是了解自身的过程：在内部，现在有哪些应用，这些业务对时延的要求是多少，现场需要接入的网络设备是什么量级的，是否需要在网络边缘部署服务，现场会产生多大体量的数据，对带宽的消耗有多大，是否能够在边缘侧进行处理、存储，我们提供了哪些产品和服务，客户/用户是谁，他们分布在哪里，什么时间段用得最多，使用感觉如何；在外部，竞争对手都有哪些，他们的应用和数据情况是什么样子的，我们处在 Ecosystem 中的什么位置，上下游的合作关系或竞争关系怎样；在圈外，关于我们的产品和服务的口碑或舆情怎样，等等。明确了这些，我们就要进行技术选型，进入实施。投放生产环境后，就要保证：① 数据是安全的；② 应用在正常运转；③ 出错在所难免，怎样以最快的办法解决问题，恢复到正常状态。

从 1G 到 5G，每次技术的更迭都带来了通信网络性能的飞跃，同时带来了人们生活方式的深刻变革。前 4 代移动通信系统主要针对数据传输进行技术创新，关注人与人之间的连接；5G 增加了物联网的创新，实现了物与物的连接。作为新一代移动通信技术的主要方向，5G 不仅能够大幅提升移动互联网用户的大带宽业务体验，更能契合物联网泛连接、广覆盖的业务需求，将成为业务创新的重要驱动力。5G 边缘云为有效打通企业生产销售全流程的信息流提供了工具，为产业互联网的快速发展与升级提供了必要的手段。本篇选取 5G 边缘云在新媒体、云游戏、智慧医疗、智能制造和智慧城市中的典型应用场景进行介绍，希望对相关企业进军 5G 边缘云有所帮助。

在新媒体领域，视频已经成为当今主流的媒体传播形式。随着技术的发展，视频的分辨率由标清、高清向超高清发展，视频的观看方式由平面向 VR 全景发展。不同于传统的语音业务和常规数据业务，其要求边缘侧能够提供大带宽、低时延、"动中通"的移动网络。例如，在 2019 年两会期间，中央广播电视总台首次使用专业级 4K 超高清视频直播技术，并结合 5G 网络资源及边缘计算技术，确保满足 4K 超高清视频信号的传输要求，完成了画质更清晰、互动更流畅的会议报道。5G 的大带宽、低时延特性解决了超高清视频、VR 全景视频等传播的技术问题，推动了行业的发展。

在游戏领域，云游戏是一种无论何时何地均可将高质量游戏体验带给玩家的新游戏方式。随着游戏迁移到云端，5G 也延伸到游戏服务、游戏体验和游戏平台的新领域。在 5G 影响下的各行各业中，云游戏或许会是最先体验 Gbps 级别带宽的场景。PlayStation 推荐的最小带宽是 5Mbps；微软的 Xbox Game Pass 的 xCloud 流服务要求带宽是 5Mbps；进军云游戏的 Google Stadia 为了支持 720P 分辨率和立体声音效，其带宽至少需要 10Mbps。谷歌、微软和索尼为其云游戏服务构建了覆盖全球网络的数据中心，而通信网络连接游戏终端的俗称"最后一公里"地带成为云游戏的瓶颈，因为从光纤到同轴电缆，数据包的传输会有较大衰减。5G 借助采用 Massive MIMO 技术建造的本地基站解决"最后一公里"连接问题，从 5G 基站到回传汇聚机房路径上的边缘计算服务器可用于运行云游戏服务端程序。这些保证了足够高的数据传输速率和足够短的响应时间。云游戏在 5G 边缘云推动下将走向繁荣。

在智能制造领域，工业互联网已成为产业升级发展的必然趋势。工业互联网需要将传感器、大数据、云计算等新一代信息技术与制造业进行深度的融合，而 5G 边缘云非常适应制造领域的大体量、毫秒级延时处理的要求。"5G+制造"是工业生产全要素的网络化、信息化、智能化过程，能够持续带来覆盖整个价值网络的资源生产率和效率的增益。例如，潍柴集团搭建的数字工厂，利用 5G 及相关技术，打造了无人生产车间，将生产设备、物品直接连接到 IT 网络中，实现了对生产现场的实时数据采集。与此同时，5G 边缘云也促进了生产系统（Manufacture Execution System，MES）、供应链系统（Supply Chain Management，SCM）、客户关系管理系统（Customer Relationship Management，CRM）、企业资源计划系统（Enterprise Resource Planning，ERP）等的重新分工与协同。可见，5G 边缘云平台与其他信息系统的接口显得尤为重要，对上述系统的架构及部署需要重新审视。

在智慧医疗领域，5G 边缘云依托 5G 技术，综合运用边缘计算、人工智能等 IT 技术，实现在疾病诊断、监护、治疗等方面的技术支持，进而便利就医流程，缓解患者看病难的问题。以中国联通为例，他们借助 5G 技术，成功实现了心脏介入手术的跨国展示，让远在巴勒斯坦的医疗工作者在大屏幕上实时观看青岛阜外医院进行的心血管手术，并且直播画面清晰无卡顿。更重要的是，5G 边缘云使得智慧健康真正上升为智慧医疗：一方面，提升了医疗供给，实现患者和医疗资源的信息连接，更大程度地提高了医疗资源利用效率；另一方面，进一步挖掘医疗数据的价值，催生新的基于 5G 边缘云的移动医疗服务。

在智慧城市领域，5G 边缘云让城市成为一个连续、高效、整合、开放的生态系统。5G 代表着移动通信技术的演进，将为城市中的人、物、景实现高速、安全、自由的连接。边缘计算引入的就近运算特性，配合 5G 网络切片和安全开放能力，将会推动 5G 边缘云与城市的融合。智慧城市建设兴起于欧美地区。在政府支持和企业参与下，智慧城市在我国也取得阶段性建设进展。截至 2019 年，我国 95% 的副省级城市、83% 的地级城市，总计超过 700 座城市，均明确提出或正在建设智慧城市。智慧城市领域应用场景丰富，其中需求较高、落地较快、技术与服务相对成熟的三大领域是：智慧安防、智慧交通和智慧社区。

第17章

新媒体

17.1 概述

新媒体和媒体同样是媒体。5G 边缘云的到来使其内涵更为丰富。就像智能手机将世界置于人类指尖一样，增强现实（Augmented Reality，AR）和虚拟现实（Virtual Reality，VR）把世界呈现于人类眼前。AR 对人类周围的世界进行视觉增强，而 VR 则创造了一个虚拟的世界。一个设计精良的 AR/VR 应用可以给用户带来真实的现场感体验，激发强烈的视觉和情感共鸣。

AR 和 VR 两者很相像，但是它们是有区别的。AR 是一种能够将实时的空间数字内容和现实世界相融合的能力。与 VR 不同的是，AR 不屏蔽现实环境，而是强化现实世界的观感状态。VR 是一个使用计算机生成的内容去模拟现实生活或者想象环境的应用。VR 让用户完全沉浸在一个虚拟的、与现实世界迥异的交互环境中。

AR/VR 在很多新型商业领域中扮演重要的角色，其中包括工业数字化和智慧城市服务等。在移动、零售、医疗、教育、公共安全等领域，AR/VR 推动提升用户体验，创造出新型业务。AR/VR 保持快速的发展，促进很多流行应用软件结合传感器、可穿戴计算（Wearable Computing）、物联网和人工智能技术给用户提供丰富的上下文信息。

但是，AR/VR 应用对网络性能表现比较敏感，网络的些许抖动都将降低整体用户体验。如今典型的 4G 网络在容量和时延上的不足会限制 AR/VR 的应用。5G 的引入提供了更大的容量、更低的时延和更好的一致性，将助力 AR/VR 应用数据的传输。AR/VR 应用使用边缘云的计算能力执行复杂的程序，避免将大量内容数据发送到云数据中心。

5G 边缘云将促进包括 AR/VR 应用在内的新媒体应用场景。这不仅仅限于后端内容制作和传输，同时也需要终端技术的配合和支持。例如，美国苹果公司的 iPhone 在终端方面 AR 能力的布局远超 5G 本身。像苹果这样的公司要做出一款支持 5G 的手机是一件分分钟的事情。然而它并没有先做 5G，而是在 iPhone 中首先引入了激光雷达，并发布了 ARKit，成为 AR/VR 的先行者。

17.2 AR/VR 发展趋势

17.2.1 产业发展现状

伴随技术的发展和观念上的变革，AR/VR 历经过去 10 年在图像、计算、传感器和网络等领域的发展，逐步接近大规模市场采纳的阶段。Statista 在 2019 年的报告显示，到 2022 年，全球 AR/VR 产业的市场规模将达到 2092 亿美元。企业将采用创新的 AR/VR 技术，并在各类场景中通过该技术提升用户体验以驱动业务增长。2018 年，中国 AR/VR 产业的市场规模约为 233.75 亿元，其中，AR 产业的市场规模约为 6.25 亿元，VR 产业的市场规模约为 227.5 亿元。

中国 AR/VR 产业发展研究课题组通过网络在全国 15 个省市抽取 5626 个年龄在 15～

39 岁的样本进行了抽样调查，调查内容涉及是否了解 AR/VR 知识、AR/VR 产品认识、AR/VR 使用时长、AR/VR 内容偏好等方面。调查数据显示：该样本中对 AR/VR 非常感兴趣的用户占比达到 68.5%，潜在用户规模约 2.86 亿户。

5G 技术将推动 AR/VR 技术的大规模落地：5G 带来的高速网络将提高 AR/VR 设备的视觉处理效率和追踪精确度，提供低时延的用户体验；部署在 5G 网络边缘的云计算资源将减轻终端设备的运算负担，提供强大的数据处理和交付能力，助力 AR/VR 应用更好的性能表现。随着 5G 商用的到来和边缘云的普及，我们正在见证更多的 AR/VR 应用步入人们的生活。很多专家预测，AR/VR 会如同智能手机一样成为游戏规则的改变者。

17.2.2　产业发展趋势

AR/VR 产业覆盖硬件平台、软件开发、应用和消费内容等诸多方面。作为一个新兴产业，越来越多的平台提供者、软件开发商和核心内容生产方加入 AR/VR 的产业链。

AR/VR 产业可以分为硬件设备、内容制作、分发平台和 B 端应用 4 类。目前在国内，硬件设备是主要变现来源，同时 B 端应用逐渐走入实际工作，内容制作和分发平台开始起步，线下体验店和主题乐园是较为成熟的商业模式。目前主流的面向消费者的产品为头戴式产品，包括头戴式 Mobile VR 产品、头戴式 PC 端 VR 产品和头戴式 AR 产品。从产品设计的角度看，存在若干制约 AR/VR 体验的因素，例如：内容决定了用户的使用时长，交互方式会干扰沉浸式体验，帧率决定了画面延迟程度，屏幕分辨率决定了画面清晰度等。可以看出，这其中涉及网络传输和运算能力的因素正是 5G 边缘云所能够解决的问题。

AR/VR 被称为"下一代互联网"和"下一代移动计算平台"。整个 AR/VR 生态圈初步形成，驱动中国 AR/VR 产业发展的七股力量为用户、技术、硬件、内容、开发者、渠道和资本。

- 用户分为潜在用户、浅度用户和深度用户。
- 技术指为 AR/VR 产业提供支持的软件技术和硬件技术。
- 硬件分为 VR 眼镜、VR 一体机、PC 端 VR 产品、VR 拍摄设备等。
- 内容主要包括电影、全景视频、全景漫游、全景图像和 VR 游戏。
- 开发者指使用 AR/VR 开发软件进行游戏开发、视频制作等的开发人员。
- 渠道指 AR/VR 产品从生产者向消费者转移的具体通道或路径。
- 资本指以推动 AR/VR 产业发展为目的，并对相关产业进行投资的各种基金、机构和企业。

从产业发展趋势看，AR/VR 初步形成了产业标准，抬高了准入门槛。那些曾依靠粗制模仿获利的企业将逐渐被淘汰。能够建立生态体系的企业将会在未来获得更大优势。

从内容发展趋势看，更加先进的内容制作工具被投入市场，效率得到提高，由硬件逐渐培养的用户群形成一定规模，吸引了更多开发者涉足，内容被进一步拓宽，更多产业形成联动。

　　从产品发展趋势看，PC 端 VR 产品由于门槛高、设备笨重、价格昂贵，将会像电视游戏主机那样面向专业玩家和游戏发烧友，以游戏大作、电影为主要内容；而 Mobile VR 产品因为门槛低、价格适中，将会面向大众玩家逐步普及，以轻量级游戏、电影为主要内容，并向教育、旅游观光等其他领域倾斜和推进。

　　从国内市场看，随着移动智能设备的普及和增长趋缓，消费电子市场将开拓新的消费点和增长点；AR/VR 技术逐步走向成熟，硬件生产实现规模化。

17.2.3　对 5G 边缘云的要求

　　AR/VR 应用为获得引人注目的体验需要传递大量数据。另外，其沉浸式的图形交互界面相较于传统媒体应用需要更大的功耗。即便最先进的承载 AR/VR 应用的硬件设备也会饱受电池寿命不足的困扰。从交通导航到视频观看，消费者需要持续不断地访问巨大数量的内容数据，其中涉及大量数据处理运算，远远超过手持移动终端的计算能力。

　　电池寿命有限和发热问题，以及匮乏的计算能力仍是下一个 10 年我们要面临的挑战。移动应用的 AR/VR 设计者渴望使用云计算的能力减轻用户终端设备的负载压力，将一部分用户终端的计算任务卸载到云端执行。即便如此，仍需满足网络带宽和时延要求。

　　确保无处不在的连接性和访问远端计算能力的低时延是 AR/VR 拓宽市场领域的基本要素。现有网络和计算基础设施将难以发挥沉浸式媒体产业的全部潜能。因此，以上这些挑战给迈入 5G 时代的通信运营商一个重要的机遇，不仅仅要完成一项充满潜力的技术使能，而且能够分享它在市场应用上的成功。

17.2.4　AR/VR 应用规划

　　企业使用 5G 边缘云加速 AR/VR 应用，首先需要明确应用对网络带宽、响应时延和数据容量的要求；进而通过将响应时延的"预算"分解到由客户端到服务端的路径上，以确定 5G 边缘云平台的位置和支持对应计算能力的配置。

　　举例来说，一个医疗系统采用 AR/VR 应用进行辅助导航，为确保手术操作过程中的响应及时性，要求 AR/VR 应用端到端的数据传输时延在 100ms 以内。在通常的云计算基础架构下，此类场景的时延大约为 500ms，难以满足上述时延要求。借助 5G 带来的低时延网络，以及在网络边缘部署的计算能力，能够为此类 AR/VR 应用提供端到端的时延保障。

　　再如，4K 分辨率的 30fps（帧率）格式的 360° 视频应用，为了保证质量，需要 20～60Mbps 的网络带宽，这是 4G 网络基础架构能够满足的。8K 分辨率的 90fps 格式的 HDR（High Dynamic Range）360° 视频应用需要高于 200Mbps 的网络带宽，这需要 5G 网络才可以实现。表 17-1 所示给出了各种流媒体的网络带宽和时延要求。

表 17-1　流媒体的网络带宽和时延要求（来源：英特尔 5G 典型应用案例分析 ）

业务类型	下行速率	上行速率	时延
高清直播 1080P	5～15Mbps	5～15Mbps	50～100ms
超高清直播 4K	20～60Mbps	20～60Mbps	50～100ms
超高清直播 8K	80～200Mbps	80～200Mbps	50～100ms

另外，AR/VR 应用对于网络一致性有较高的要求。通信运营商除了为用户提供 10Gbps 的网络带宽，还需要保持用户接近网络边缘时仍具有可用的信号，减小数据传输速率降低的范围。这才是保证 AR/VR 应用运行的关键。5G 使用巨大数量的天线（Massive MIMO）和同时多连接（Simultaneous Multi-Connectivity）确保了网络的一致性。

促进 AR/VR 应用高质量交付的另一个重要技术是边缘计算。AR/VR 应用涉及编码、解码、拼接投影和推流等复杂运算，如果用户将数据推送至云数据中心进行处理，那么通信时间的损耗代价会超过云端的计算能力优势。这预示着 AR/VR 应用中的实时流处理功能适宜被卸载到靠近用户终端的 5G 网络边缘。

17.3　5G 边缘云 AR/VR 应用场景

17.3.1　汽车视频流

无人驾驶技术是传感器、计算机、人工智能、通信、导航、模式识别和智能控制等多门前沿学科的结合体。视觉技术作为环境感知的重要手段，在目标识别、道路跟踪和地图创建等方面起到关键作用，但是会产生大量汽车视频流数据。汽车视频流的数据传输与加工处理需要大带宽和移动性的网络连接及足够的运算能力。

在自动驾驶和全自动无人驾驶技术的应用与普及过程中，无论是"传统汽车"里的乘客或者司机，还是自动驾驶的汽车里的乘客，都将消费 AR/VR 应用传递的汽车视频流数据。综合考量汽车市场和 5G 商用时间表可以发现，不断增加的汽车共享业务和半自动/全自动车辆将会是最大的受益者。

伴随 AR/VR 应用提供的汽车视频流数据而来的是网络带宽的巨大需求，以及随着用户在移动基站之间的移动而快速扩展的需求。汽车视频流场景的 AR/VR 应用提出两项关键指标：大带宽和移动性。

设想一个场景，汽车以 16km/h 的速度行驶在 8 车道的高速公路上，汽车车长 3m，车与车之间要保留 9m 的距离。高速公路上的基站覆盖范围半径是 500m，也就是说，覆盖距离长度为 1km。假设这 1km 的 8 车道高速公路上有 670 辆汽车，并且 AR/VR 的使用率是 1%，也就是说每辆汽车有 0.01 位 AR/VR 用户。如果每个 AR/VR 应用消费 100Mbps 的带宽，那么此场景的带宽总量是 670Mbps。对于 10bps/Hz 的频谱效率来说，基站需要 67MHz 的频谱来支撑应用的带宽需求。随着越来越多用户的产生，例如，此场景 AR/VR 的使用率增至 10%，就需要 10 倍的带宽需求。

对于 AR/VR 应用移动性的要求，5G 采用同时多连接技术，使得一个用户可以同时连接两个基站。另外，超过 200Mbps 的带宽容量需求愈加强调使用 5G 边缘云的必要性。

17.3.2　场馆内容上传

2018 年国际足联世界杯采用 5G MEC 和 VR 设备进行赛事直播取得成功，预示着 AR/VR 技术在场馆赛事直播领域将现实世界和虚拟世界相融合的大戏拉开帷幕。事实上，诸多大型体育赛事已经证明，无线网络可以传播高质量的 AR/VR 应用。部署 5G MEC 改变了体育赛事和娱乐活动的转播模式，特别是采用 AR/VR 技术可以传递丰富的内容数据。

场馆的网络基础设施具有边缘网络接入的位置优势，使得产生于场馆内部和场馆外部附近的内容数据以较低的时延在边缘区域传递和消费。在场馆内举行赛事时，低时延是支持具有上传和下载视频内容应用的必需条件。另外，游戏、互动视频和群众活动等场景的现场增值体验也离不开内容数据的实时上传。

社交媒体服务，如微信、微博，大多被设计为具有视频捕获和上传的功能。但是成千上万的用户同时上传内容可能会导致网络拥塞，特别是进入 5G 商用时间表后，同期的上传内容体量变大，复杂度提高（例如将图像转换为 360° 视频）。设想在北京工人体育场内的 5 万名球迷使用手机或者照相机拍照并上传至社交媒体，很容易在 0.1km^2 范围内达到 1.25Tbps 的带宽尖峰（假设 4K 分辨率的 360° 视频所需带宽约为 25Mbps），也就是说达到 12.5Mbps/m^2 的流量密度，此数值超过了 IMT-2020 的 10Mbps/m^2 的流量密度指标。

17.3.3　六自由度视频

下一代 AR/VR 体验将采用 6DoF（6 Dimension of Freedom，六自由度）提供更高层次的沉浸感，允许用户步入环境中，依靠直觉与环境互动。自由度（DoF）与刚体在空间内的运动相关，可以解释为"物体移动的不同基本方式"。自由度总共有 6 个，可分成两种不同的类型：平移和旋转。刚体可以在 3 个自由度中平移：向前/向后，向上/向下，向左/向右。刚体也可以在 3 个自由度中旋转：纵摇（Pitch）、横摇（Roll）、垂摇（Yaw）。因此，3 个平移自由度+3 个旋转自由度=6 个自由度，即 6DoF。

定位追踪对 AR/VR 而言非常重要。结合定位追踪，应用可以测量和报告真实意义上的 6DoF。由于 VR 是模拟（或者修改）的现实，所以需要准确地追踪对象，例如，头部或手部是如何在现实世界中移动的。这样才能在 VR 世界中实现精确的映射。

6DoF 视频内容在逼真性和交互性上胜过 3DoF 几个数量级。当前的 3DoF 体验，如 360° 视频，允许用户在一个固定位置旋转观看周围环境。而 6DoF 体验允许用户在空间中移动，如走动或者移动头部。6DoF 头部动作跟踪的一个方案是 VIO（Visual-Inertial Odometry），它实现了在未知环境中使用照相机或者传感器估算移动设备的相对位置和运动方向。其优势是在配合头戴式设备使用时，无须附加设置就可以获得真实的移动体验。因为计算机合成 6DoF 环境的过程可以放置在云端执行，所以此类 6DoF 视频有时被称为 Point Cloud Video。

随着 6DoF 相关技术的发展，体育赛事、旅游和教育等多种场景下各种形式的沉浸式视频大量产生。当前大多数通信组件载体并不适合传输 6DoF 视频内容，包括捕获设备、软件、编码解码、压缩算法和网络。6DoF 视频要求 200Mbps～1Gbps 的带宽来支持端到端应用。利用 6DoF 视频达到身临其境的体验是一个超级引人入胜的使用场景，但它需要 5G 网络的支持。通常，传输 3DoF 视频可以采用抖动缓存区（Jitter Buffer）来适应网络抖动，而 6DoF 视频的绘制依赖于用户头部和身体的动作，其对端到端双方向的时延非常敏感，可以类比视频游戏串流，需要 10ms 级别的时延。6DoF 视频传输过程中存在时延和带宽之间的权衡：用于传输用户动作的时延越低，需要传输的数据点就越少。例如，当端到端时延为 1～5ms 时，6DoF 视频的带宽是 100～200Mbps；当时延为 5～20ms 时，其带宽是 400～600Mbps，意味着更多的数据点需要发送。因此 6DoF 视频主要应用在 5G 网络边缘的场合。

17.3.4　触觉互联网

互联网使人们的视听需求得到满足。互联网将进一步满足人们的另一种需求——触觉。随着 5G 技术的诞生与普及，科学家们开始构建触觉互联网。触觉互联网的概念由德国德累斯顿技术大学教授 Gerhard Fettweis 提出，用来实施远程触控机器。

触觉互联网将使触觉能够远距离传输，所需的数据量极其庞大，而且还需要低时延的连接来进行实时交互。触觉互联网有潜力使 AR/VR 更具沉浸感，帮助远程操作的机器变得更加精确，在医疗保健领域开辟新的途径，并在教育领域提供新的机会。

通过远程交互实现远程协作是由 AR/VR 技术催生的一大应用场景。真正意义上的远程交互需要较低的端到端时延，根据不同的用户场景，通常为 40～300ms。通常来说，低时延会带来更多的交互可能性，扩展潜在的使用场景，如远程医疗、远程机器控制和云游戏等。

由以远程机器为代表的远程控制技术进一步发展，将产生触觉互联网技术。研究表明，在 5ms 以下的超低时延将催生多传感远程触觉控制（Multi-Sensory Remote Tactile Control）的创新应用。

远程机器控制是指用户从远端对机器发起的操作，例如操作一辆叉车。类似的操作需要将往返时延控制在 100ms 之内。假设两个移动终端之间的一次往返通信包括 4 个无线链路，即两个空中（Over-the-Air）往返和两个传输往返。我们计算终端之间的处理时延，要考虑边缘网络时延、核心网时延和物理距离时延，因此使用具备低时延的 5G 网络是实现远程 AR/VR 交互的基本条件。例如，为了达到 40ms 以内的端到端时延，如果核心网时延为 30ms，那么终端到无线接入网的时延应为 5ms。触觉互联网对网络时延的要求更加严苛，从网络接入到边缘云上的资源分配速度要比 4G 网络提高 10 倍。如图 17-1 所示为触觉互联网的典型时延要求。

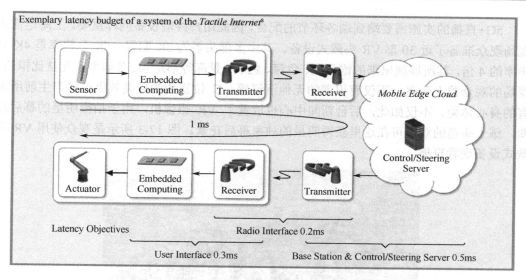

图 17-1 触觉互联网的典型时延要求（图来源：ITU-T Technology Watch Report）

17.4 5G 边缘云 AR/VR 应用案例

在第 26 届"东方风云榜"音乐盛典现场，中国电信上海公司（简称上海电信）运用 5G+8K+VR 技术进行了全方位现场直播。此次直播采用了业内顶尖技术，开启新时代沉浸式 VR 体验。此次直播在正对舞台的最佳机位放置 VR 摄像机，其拍摄的 8K+VR 超高清视频将通过 5G 网络传输到上海电信部署的"云端多功能视频转码服务平台"中，转码剪辑成 VR 内容后通过 5G 网络发出直播信号，大幅缩短了 8K 超高清视频下载和缓冲的时长。

此次直播称为 5G+直播，其具体解决方案如下。

5G+直播对应用系统有三方面要求：① 交互时延短，解决方案中要求播放过程无卡顿，从视频源到终端操作的时延不超过 100ms；② 画质清晰，解决方案中要求视频源采用未来主流的 4K/8K 分辨率；③ 云端处理，解决方案中利用 MEC 实现移动 CDN（Content Delivery Network，内容分发网络）功能，要求在云端存储本地直播视频内容，并实时推送至上一级 CDN 节点，供跨城观看。5G+直播解决方案架构图如图 17-2 所示，可以得到单用户网络带宽不低于 20Mbps。

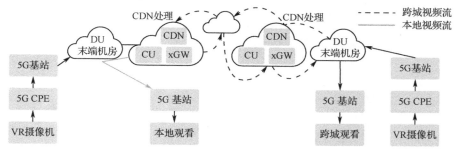

图 17-2 5G+直播解决方案架构图

　　5G+直播的实施需要端到端各环节的配合，因此用户终端设备同样重要。上海电信为现场观众准备了近 30 部 VR 头戴式设备。其中多部头盔为 8K 配置。8K 分辨率是 4K 分辨率的 4 倍，其所展现出来的饱和度、色深、色域、景深等都是 4K 分辨率所无法比拟的。现场的观众戴上头盔，不仅有很深的无他沉浸感，C 位视角的舞美效果也将产生前所未有的身心体验。不仅如此，后台新闻中心也放置了 VR 摄像机，用于拍摄明星的幕后花絮，戴上头盔的观众可在这里获得明星的独家幕后花絮。图 17-3 所示是观众使用 VR 头戴式设备观看直播。

图 17-3　观众使用 VR 头戴式设备观看直播（图来源：人民网）

17.5　小结

　　5G 展现出的大带宽、低时延和一致性为 AR/VR 应用提供了关键的网络基础。边缘计算技术将 AR/VR 应用中的复杂运算处理任务卸载到边缘云服务器上运行，减轻了 AR/VR 终端的运算负担，同时减小了对终端电池寿命的消耗。

　　本章介绍了 4 个 AR/VR 借助 5G 边缘云提升用户体验的典型应用场景。AR/VR 产业期待着 5G 边缘云给传统蜂窝移动网络和一般云计算带来的一系列变革。"你建设了（网络和云），他们（应用和用户）就会来"（Build it they will come），筑巢引凤。

第18章

云游戏

18.1　概述

"玩乐"是根植在人性中的东西，所谓吃喝玩乐，七情六欲，都说明了这一点。近年来，国内外游戏产业保持高速发展。随着人们物质生活质量的不断提升，将逐步产生对娱乐文化等方面的消费需求，也将促进国内游戏市场的进一步繁荣升级。寓教于乐（Edutainment，来自 Education entertainment）一词早就出现了。目前传统的高品质游戏需要较高配置的终端进行承载，使得游戏的入手门槛较高。例如，国内某款大型武侠题材游戏，对终端配置存储空间的最低要求达到几十 GB。游戏的定期文件更新或补丁也达到几 GB。这些给普通的手游用户带来很大不便，也给游戏的维护及系统优化带来较大困难。此外，大型 PC 游戏或网页游戏等向手游迁移的研发投入较大，且难以快速实现优质游戏的跨平台体验。游戏开发商将游戏在应用市场中上架供用户下载或更新，通常也要向渠道及平台商支付高额的经营费用。目前，国内的游戏市场过半聚集在手游领域，估计超过 60%，其他领域是主机游戏等。游戏是一个高度依赖技术和网络的市场。每一次的技术升级和迭代发展，都对游戏市场产生了巨大的影响，也给游戏产业带来了优越的商机，如 4G 网络、光纤入户、GPU、3D 显卡、智能终端等。

5G 时代的到来，让云游戏成为可能。5G 也必将颠覆传统游戏的玩法，让高端游戏的体验触手可及。首先，5G 大带宽、低时延的极致特性将大幅提升云游戏的移动化访问体验。其次，5G 的网络切片、边缘计算能力将为云游戏的网络保障、就近处理、更低时延等提供技术支撑。最后，5G 网络和芯片/模组技术的成熟，将支持云游戏与 AR/VR 等智能终端进行结合，让游戏的体验带有多维度体感等。此外，5G 边缘计算在云游戏中的应用，也将充分带动芯片、硬件服务器、云计算、边缘云等系列计划产业的共同发展。对于云游戏而言，最重要的是让用户可以在不受硬件配置的限制下，随时随地畅玩游戏。这就离不开 5G 网络的通道、5G UPF 的分流、边缘的就近处理等。基于此，云游戏将抹平传统游戏间的鸿沟，彻底释放游戏玩家对于终端配置的烦恼，也让游戏开发商远离频繁的系统优化、硬件适配等工作。5G 云游戏所有的运算处理全部在云端完成，因此可以完美地实现"用户无须下载、无须安装、无须更新、跨终端体验、按需订阅畅玩"等体验。

2019 年 12 月 16 日，《经济日报》刊发的"5G 来了，云游戏成赢家"文章指出，以下几个方面的因素使得云游戏成赢家。一是在国内，各游戏厂商陆续推出云游戏平台，高度成熟的游戏产业开始了排位赛；二是伴随 5G 技术的铺开，云游戏将更快地进入用户视野；三是国内 5G 商用的快速发展以及腾讯、阿里、华为等在云计算领域的布局为云游戏发展提供了很好的基础；四是外部资本已开始关注云游戏产业，但整个产业仍在"试水期"。总之，云游戏为成熟的游戏产业又带来了机遇和挑战。

18.2　云游戏发展趋势及机遇

18.2.1　产业发展现状

云游戏的主要优点在于让游戏玩家摆脱了高端硬件配置的束缚，全部系统均需要部署在云端，因此对云计算技术有着高度依赖。自 2015 年之后，CPU、GPU、虚拟化、视频编解码及流媒体等技术逐步成熟，使得云游戏突破了云化的技术壁垒。自 2019 年 5G 商用以来，5G 网络的快速建设及边缘计算的规模试点，让云游戏突破了网络带宽的通道障碍。对于游戏玩家或游戏产业的从业者而言，云游戏已不再是新生事物。

云游戏最早在 2000 年开始萌芽。OnLive 于 2009 年在全球游戏开发者大会上推出《孤岛危机》游戏，被视为划时代的产品，但其受限于网络及新技术支撑不力，致使未能成功规模推广。

2012 年，索尼开始布局云游戏，并在 2014 年推出云游戏平台 PlayStation Now，同时英伟达也在 2012 年发布云游戏的 GPU 方案技术。

2018 年开始，云游戏终于迎来规模发展的曙光。在 5G、GPU、虚拟化、云计算等技术逐步成熟的情况下，国内外互联网公司及游戏公司开始大规模布局云游戏市场，同时加大资本运作力量。例如，谷歌发布云游戏项目 Project Stream、微软发布云游戏服务平台 Project xCloud、EA 收购云游戏创业公司并在当年发布云游戏项目、亚马逊收购云游戏平台 Game Sparks、阿里云推出游戏云、日本游戏厂商 Capcom 在 Nintendo Switch 平台上推出云游戏。

2019 年，腾讯在 MWC2019 大会上与英特尔联合发布云游戏平台"腾讯即玩"，谷歌将 Project Stream 更名为 Stadia，亚马逊着手构建云游戏服务，中国移动发布基于云游戏技术的新一代技术平台"咪咕快游"，顺网科技发布云游戏平台"顺网云游"。

云游戏的特点是将游戏系统部署在云端，计算、存储、渲染等均在云服务器上完成，通过 5G 网络将渲染后的视频画面传送到用户终端上，使用户在任何终端上都能以流媒体的形式获取和畅玩游戏。前期，云游戏未能得到快速发展的直观原因是业务体验的时延过高，而目前云游戏的技术难点也在于降低游戏时延。为了充分降低游戏时延，仅仅依靠 5G 基础网络和云计算技术是无法有效解决的，还应有力结合边缘计算技术，充分解决云游戏的"最后一公里"问题。通过"5G+边缘计算"的方式提供更靠近用户的分布式运算能力，使得游戏业务可以就近处理，减少业务的路由节点，大幅优化时延，保证游戏体验的顺畅。

18.2.2　产业发展趋势

Statista 数据显示，全球云游戏市场规模约为 9700 万美元，至 2023 年预计将增长至 4.5 亿美元。

2019 年 6 月，华为 X Labs 与网易雷火游戏合作，成立 5G 云游戏联合创新实验室。

2019 年 9 月，中国信息通信研究院联合 28 家企业和单位共同发起并成立 5G 云游戏产业联盟，联合开展 5G 云游戏的相关技术研究、标准制定、产业推进等，共同探索 5G 云游戏的新生态、新模式和新机制，同时注重试点示范，加强国际化合作。

目前，云游戏在国内的发展还处于初期，5G 网络的普及将推动云游戏用户规模快速增长。预计 2022 年，云游戏用户规模将突破 5 亿人。

云游戏的发展趋势体现在以下 6 个方面。① 从侧面促进 5G 网络的规模部署和优化升级。② 促进国内边缘计算市场的规模增长。③ 便利游戏开发者，降低游戏的开发门槛。④ 催生更多的新生业态，如云游戏+直播、云游戏+销售等。⑤ 促进与 AR/VR 等智能终端的深度融合，丰富游戏的体验方式。⑥ 便于相关部门加强对游戏的监管。

因此，云游戏将成为未来游戏玩法的主要模式，将率先成为 5G+边缘计算赋能垂直行业的标杆应用，形成运营商 5G 下的 B2B2C（Business to Business to Customer）创新模式。

18.2.3　对通信网络的要求

云游戏的时延主要包括网络时延和计算时延。其中网络时延主要包括请求发送时延、传送时延，分别与基站的无线部分、有线部分的传输能力有关。而计算时延，也可称为处理时延，主要包括云端时延和客户端时延。云端时延是指游戏的视频编码、渲染处理时延，客户端时延是指游戏操作的输入性时延、视频解码时延等。目前，人类的平均反应时间约为 100ms，因此一旦任何形式的云游戏时延超过 100ms 就会让人产生卡顿、眩晕等感觉。结合国内外公布的测试数据，云游戏的优质体验时延为单向 20～25ms。以 720P、1080P 作为典型分辨率，目前 5G 网络带宽为 12～28Mbps，因此 5G 网络和有线宽带网络可以满足要求。有线部分的传输时延主要来源于光纤和设备处理时延。由于目前部分游戏系统的网络结构复杂、层级设置较高，游戏核心机房仅部署在部分热点城市，因此大部分游戏用户的访问将存在跨域传输再回传的情况，需紧密结合边缘计算技术，将边缘节点尽可能下沉，以城域网的时延替代广域网的时延。

18.2.4　云游戏规划

1. 时延分析

时延是影响云游戏体验的首要因素，将游戏程序运行时的网络时延、计算时延限定在 5G 边缘云计算架构中正确的位置至关重要。假设居住在北京的甲和居住在广州的乙开启一场速度与激情的赛车竞速对战。从经验数据得到，诸如赛车竞速的第一人称游戏，其时延控制在 100ms 以下可以提供较好的玩家体验。假设赛车游戏程序部署在国内公有云数据中心的服务器中，我们可以推算出玩家访问游戏程序的时延。总时延 T=Tplayer+Taccess+Tisp+Ttransit+Tdatacenter+Tserver，如图 18-1 所示。其中 Tplayer 代表玩家终端造成的时延，Tserver 代表云游戏服务器处理请求和运算的时延，根据经验平均值，这两个时延的总和约为 20ms，那么余下的时延总和不可以超过 80ms 这个阈值。Taccess 代表从玩家终端到第一个互联网路由器的时延，其因不同的网络接入方式和玩家网络环境而不同。Tisp 代表从互联网路由器到通信运营商接入点的时延，对应路径由通信运营商保障，一般具有较快的速度和较好的可靠性。Ttransit 代表从通信运营商接入点到云数据中心前端出口的时延，由通信运营商和云服务提供商共同保障。Tdatacenter 代表从云数据中心前端出口到云游戏服务器的时延，由云服务提供商保障。通过常见网络测速工具，以北京和广州作为测试源端，测量到国内主要"云测节点"的时延（这里假设游戏程序分布式部署在国内主要公有云节点上），可以得到 Taccess+Tisp+Ttransit+Tdatacenter 的典型值。测速结果显示，典型值约为 50ms，有超过 20%的比例不能满足 80ms 的阈值限制。这就是说，在公有云节点上集中部署游戏程序的方式在时延方面是不能完全满足的，所以需要将云端游戏程序卸载到靠近玩家的网络边缘。

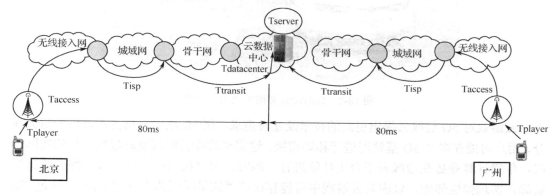

图 18-1　赛车游戏网络时延示意图

2．软件架构

云游戏的软件设计架构在分布式和移动性方面对通信网络存在一定要求。Colyseus 是一种适合游戏程序部署并运行在互联网上的分布式架构，其能够在互联网上多个节点之间动态分配计算能力和同步游戏状态，同时满足时延要求。使用 Colyseus，每个玩家所需要的游戏状态存储在离他较为接近的节点上。每个游戏被描述为一组物体的集合，每个物体代表了一个玩家。Colyseus 为每个物体维护一个主拷贝和若干副本拷贝，对物体的修改只会有序地写入持有主拷贝的节点上，这样保证了读/写操作的低时延。如图 18-2 所示，北京玩家驾驶左侧赛车，广州玩家驾驶右侧赛车，Colyseus 将在距离北京玩家最近的节点上运行左侧赛车的主拷贝和右侧赛车的副本拷贝。云游戏开发商使用 Colyseus 架构将游戏状态分发到接近玩家终端的节点上。

3．5G 边缘云与云游戏

在 5G 边缘云上承载云游戏时，需要将游戏程序部署在三个不同的层次上，即器件层、雾层和云层。玩家终端运行着游戏的器件层程序，包括视频/音频接收、玩家输入捕获和发送，并通过无线网络接入 5G 基站。游戏的雾层程序包括分布式游戏系统的主要计算和存储功能，负责接收玩家的事件并递交给游戏逻辑，将视频/音频进行编码发送给玩家。特别地，要把前面提到的使用 Colyseus 架构的游戏状态分发到雾层节点上。云游戏的大多数数据传输产生在器件层和雾层之间，为达到 Gbps 级的速度和毫秒级的时延，必须将雾层部署在 5G 基站到回传汇聚站点的路径上，并通过高速以太网连接云层。云层以虚拟机的形式运行游戏的服务器程序，包括游戏地图、游戏初始化等不要求严格时延的功能，协助雾层程序执行。

图 18-2　Colyseus 架构实现的云游戏

云游戏对 5G 边缘云提出更高的技术及建设需求。手游玩法将占据游戏市场的绝大部分，用户可能在多个 5G 基站间进行移动切换。这需要边缘云能够及时根据用户的实际情况，保障计算业务在边缘云平台上持续进行。同时，可以按需扩容或释放边缘云的计算资源，实现弹性伸缩，以应对云游戏中可能存在的"流量瞬间的上升或下降"。通过 5G 边缘云可以将游戏访问流量进行 UPF 的本地分流，实现就近处理和降低时延。其实，5G 网络在设计之初就已经考虑到与边缘计算的结合，UPF 可以较好实现 5G 边缘云的数据平面功能，由核心网选择距离游戏用户最近的 UPF 实现本地流量卸载，主要包括 ULCL（上行分类器）、Branching Point（上行流量转发点）、LADN（本地数据网络）方式，同时由 UPF 与边缘云平台进行对接。

18.3　5G 云游戏典型应用场景

近年来，国内的游戏电竞产业发展迅猛，有关部门也推出系列利好政策扶持电竞产业的发展。5G 云游戏将成为爆款游戏的微赛事、电竞等活动使用的主流方式。通过对竞技场馆等进行 5G 覆盖、接入边缘云平台，并按需开通专用游戏网络切片，可以全方位保障游戏的低时延、高质量、优体验。游戏玩家通过 5G 终端访问云游戏服务，5G 核心网进行及时判断并调度最近的 UPF 为用户提供服务，UPF 将对游戏访问进行本地分流，直接在最近的边缘云上进行视频流的渲染等系列运算处理，再将渲染结果就近传送给游戏玩家。

5G 云游戏应用场景如图 18-3 所示。

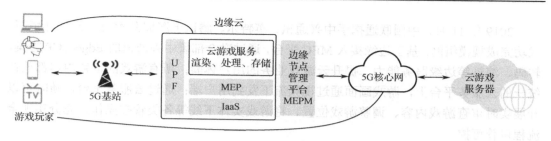

图 18-3　5G 云游戏应用场景

18.4　中国联通沃家云游

2019 年 4 月，中国联通在上海 5G 创新发展峰会暨全球合作伙伴大会上成立了"中国联通沃家云游"产业联盟，并对外展示了其云游戏平台"沃家云游"。此外，中国联通与腾讯电竞签署战略合作协议，共建"5G 电竞联合实验室"，共同研究 5G 技术在电竞领域的创新应用，打造电竞产业示范应用，推动电竞行业技术发展；中国联通还与海马云签署 5G 新生态战略合作框架协议，双方将共同探索基于 5G 的云手游创新型业务模式，构建以云游戏为特色的 5G 新生态"成长基石"。

"沃家云游"平台能够支持游戏的云端流畅运行：游戏中绝美的画质和动态渲染效果经过云主机处理后，在高达 10Gbps 的 5G 宽带网络传输下，以极清视频流的形式返回智能终端；使游戏摆脱了价格昂贵的专业级游戏主机硬件设备的限制，令 5G 手机即刻变身 3A 级游戏大作的主战场；同时，利用中国联通 5G 网络的超低时延特性配合强大的边缘节点计算能力，可轻松运行 20ms 高响应要求的游戏。

目前，"沃家云游"已经完成了第一次优化换代，2.0 版本已经正式更名为"小沃畅游"。2019 年 11 月，"小沃畅游"正式发布游戏内容供应商招募公告，分为单款游戏内容供应商和专区游戏内容供应商两个方向，并针对游戏内容及供应商资质制定了严格的准入条件，也代表着中国联通全面发力 5G 云游戏。中国联通还为用户提供了小沃云游手机 APP，支持 5G 终端快速接入畅玩游戏。联通 5G 云游戏场景如图 18-4 所示。

图 18-4　联通 5G 云游戏场景

2019 年 11 月，中国联通携手中兴通讯、英特尔、腾讯于深圳在 4G/5G 现网环境下，成功完成规模组网：基于边缘接入 MEC 平台，通过融合部署中兴通讯的 Edge-TCP 方案、转码、渲染等边缘服务能力，提升云游戏业务的用户体验；所有游戏的运营内容都放在统一的云服务平台上，游戏画面通过视频流下发到用户端；通过云服务平台，随时可以开展实时审查游戏内容、调整游戏位置、将游戏实体下线等各类管控操作，充分实现全流程可管可控。

5G+边缘计算与游戏云化的融合，有效地解决了云游戏网络连接的"最后一公里"问题，将催生出一个更加蓬勃的云游戏产业，带动 5G、边缘计算、游戏、服务器、终端等各相关领域的共同发展。

18.5　小结

5G 促进下的通信网络端到端各种能力的提升，有效地解决了云游戏网络连接的"最后一公里"问题。边缘云平台的"边缘云—中心云"架构适合承载基于分布式架构设计的云游戏，实现在多个边缘节点之间动态分配计算能力和同步游戏状态，并将游戏状态分发到接近玩家终端的节点上。这些满足了云游戏对时延的要求，保证了游戏体验的顺畅。云游戏有望成为最先落地、步入市场并带来经济效益的 5G 边缘云使用场景。

第19章

智慧医疗

19.1　概述

5G 智慧医疗依托 5G，综合运用边缘计算、人工智能等 IT 技术，实现信息化技术在疾病诊断、监护、治疗等方面的技术支持；充分利用有限的医疗人力和设备资源，发挥医院的医疗技术优势，在疾病诊断、监护和治疗等方面提供信息化、移动化和远程化的医疗服务；实现医院运营成本的下降，同时提升医疗效率和诊断水平，缓解患者看病难的问题，同时更好地为偏远地区提供远程医疗服务。

基于 5G，大带宽、低时延、超高可靠的网络将使智慧移动医疗产业快速发展。同时，5G 结合人工智能和大数据，能够提高医院移动信息化程度和运营管理效率，实现优质医疗资源下沉，更好地进行决策，助力医院及医联体智能化发展，全方位提升医院运营效率，降低医院成本，合理分配医疗资源，推动优质医疗资源触及基层，全面提高医联体诊疗水平。

国内一些大型医疗机构已经开始对 5G 智慧医疗应用进行试用。以华西医院、华西附二院为代表的医疗机构，针对 5G 远程医疗、互联网医疗、应急救援、医疗监管、健康管理、VR 病房探视等方面开展 5G 智慧医疗的探索与应用创新研究。5G 网络已经开始全方位赋能医疗行业，为加速医疗行业信息化进程提供网络支撑。

19.2　智慧医疗发展趋势

国家卫健委在 2019 年 7 月发布的《关于促进"互联网+医疗健康"发展情况的报告》显示，全国目前已有 158 家互联网医院，"互联网+医疗健康"的政策体系已基本建立，行业发展态势发展良好。但从宏观层面看，我国医疗体制仍面临着资源总量不足且结构布局不合理，医疗服务质量不高且服务体系碎片化等多种问题。根深蒂固的供需矛盾、观念错位导致患者看病贵、看病难、就医体验差。与此同时，人口老龄化、慢性病患者增多等问题也日趋严重。为推动优质医疗资源下沉，打造远程医疗、分级诊疗、医联体成为"十三五"期间医疗卫生改革的重要任务。"十三五"规划纲要中提出了支持智慧城市建设及健康中国建设的目标任务。

由于偏远地区医疗资源较差，只有充分发挥大医院或专科医疗中心的医疗技术和医疗设备优势，对医疗条件较差的边远地区的伤病员进行远距离诊断、治疗和咨询，才能实现分诊治疗与优质资源下沉。在实际操作过程中发现，由于数据处理复杂，再加上关键的网络通路、信号传输等问题，给远程医疗监管、区域协同、数据汇聚工作带来了很多阻力。尤其远程医疗对图像传输有着特殊的要求，过低的视频/图像质量可能导致医生难以辨清病情。在一般情况下，远程就诊需要 1080P/30fps 以上的实时视频，这对网络的质量提出了更高的要求。

2019 年 6 月 6 日，工业和信息化部正式给运营商颁发 5G 商用牌照，标志着进入 5G 元年。5G 提出了将网络与业务深度融合，按需提供服务的新理念。这一新理念能为医疗行业的各个环节带来全新的发展机遇。随着 5G 技术与医疗服务需求深度融合，将院内设备互联、院间医疗业务的开展，以及院前应急救治和区域医疗系统有机结合，未来医疗行业将呈现出无线化、远程化、控制化的发展态势。借助无处不在的 5G 高速网络，大力发展智慧移动医疗服务将是解决当前医疗行业面临的医疗资源分布不均等棘手问题的有效途径。

19.3 5G 边缘云医疗应用场景

19.3.1 远程医学示教

我国医疗资源紧缺且分布不均问题严重，高水平医护人员匮乏且主要集中在三甲医院，基层医护人员接受指导和培训的需求十分迫切。

远程医学示教是解决上述问题的一种有效途径，是医院医生继续教育业务的重要组成部分。在远程医学示教系统出现之前，受限于手术室的空间，提供给实习医生、医学生现场观摩的机会非常少。在观摩手术过程中，看到的画面也非常片面。随着信息技术的发展，远程医学示教系统解决了这一问题，并且将手术教学的场景延伸到主任办公室、医联体、学术会议、移动端，成为智慧手术室的重要组成部分。

利用 5G 网络的大带宽特性，可以同时传输多路数据，包括超高清视频、超声、影像及病理、患者档案等内容，进行同步显示的直播示范教学。同时，利用 5G 网络的大带宽和低时延特性，专家或教师可以对直播、录播的超高清视频或影像进行标签、注释、测量等互动操作，实现流畅清晰的远程指导教学。5G 网络也可以应用在医学解剖实验讲解、手术演练讲解、医患沟通、远程授课等场景。

通过 5G 网络传输多路 4K 超高清视频，将患者实时监测数据、医学视频设备的多种信息同步展示出来，为远程参与方提供了现场情况的多维度还原，让他们身临其境。手术现场通过术野摄像机对手术创口、手术台画面和医疗仪器（如内窥镜和监护仪等）画面进行在线实时采编录像和无线直播，实现手术音像资料存档、远程观摩教学和专家指导。现场医生可以通过超高清视讯设备和远端会诊专家或学员进行视频实时交流，远端会诊专家或学员可以同步看到手术环境和患者实时的医疗信息。5G 远程医学示教场景如图 19-1 所示。

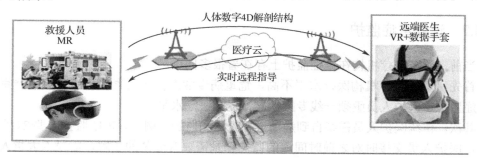

图 19-1 5G 远程医学示教场景（图来源：中国联通 5G 医疗培训资料）

远程医学示教系统解决方案包含三端：手术室端、示教室端（科室端）、移动端。手术室端由医学示教终端和手术推车组成，提供手术视频（1080P/4K）采集、录制等功能；

示教室端（科室端）配备软硬件一体主机，包括桌面一体机、4K 55 寸大屏主机、4K 65 寸大屏主机、双屏主机等多种型号，提供观摩指导手术的功能；移动端仅提供手机 APP，通过账户绑定手术室，可以在手机上观看手术情况，远程进行指导。

远程医学示教系统适用于手术室内的多个业务场景，如示教室实时观摩手术、主任办公室观看指导手术、院外医联体医院观看手术、学术会议转播手术、移动端远程指导手术等。在 5G 网络传输下，远程指导教学让专家或教师可以对课件、模型等进行标签、注释、图形标注等互动操作。对接高清医学影像视频类设备，或者对接 HIS（Hospital Information System，医院信息系统）、PACS（Picture Archiving and Communication Systems，影像存储与传输系统）、LIS（Laboratory Information Management System，实验室信息管理系统）、PIS（Personal Identification System，个人形象识别系统）等院内信息系统，实现医学设备数据同步传输及多路 4K 超高清视频，核心功能包括手术图像采集、手术转播、手术指导。

（1）手术图像采集

针对手术室环境复杂、不易观摩的问题，远程医学示教系统支持从多个方面采集视频画面，并且支持实时录制。远程医学示教系统配合医学示教手术推车使用，能够支持采集多路独立的超高清视频画面，如一台外科手术，配置的设备要能够采集术野画面、手术室全景、生命监护仪画面等，还要能够采集超声机、OCT、DSA、达·芬奇机器人等设备的图像。

（2）手术转播

手术图像采集后，远程医学示教系统支持对图像进行拼接，即将多路画面拼接到一个屏幕上进行展示，不仅支持在院内转播到示教室端，也支持转播到医联体医院、学术会议等移动端。

（3）手术指导

搭建远程医学示教系统后，不仅解决了从手术室到示教室，这种由内到外的通路，也为从手术室外对手术室内医生进行会诊、指导提供了由外到内的通路。当遇到疑难问题时，手术室外专家通过观看手术室内画面，如术野画面、生命监护仪画面等，实时对术中的医生进行远程视频指导，挽救患者的生命。

19.3.2　远程重症监护

当前，众多医疗机构在重症监护上存在着很多问题。

首先，基层医疗机构医疗水平不高，危重病专业医护人员紧缺，患者流失严重。基层重症监护室医护人员亟须一线专家指导，提升医疗水平。

其次，传统医护人员需亲自到病房进行查房和监护。例如，ICU 监护需要 24 小时不间断，医护人员交接时对之前时间内的监护记录需要有清楚的了解，需投入大量人力且对传染性疾病重症患者有交叉感染风险。

最后，医疗设备数据孤立现象严重，缺乏统一的数据接口，数据集成度差，数据浪费现象严重。

远程重症监护成为解决这些问题的一个选择。远程重症监护主要利用现代通信技术，构建以患者为中心，基于危急重病患的远程会诊和持续监护服务体系。上级医院值班医生、护士可实时监测远端患者的病情，从而共享上级医院的医疗资源。

远程重症监护系统需要通过 5G 网络传输患者医疗数据，包括患者病历、影像报告、生命体征数据等。同时，系统需保障医生端及患者端的超高清视频。其中，超高清视频传输对 5G 网络带宽要求较高，生命体征数据、报警信息对时延要求较高。

远程重症监护场景如图 19-2 所示。

图 19-2　远程重症监护场景

远程重症监控系统通常包括生命体征远程实时监测、AI 辅助分析及视频云台监护三大模块。

（1）生命体征远程实时监测

该模块使用医疗监控设备如呼吸机、心电仪、监护仪等对患者进行生命体征监测，然后通过定制数据采集模块，基于 5G 网络实现病患体征监测数据的无线化传输和可视化表现。

（2）AI 辅助分析

该模块通过 AI 技术及产品对监测的生命体征数据进行综合智能分析，一旦发生异常及时报警，可辅助医生进行远程监控，同时为其他科研分析提供可靠依据。

（3）视频云台监护

该模块支持超高清视频交互。医生通过 5G 网络获取患者端超高清视频，并可以通过视频云台远程实时调节摄像头角度和焦距，对患者进行多角度、全方位观察。在患者监测发生报警时，能自动将摄像头角度调节至对应患者床位并调取患者信息。同样，在紧急情况下，患者也可以通过一键报警紧急呼叫监护医生。

远程重症监控系统适用于医疗机构院内临床管理，包括医院 ICU 病房、急诊及手术室，也可用于院内/院间监护传染性疾病患者；适用于院间远程支持，由医院远程支持中心对医护专业人员不足的基层医院或社区医院进行远程支持；适用于医学科研，通过简单易懂的自定义科研数据分析处理流程设定，帮助医生预设病种检测参数组，灵活地筛选计算后导出数据，辅助追踪治疗实施方案。

远程重症监控系统可以为效果评估提供依据，形成临床数据闭环；可以为科研和临床工作提供依据；还可为养老机构的老人提供远程监护服务，针对患有不同疾病的老人提供定制化的监护和异常报警服务，帮助监护人员紧缺的养老机构提升工作效率和监护效果。

19.3.3　远程急救

　　急救医学在我国存在地区发展极不平衡，急救医护人员结构不合理，急救设备配置不足等问题。鉴于这些问题，加之缺乏超高清视频通信手段，使多数院前急救工作仅为简单的处理和患者转运。

　　急诊医学目前在我国还呈现出院前急救和院内急诊、危重病监护相互脱节现象，制约了患者急救质量的提升。同时，急救医师需掌握多学科医学知识和急救能力。目前，专业急救医师数量严重不足。

　　因此，在现场没有专科医生或全科医生的情况下，急救人员通过无线网络将患者生命体征和危急报警信息传输至专家端，并获得专家远程指导，对挽救患者生命至关重要。同时，医院可以在第一时间掌握患者病情，提前确定急救方案并进行资源准备，实现院前急救与院内救治的无缝对接。

　　随着 5G、大数据、云计算等新一代信息技术的高速发展，在急救场景中合理运用新一代信息技术，实现医护人员、医疗信息、医疗设备、医疗资源互联互通，从而缩短急诊流程，提高急诊效率，这就是远程急救场景，如图 19-3 所示。

图 19-3　远程急救场景（图来源：中国联通 5G 医疗培训资料）

　　在急救过程中，发挥急救车的移动优势，深入应急救灾现场，基于 5G 网络实现"现场—急救车—当地医院—支持医院"的连续、实时、多方协作的远程急救。这样可以快速获取病情、及时指导在途救治、提前部署急救资源，为急救病人打开绿色生命通道。在远程急救过程中，系统需将患者的实时心电图、呼吸、血压等生命体征数据，超声及 CT 检查的影像数据、车内患者及周边环境的超高清视频、AR/VR 影像数据等回传至急救中心和对应救助医院。同时，系统需将专家端的超高清视频和 AR/VR 指导信息传输到急救车上，使现场的医护人员得到更加专业的急救指导。其中，超高清视频及 AR/VR 数据对 5G 网络的上行速率和时延要求较高。

　　远程急救系统常见应用主要包括急救背包和智慧急救车两种。

　　（1）急救背包

　　急救背包支持在急救现场对患者进行紧急检查，通过 5G 网络将急救现场信息传输给远端医院和急救中心，便于急救中心进行资源调度，院方提前进行急救准备。在紧急情况下，现场医护人员可呼叫远程专家进行指导，提升院前急救水平。

　　急救背包包括智能检测终端、便携式超声设备和 AR 智能眼镜三部分。智能检测终端和便携式超声设备可快速检测患者心电图、超声、血压、血糖、血脂等10余项生命体征数据并同步到云端。对疑难病情患者，现场医护人员可通过 AR 智能眼镜，将患者情况以超高清视频形式同步到专家端，方便专家进行远程急救指导。急救背包可以满足急救现场需求，同时还可应用于社区医院、药店、体检中心、超市等不同场所实现快速体检，也方便家庭医生上门对行动不便人士进行体检。

急救背包结合远程监护平台和在线医生服务，可以实现数据实时监测、医患实时问诊、健康诊断等医疗保健服务功能。具体功能包括：

➤ 健康数据快速检测：在急救现场第一时间完成对患者的初步检查，包括心电图、血压、血氧、血糖、体温等生命体征数据。

➤ 支持远程视频问诊：通过 AR 智能眼镜支持远程视频交互。

➤ 支持多种接口：支持 5G/4G/3G、Wi-Fi、蓝牙、网线等多种接口，同时提供接口协议，可以无缝对接医院信息平台。

➤ 对接平台：可对接急救平台，实现急救全流程的数据统一管理。

（2）智慧急救车

智慧急救车通过 5G 网络实时传输急救车上医疗设备的监测信息、车辆实时定位信息、车内外视频画面，便于实施远程会诊和远程指导；对院前急救信息进行采集、处理、存储、传输、共享，可充分提升管理救治效率，提高服务质量，优化服务流程和服务模式。智慧急救车场景如图19-4所示。

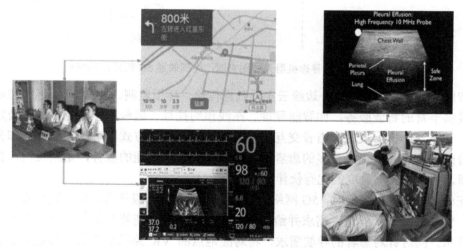

图 19-4 智慧急救车场景（图来源：中国联通 5G 医疗培训资料）

5G 智慧急救车使用的智能急救信息系统，包括智慧急救云平台、车载急救管理系统、远程急救会诊指导系统、急救辅助系统等部分。

① 智慧急救云平台包括急救智能智慧调度系统、一体化急救平台系统、结构化院前急救电子病历系统，实现的主要功能有急救调度、后台运维管理、急救质控管理等。

② 车载急救管理系统包括车辆管理系统、医疗设备信息采集传输系统、AI 智能影像决策系统、结构化院前急救电子病历系统等。

③ 远程急救会诊指导系统包括基于超高清视频和 AR/MR（Mixed Reality，混合现实）的指导系统，实现实时传输超高清视频、超媒体病历、急救地图和大屏公告等功能。

④ 急救辅助系统包括智慧医疗背包、急救记录仪、车内移动工作站、医院移动工作站等。

19.3.4　智能导诊

大型综合性医院中的专业分工精细，患者无法快速选择挂号科室，且对医院环境不熟悉，导致滞院时间较长，诊疗效率降低，患者满意度下降。医院虽积极设立导诊岗位、建立多媒体导诊系统等，但仍存在与患者沟通困难，获取信息速度较慢等问题。另外，众多导诊岗位将增大人力资源成本，而且导诊人员易受情绪影响出现医患矛盾。5G 智能导诊机器人为解决这些问题提供了一种解决方案，如图 19-5 所示。

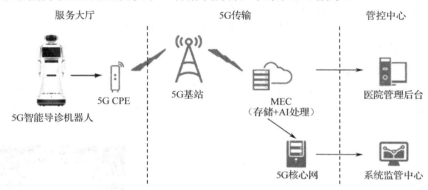

图 19-5　5G 智能导诊机器人（图来源：中国联通 5G 医疗培训资料）

智能导诊机器人基于 5G 边缘云实现数据传输、环境监测、AI 处理、远程控制等，可以提供丰富的智能服务，如智能导诊、在线预约挂号、远程问诊、业务办理及娱乐互动等。智能导诊机器人通过语音交互、触屏、人脸识别等方式，可以辅助或在部分情况下代替医院导诊人员接待更多的患者，并提供多场景多职能的服务，是医院门诊提高工作效率，提升患者满意度的优秀伙伴。

在患者进行就医咨询时，5G 网络需保障患者端及后台服务人员端超高清视频的实时传输，使医生准确了解患者需求并给出准确指导，患者也能够在最短时间内获得需要的就医信息。同时针对患者的导航需求，将对应地点的 VR 路径导览信息传输给患者，准确引导患者进行就诊，改善患者就医体验，同时减少医院的人力投入。其中，超高清视频和 VR 路径引导对 5G 网络上下行速率和时延均有较高要求。

结合智能导诊服务的需求分析，机器人产品由核心板、数据采集处理器、5G 传输模块、远程控制模块、语音交互模块、液晶显示屏、人像识别模块、环境感知模块、传感器模组、驱动模块、移动底盘等多种设备共同组成。其中，数据采集处理器负责收集环境感知模块的数据并经过 5G 网络实时发送给边缘云进行处理，边缘云经过计算分析后，控制机器人完成各种指令。移动底盘包含 SLAM（同步定位与地图构建）、激光雷达、超声传感器、防跌落传感器、电动机和轮子等重要部件，保证建立虚拟地图，并完成室内定位、自主寻路、主动避障、区域巡航等功能。驱动模块用于确保直流电压下的工作电压、电流稳定。液晶显示屏作为重要的信息展示和交互界面，具有信息展示、触屏操作、信息录入等诸多功能，充分保障机器人服务的完整性和优质体验。语音交互模块和人像识别模块基于底层 AI 技术及边缘计算实现，让机器人可以像正常人一样完成人际交流和服务。传感器模组相当于机器人的感官器官，确保了机器人在复杂环境下的应变能力和完成任务的能力。

智能导诊功能丰富，包括导诊、医事咨询、院内导航、紧急呼救、夜间巡逻、疏导维稳等模块。

（1）导诊

该模块以边缘云提供的 AI 处理能力为主，让机器人可以为患者提供导诊服务。患者向机器人描述症状，机器人根据患者主诉以及多轮问询后，判断患者可以选择哪些科室，首选科室是哪个，并给出指导意见。

（2）医事咨询

该模块基于 NLP（自然语言处理）、NLU（自然语言理解）、智能对话引擎等 AI 底层技术，以及丰富的语音知识库、5G 数据传输和边缘云计算能力的支持，让机器人能够快速回答患者提出的问题，涉及专家出诊信息、检查费用、医保报销、医学常识、常规检查、娱乐互动、语音闲聊等。

（3）院内导航

在内部输入医院地图后，机器人可以根据患者需求提供位置信息及路径规划，并由患者扫描二维码后实现手机引导。另外，机器人通过激光雷达和 SLAM 算法收集医院地图信息后，也可为患者提供院内引导带路的功能。

（4）紧急呼救

发生紧急情况时，患者可通过一键报警紧急呼叫医生或警察。双方通过 5G 网络实现实时超高清视频通话，以便医生或警察及时了解情况和进行应急处理。

（5）夜间巡逻

在 5G 网络支持下，机器人依靠红外探测、视觉识别、烟雾传感器等探头，可以在划定的区域内实现自主巡逻、安防监管、火灾探测等任务。在发现可疑人员时，机器人将提示人脸验证或人证比对。若未能识别，则向后台发出警报，由人工核验。发现火情或探测到烟雾后，机器人立刻向后台发出警报，并实时传回现场视频画面。后台人员如果无法立刻赶到现场，也可远程操控机器人进入现场，第一时间了解现场情况，为后续救援提供重要情报。

（6）疏导维稳

该模块基于人体识别功能，实现人流量监测，对人群密集区域实施语音疏导，对提前录入的黄牛党等黑名单群体，实施主动甄别和自动报警。

19.4　5G 边缘云应用案例

19.4.1　企业概况

东软一直致力于以信息技术的创新推动社会发展，创造美好生活。东软以软件技术为核心，业务领域覆盖智慧城市、医疗健康、智能汽车互联及软件产品与服务。目前，东软在全球拥有近 20000 名员工，在中国建立了覆盖 60 多个城市的研发、销售及服务网络，在美国、日本、欧洲等地设有子公司。此外，东软连续 4 次入选普华永道"全球软件百强企业"，还曾荣获"最具全球竞争力中国公司 20 强""中国 50 强全球挑战者""亚洲最受赏识的知识型企业""亚太地区最佳雇主"等奖项。

东软已经成立 5G 智慧医院协同创新研究院，并在 5G 商用元年，单独成立专注于医疗物联网的公司东软汉枫，致力于智慧医院建设。东软深耕医疗信息化行业，已有众多成功案例，在 5G 智慧医疗物联网应用方面走在前列。

19.4.2　智慧医疗实践

智慧医疗系统的实施是指在 5G 边缘云体系下的医疗物联网平台建设。东软 5G 智慧医疗物联网平台通过三大应用场景架起物联感知与智慧应用的桥梁，实现院前急救、手术示教与指导、远程监护、远程超声等医疗行业典型应用，如图 19-6 所示。

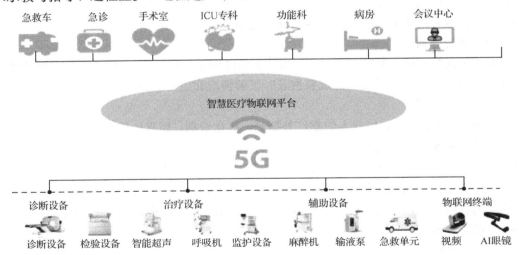

图 19-6　东软 5G 智慧医疗物联网平台

该平台较为全面地覆盖了 5G 的三大应用场景。

eMBB 应用场景主要为急救车。该平台给急救车提供广域连续覆盖，实现患者"上车即入院"的愿景。该平台通过 5G 网络超高清视频回传现场的情况，同时将病患体征以及病情等大量生命信息实时回传到后台指挥中心。该平台还可以完成病患的可穿戴设备数据收集，实现对用户体征数据 7×24 小时的实时检测。

uRLLC 应用场景主要为院内的无线监护、远程检测、远程手术等低时延应用场景。其中,无线监护通过统一收集大量病患的生命体征信息,并在后台进行统一的监控管理,大大提升了现有 ICU 病房医护人员的效率。远程检测、远程手术对于检测技术有较高要求,需要得到实时反馈,以消除远程检测的医生和患者之间的物理距离,实现千里之外的实时检测及手术。

mMTC 应用场景主要集中在院内。医院中有上千种医疗设备,对于这些设备的管理监控有迫切需求。未来通过 5G 网络的统一接入方式,该平台可实现现有的医疗设备的统一管理,同时实现所有的设备数据联网。

1. 院前急救

当前,我国的急救医学发展极为不均衡。在城市地区急救医护人员、设备等配置已经日趋完善,而广大的农村地区仍缺少相关人员配置。并且,无论在农村还是城市,急救现场往往存在缺少专科医生的问题。因此,基于 5G 网络,东软开发了院前急救应用系统,如图 19-7 所示。其借助 5G 网络,完善急救的场景应用:对急救路径进行规划,实现高效资源调度;根据患者病情特点,合理匹配医疗资源;同时,通过医疗物联网设备实时监测患者病情,并将患者病情及时传输至院方专家;通过远程监测手段让院方专家在第一时间掌握患者病情,做到病人未到信息先到,提前准备专家、手术等资源配置,优化抢救流程。

图 19-7　院前急救应用系统

2. 手术示教与远程手术指导

手术示教与远程手术指导系统如图 19-8 所示。

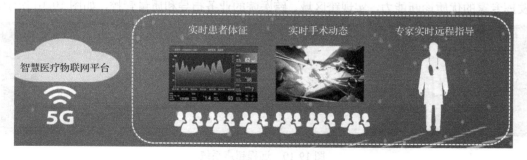

图 19-8　手术示教与远程手术指导系统

手术示教是指使用手术直播、录播等形式进行教学培训,主要面向医院普外科、麻醉科、心外科、神外科等外科相关科室医疗技术人员，旨在提高他们的案例经验及实操水平。手术示教与远程手术指导系统的核心功能包括手术图像采集、手术转播、手术指导、手机等移动端应用等。该系统适用于手术室内的多个业务场景，如示教室实时观摩手术、主任办公室观看指导手术、院外医联体医院观看手术、学术会议转播手术、移动端远程指导手术等。通过该系统可以观看实时患者体征、实时手术动态，聆听专家实时远程指导。

3. 远程监护

远程监护系统利用无线通信技术辅助医疗监护，实现对患者生命体征进行实时、连续和长时间的监测，并将获取的生命体征数据和危急报警信息以无线通信方式传送给医护人员，如图 19-9 所示。该系统依托 5G 网络低时延和精准定位的能力，支持可穿戴监护设备在使用过程中持续上报患者位置信息，进行生命体征信息的采集、处理和计算，并传输到远端监控中心。远端医护人员可实时根据患者当前状态，及时做出病情判断和处理。

图 19-9　远程监护系统

4. 远程超声

与 CT、核磁共振等技术相比，超声的检查方式在很大程度上依赖于医生的扫描手法。超声探头就是医生做超声检查时的"眼睛"，不同医生可根据自身的手法来调整超声探头的扫描方位，选取扫描切面，最终获得的检查结果也会有相应的偏差。由于基层医院往往缺乏优秀的超声检查医生，故医院需要建立能够实现超高清无延迟的远程超声系统，充分发挥专家的优质诊断能力，实现跨区域、跨医院的业务指导和质量管控，如图 19-10 所示。

图 19-10　远程超声系统

远程超声系统由远端的专家通过机械臂远程操控超声探头对基层医院的患者开展超声检查，可应用于医联体上下级医院，以及偏远地区对口援助帮扶，提升基层医疗服务能力。5G 网络的毫秒级时延特性，将能够支持专家操控机械臂实时开展远程超声检查。相较于传统的专线和 Wi-Fi，5G 网络能够解决基层医院和海岛等偏远地区专线建设难度大、成本高，以及院内 Wi-Fi 数据传输不安全、远程操控时延高的问题。

19.5 小结

随着我国医疗信息化的飞速发展，医疗服务正从信息化向智能化迈进。医院从智慧医疗实践出发，开始涉足 5G 医疗应用。5G 网络的大带宽和低时延支持超高清医疗影像的快速传输，边缘云实现优质医疗资源下沉，同时整合人工智能和大数据，能够全面提高医联体诊疗水平。本章概括分析了智慧医疗的发展趋势，介绍了远程医学示教、远程重症监护、远程急救、智能导诊等典型应用场景。

第20章

智能制造

20.1 概述

5G 的技术突破使之可以提供 10 倍于 4G 的峰值速率、百万数量级的连接数密度、超低的空口时延，是万物互联的基本保证。"5G+边缘计算"结合云计算、大数据、物联网、人工智能等技术之后，与制造业场景融合，成为发展实体经济和数字经济的强有力支点。

"智能制造"这一概念最早由美国学者 P. K. Wright 和 D. A. Bourne 在其著作 *Manufacturing Intelligence* 中提出。该书指出，智能制造的目的是通过集成知识工程、制造软件系统、机器人视觉和机器控制对制造技工的技能与专家知识进行建模，以使智能机器人在没有人工干预的情况下进行小批量生产。工业和信息化部出台的《智能制造发展规划》中，将智能制造定义为基于新一代信息通信技术并与先进制造技术深度融合，贯穿于设计、生产、管理、服务等制造活动的各个环节，具有自感知、自学习、自决策、自执行、自适应等功能的新型生产方式。5G 将与制造业设计、生产、经营、决策、服务的各个环节融合，为智能制造提供网络基础。5G 在工业领域应用场景中的需求如图 20-1 所示。

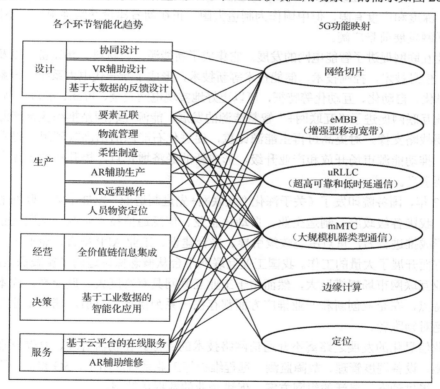

图 20-1　5G 在工业领域应用场景中的需求

5G 边缘云是工业互联网的智能制造的关键基础设施，是工业制造与信息技术的深度融合。以互联网、物联网、云计算、大数据、人工智能等为代表的新一代信息技术，逐渐与工业新材料、新工艺、新能源、先进制造等创新成果跨界融合，推动了新工业的快速发展。在生产设备和生产环境下部署的先进传感器与工控软件应用相连接，用于采集并分析工业设备的运行状态数据，以便企业优化工业生产流程，主动对生产线进行预测性维护，提高工业产出，促进产业数字化变革。

工业互联网的典型应用主要分为三大类：面向企业内部的生产率提升，将设备、生产线、运营系统互联互通，获取相关数据，实现提质增效、决策优化；面向企业外部的价值链的延伸，包括智能产品、服务和协同，打通企业内外部的价值链，实现产品、生产和服务创新；面向开放生态的平台运营，即工业互联网平台，汇聚协作企业、产品、用户等产业链资源，实现向平台运营的转变。

20.2　工业互联网发展趋势

工业互联网是新一代信息通信技术（ICT）与现代工业技术深度融合的产物，是制造业数字化、网络化、智能化的重要载体，也是全球新一轮产业竞争的制高点。继德国提出"工业 4.0"，美国提出"工业互联网"概念之后，中国陆续出台了"中国制造 2025""互联网+"等多项产业政策，推动工业互联网的建设。目前中国的工业互联网还处于起步阶段，深度和广度有限，但中国作为制造大国，正在朝着建设网络强国目标不懈努力，工业互联网发展前景广阔。

工业互联网促进了智能电网的发展。它集成了新能源、新材料、新设备，以及先进传感技术、信息技术、控制技术、储能技术等新技术，形成了新一代电力系统。该系统具有高度信息化、自动化、互动化等特征，可以更好地实现电网安全、可靠、经济、高效运行。

工业互联网促进了"互联网+"智慧能源的发展。能源互联网是推动我国能源有效利用的重要战略支撑，对提高可再生能源比重，促进化石能源清洁高效利用，提升能源综合效率，推动能源市场开放和产业升级，形成新的经济增长点，提升能源国际合作水平具有重要意义。

2017 年，国务院印发了《关于深化"互联网+先进制造业"发展工业互联网的指导意见》后，我国各级政府、制造企业、自动化企业、信息通信技术企业、互联网企业积极响应，形成推进合力，重点围绕政策引导、平台建设、工业 APP 培育、企业上云、生态构建等方面开展了大量的工作。我国工业互联网平台从概念探讨迈向了实践探索的阶段。

工业互联网市场规模巨大，然而由于工业互联网具有难度大、风险高、成本高、跨领域等特点，在企业创新和产业推广方面都存在一系列挑战。目前，国内工业互联网市场尚无绝对领跑者。

工业信息化的发展之路离不开通信网络技术的支撑。在物流管理、仓储管理、智能环境监测、设备调度管理、故障监测、远程维护等工业系统应用中，5G 将面向不同的应用场景，提供动态、灵活的组网方案，促进企业的数据化转型。

工业大数据的特征除了大数据的 4V（数据量大、类型多、价值密度低、速度快），还有专业性、关联性和时序性。工业大数据由于网络带宽的限制，对数据处理的时效性要求高。但是，这会造成数据存储成本高、模型训练复杂等问题，需要在企业边缘侧对原始数据进行一些轻量化处理，在不损失大数据价值性的基础上减少原始数据量。

制造企业在构建工业大数据分析系统时，除了采用传统的自建数据中心架构，还可以利用 5G 边缘云架构,在云层(Cloud Layer)构建数据存储和分析服务,在薄雾层(Mist Layer)生产现场采用离线训练模型方式进行实时数据处理。工业大数据轻量化上云如图 20-2 所示。

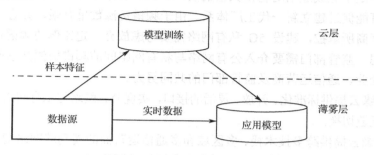

图 20-2　工业大数据轻量化上云

5G 工业互联网实现的是人、机器、车间、企业等主体,以及设计、研发、生产、管理、服务等产业链环节之间的全要素的泛在互联。在工厂内,要实现生产装备、信息采集设备、生产管理系统及劳动力之间的互联。在工厂外,要实现生产企业、协作企业、智能产品、用户、金融机构、供应链、物流企业之间的广泛互联。

20.3　智能制造技术架构

20.3.1　智能制造核心要素

5G 边缘云架构的主要组成部分有无线接入网、传输网、管理部分、云平台,以及涵盖了网络功能、工业应用和第三方应用的集合。一般来说,无线接入网、传输网和管理部分属于移动网产业,云平台和应用集合属于传统 IT 领域,它们共同构成智能制造核心要素。

1. 网络保障

无线接入网在设备和接入点(基站)之间提供无线连接功能,传输网保障远端站点和设备之间的连通性。传输网通过骨干节点互联,承载自接入节点到数据中心的信息流。云平台部署在云数据中心里,实现大部分数据的集中存储和租户网络管理。图 20-3 是 5G 边缘云架构实现小型智能工厂的典型场景,阐释了 5G 在工厂内部和工厂间提供的通信方式。

2. 网络要素

5G 与其他移动通信网的一个重要差异是:强聚焦于机器通信与物联网,赋能工业互联网和智能制造。5G 充满前景的用例日益丰富,多样化和挑战性的需求也自此而起,包括实现关键性能指标的技术可行性,具体产业用例的功能需求,跨产业通信、交互、协同的规范。5G 边缘云承载智能制造系统需要形成一致的标准和共识。

- 在规划之初,企业需要考虑工业级别的服务、端到端的低时延(<1ms)、不同设备之间的同步(<1μs)、高数据传输速率(Gbps 级别),以及潜在的通信服务超高可用性(>99.9999%)等关键要素。

- 工厂内特定区域应具备部署和运营 5G 私有网络的能力。5G 私有网络天然具有的本地性质，可以遏制射频传播以确保专用网络不会成为影响外部网络的干扰源，同时满足了无线通信对稳定频谱的要求。5G 私有网络与制造业具有极高的相关度，可能促进建立新一代工厂体系。由于频谱资源数量有限，并且主要由各大通信运营商所掌控，建设 5G 私有网络需要考虑放弃一定比例的频谱资源。出于竞争考虑，监管部门需要介入公有网络与私有网络间的频谱资源共享问题。这也离不开企业、通信运营商及监管部门的共同努力。
- 5G 边缘云提供标准化、开放、灵活的接口，实现公有网络与私有网络之间的无缝协同和无缝切换。
- 5G 边缘云提供跨多技术栈、多区域和多通信运营商的端到端网络切片，以及面向特定应用、细粒度、预定义 QoS 和安全属性的网络切片。
- 5G 边缘云提供与工业以太网、TSN（时间敏感网络）等现有互联设备的无缝集成，以适应结合工业应用的特征化需求。
- 5G 边缘云使用全球化或地域性适配的频谱，授权或免授权的配额调度。
- 5G 边缘云建立应对远端或本地攻击的安全理念和防御机制，包括设备鉴权和端到端消息加密、鉴权和完整性。
- 5G 边缘云提供高度灵活和兼容的空中接口，具有满足增强型移动宽带、大规模机器类型通信、超高可靠和低时延通信等不同应用场景多样化需求的能力。
- 5G 边缘云提供工厂内共享基础设施的多租户管理和业务隔离。
- 5G 边缘云提供用户级网络现状的持续实时监控，以及自动化的故障定位和分析。
- 5G 边缘云提供户内外用户设备误差 10cm 以内的精准定位。

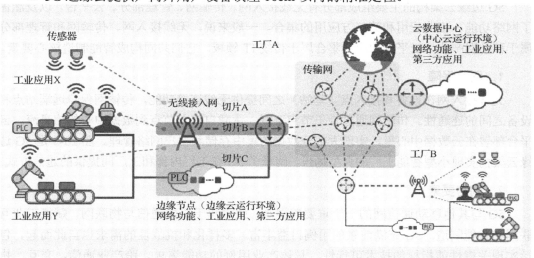

图 20-3　5G 边缘云架构实现小型智能工厂的典型场景

5G 边缘云与工业互联网平台的集成形成了强战略优势，势必带动智能制造的升级与演变。制造企业应跟进技术的变革，抓住智能制造的契机，做第四次工业智能化升级的引领者。

20.3.2 智能制造整体架构

工业和信息化部及国家标准化管理委员会共同制定的《国家智能制造标准体系建设指南（2018 年版）》，从生命周期、系统层级和智能特征三个维度对智能制造所涉及的活动、装备、特征等内容进行描述，主要用于明确智能制造的标准化需求、对象和范围。智能制造系统架构如图 20-4 所示。

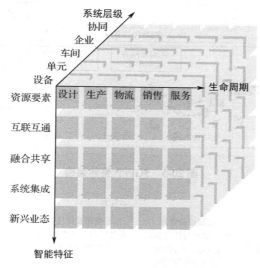

图 20-4 智能制造系统架构［图来源：《国家智能制造标准体系建设指南（2018 年版）》］

该架构将企业生产活动相关的组织结构进行系统层级划分，包括设备层、单元层、车间层、企业层和协同层。设备层是利用传感器、仪器仪表、机器、装置等实现实际物理流程，并感知和操控物理流程的层级。单元层是用于工厂内处理信息、实现监测和控制物理流程的层级。车间层是实现工厂或车间生产管理的层级。企业层是实现企业经营管理的层级。协同层是实现企业内部与外部信息互联和共享过程的层级。

由欧盟基金支持的 5GPPP 项目提供了一种架构，主要关注网络切片和无线接入技术，并对组件能力进行概括，描述了用于集成工业应用及未来智能工厂的 5Gang 架构。5GPPP整体架构分为资源和功能层、网络层及服务层，如图 20-5 所示。资源和功能层提供用于通信的物理资源，保证从无线接入网到核心网和互联网的计算与存储能力。除无线接入网外，还包括边缘云及中心云资源。对于网络层而言，物理网络的虚拟化通过网络操作系统和类似 SDN 的可编程网络控制单元（SDN-C）得以实现。网络切片能够在顶层构建。这些网络切片在服务层以端到端的方式编排，应用各层级的管理功能。5G 边缘云以提供物理网络基础设施及相应管理编排接口的方式，实现网络切片，并与整体架构集成。

图 20-6 展示了 5G 边缘云智能制造的整体架构，阐释了在 5G 无线通信环境下 7 种智能制造应用场景的实现方式，包括实时数据采集、鉴权与生产要素定位、网络协同制造、人机交互、自动巡航车辆（AGV）协作、数字孪生车间、基于 AR/VR 的产品设计。可见，将大数据、云计算、边缘计算、数字孪生、AR/VR、服务驱动制造等先进技术与 5G 无线

通信技术有机结合，是制造升级的关键路径。

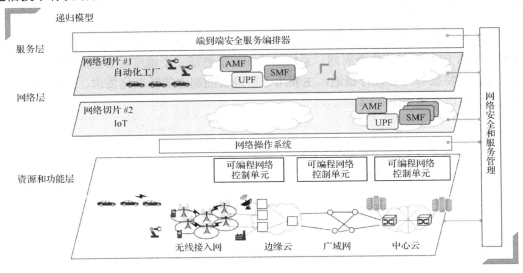

图 20-5　5GPPP 整体架构

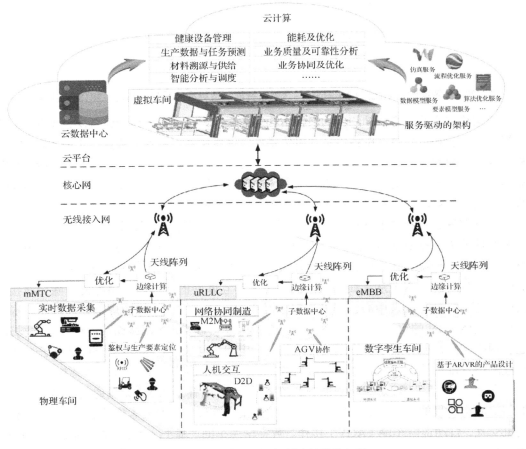

图 20-6　5G 边缘云智能制造的整体架构

20.3.3 智能制造高端技术

1. M2M 通信和 D2D 通信

广义的 M2M 指机器之间、人机之间、机器与移动网络之间的连接和通信。M2M 聚焦于解决人、机器、系统之间无缝交互的智能互联，而不仅限于数据交换。机器将基于智能决策过程进行主动通信，以匹配相关的驱动机制。可以说，M2M 是实现智能物联网的核心技术。D2D（终端直通）是节点两端直接通信的方法。D2D 通信网络中，每个节点均可自动获取路由进行灵活通信，信息交换无须占用基站带宽资源，从而改进了网络资源利用率。无论 M2M 或 D2D，其核心是数据传输。5G 网络的天线阵列提供多波束定向传输功能，基于 C-RAN 和 SDN 架构，采用控制平面与数据平面松耦合的机制，助力 M2M 和 D2D 技术更智能地集成于制造过程中。

2. 大数据

基于制造过程中的海量数据进行智能决策，是实现 CPMS（网络物理制造系统）智能化的关键。通过先进的传感器技术和 5G 技术，企业可获取产品设计、生产、装配及物流等各阶段产生的数据。制造过程产生的数据有待分析和挖掘，以获取其隐形价值。例如，设备状态的实时监控信息和健康管理，原材料的智能追踪溯源和分发，智能决策和调度优化，能耗监控和优化分析，以及产品质量和可靠性分析，均属于基于大数据应用。制造过程中的数据分析协助 CPMS 进行自治，能够驱动生产智能化决策。5G 技术有效保障了大数据的高速率、低时延、超高可靠传输。

3. 云边协同

制造过程中产生的海量数据通过 5G 网络上传至云平台中，包括设备状态参数、制造过程数据、指令数据、产品质量数据、生产流程数据等。企业通过云平台提供的可扩展的软硬件资源，对这些数据进行高效分析。分析结果将返回至边缘，协助决策。5G 技术可以高效完成海量数据的传输，并有效提升数据传输过程的安全性。

4. 移动边缘计算

相比中心云集中进行数据处理和分析管理的模式，移动边缘云在靠近数据产生的物理位置进行数据处理。工业互联网的核心是让生产线上的所有生产要素智能互联和智能运行。在已经建成的工业互联网边缘，数据分析处理的目标是形成共同感知和交互，以及生产线上异构元素的控制。边缘计算在数据私密性、安全性和响应速度上较中心云计算更具先天优势。安全增强 SIM 卡从 5G 技术的安全框架角度实现无线通信的安全性。网络和植入了 SIM 卡的设备之间建立互信机制，用以对通信过程进行加密，并保证数据的完整性。随机分配的临时 ID 用于保障服务订阅者的隐私。因此，使用 5G 技术，计算单元可以设置在由小型蜂窝进化而成的次 eNodeB（SeNB）上。与此同时，高速上传数据和高速反馈计算结果则通过 5G 网络的 M2M、D2D 技术实现。

5. 服务驱动的生产技术

基于生产线上获取的异构元素实时数据，以及服务封装模板，聚合的多种生产资源在线服务封装将成为现实。这些生产资源包括硬件资源（设备工具、模锻设备、计算硬件）和软件资源（模型、数据、软件、知识）。通过 5G 网络的高速率和大规模连接，生产资源服务可以上传至云平台中，并获取实时更新。因此，生产资源服务的高度协作和共享即将成为现实。

20.4　智能制造应用场景

20.4.1　数字化工厂

数字化工厂是智能制造的典型应用场景，如图 20-7 所示。随着人工智能、大数据等新技术的发展，智能制造已成为制造产业的主要发力方向。数字化工厂作为迈向智能工厂的基础，能够迅速根据客户需求定制产品，快速应对不断变化的需求和趋势。

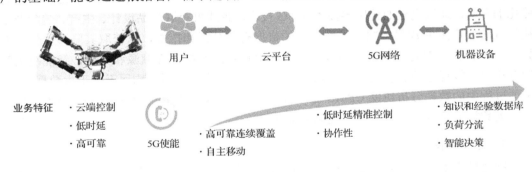

图 20-7　数字化工厂应用场景

在数字化工厂中，网络性能至关重要。设备预测性维护等基于工业大数据的智能化应用需要采用更加精巧的传感器、更加高效的通信网络来采集和传输设备的相关数据，并通过对关键运行数据的连续性测量和分析，帮助实现辅助决策，判断设备的运行状态和优化设备的维护时机。这些应用对网络性能存在较高的要求。

数字化工厂的网络需要具备广覆盖、深覆盖、低功耗、泛连接、低成本的特性，还应具有良好的稳定性，以防止高并发场景中出现卡顿、掉线和数据流失等现象，从而满足数字化工厂的网络应用需求。

随着设备的智能化，工厂 OT（Operational Technology，运营技术）系统逐渐打破车间的分层次组网模式，智能设备之间逐渐实现直接互联。无线通信技术逐步向工业领域渗透，呈现出从信息采集到生产控制，从网络局部连接方案到网络全连接方案的发展趋势。工厂中自动化控制系统和传感系统的工作范围可以是几百 km² 到几万 km²，也可能是分布式部署的。根据生产场景的不同，制造工厂的生产区域内可能有数以万计的传感器和执行器，需要 5G 网络的海量连接能力作为支撑。

20.4.2 AR/VR 辅助应用

在工业装配场景中，例如，船舶、飞机、火车、汽车、机床等大型设备生产现场，操作繁杂且步骤多，容易出现遗漏或重复，造成安全隐患。在辅助维修指导场景中，工业设备种类多、数量大、环境复杂，维修人员要识别不同品牌/型号/部件以诊断故障，并使用合适的工具，采取针对性的维修方法，这要靠大量的经验积累，并且效率低，出错率高。

AR/VR 辅助应用能够将传感器采集到的数据在虚拟的三维车间中实时展现出来，构建出能够感知生产环境的 VR 车间，从而降低出错率，提高生产、管理效率。

在工业装配场景中，工人佩戴 AR/VR 眼镜，根据全息画面的指导进行标准化的操作，可看到接下来的工作步骤、面前设备或物品的信息及工作行动路线。如果工人遇到问题，可以与专家远程连线，让专家能以工人的视角观察情况，进而了解问题所在，指导工人如何处理。同样，维修人员佩戴 AR/VR 眼镜，扫描机器后可以得知设备的产品型号、维修记录等；可以直接下载设备的维修手册，其中有解决设备故障的具体操作步骤，甚至细到如何拆卸零部件；还可以进行远程协作及接受工作指导，这样可以降低人为错误，同时提高工作安全性。

VR 车间可实现对工厂设备的远程监控，让管理人员实时了解数字化车间的生产状况，在线获取工厂设备的运行数据，甚至通过交互技术实现远程操作维护、设备管理。还可以对从工厂规划、建设到运行等不同环节进行仿真、评估和优化，有效促进工厂管理智能化。

AR/VR 辅助应用对于 5G 网络的需求主要在于大带宽和低时延。AR/VR 设备需要具备最大程度的灵活性和轻便性，以便高效开展维护工作。因此设备信息处理功能应上移到云端，AR/VR 设备仅具备连接和显示的功能。AR/VR 设备和云端通过 5G 网络实时获取必要的信息（例如，生产环境数据、生产设备数据及故障处理指导信息等），对网络带宽的要求比较高。同时在这种场景下，AR/VR 设备的显示内容必须与摄像头的运动同步，以避免出现视觉范围失步现象。通常，如果从视觉移动到图像反应时间低于 20ms，则会有较好的同步性，所以要求从摄像头传输数据到云端再加上 AR/VR 设备显示内容的云端回传时延小于 20ms，除去屏幕刷新和云端处理的时延，则 5G 网络的双向传输时延在 10ms 内才能满足实时性体验的需求。

AR/VR 辅助应用场景如图 20-8 所示。

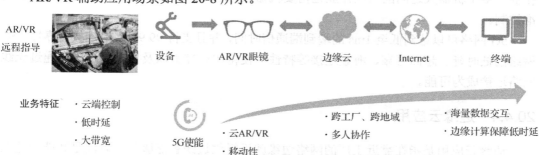

图 20-8　AR/VR 辅助应用场景

20.4.3　精准控制

精准控制是智能制造的一个发展趋势，其涉及动作控制、安全物流、环境监控和增强现实等诸多工业 4.0 典型场景，如图 20-9 所示。

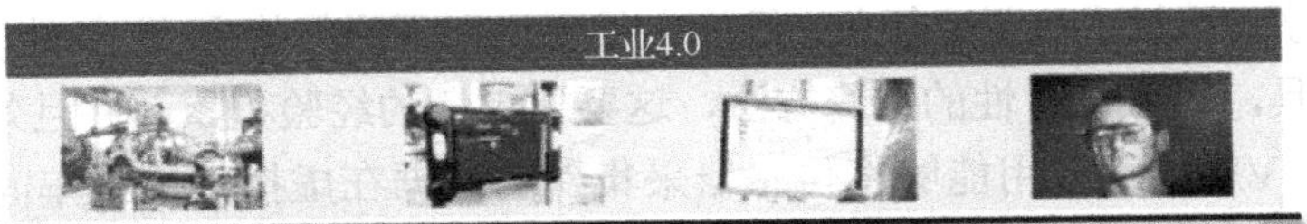

	动作控制	安全物流	环境监控	增强现实
时延	250μs～1ms	~10ms	100ms	10ms
可靠性（PER）	1e-8	1e-8	1e-5	1e-5
数据传输速率	kbps～Mbps级	<1Mbps	kbps级	Mbps～Gbps级
典型数据块大小	20～50B	64B	1～50B	>200B
电池寿命	n/a	1day	10year	1day
	uRLLC		mMTC	eMBB

图 20-9　精准控制应用场景

在工业控制场景中，大量的机器都安装有传感器。从传感器上传数据到生产信息化管理系统中，再到生产信息化管理系统下发指令给传感器，这个过程若以现有的网络进行传输，将出现很明显的延迟，可能引发工业生产安全事故。

自动化控制的核心是闭环控制系统。在该系统的控制周期内，每个传感器进行连续测量，测量数据传输给控制器以设定执行器。典型的闭环控制周期低至毫秒级别，所以系统的通信时延需要达到毫秒级别甚至更低，才能保证系统实现精确控制。同时，系统对可靠性也有极高的要求。如果在生产过程中由于时延过长，或者控制信息在数据传输时发生错误，可能导致生产停机，会造成巨大的财务损失。

在协同制造场景中，机器人将大量运算功能和数据存储功能移到云端，需要通过网络连接云端的控制中心，基于超高计算能力的云平台，并通过大数据和人工智能对机器人的生产制造过程进行实时运算及协调控制。为了满足柔性制造的需求，机器人应具有可自由移动的能力。移动的机器人需要和周边协同设施进行实时数据交换，实现无碰撞作业。多个机器人之间的协同作业也需要机器人有自组织和协同的能力。这些都需要精准控制。

5G 网络可以达到低至 1ms 的端到端通信时间，并且支持 99.999% 的连接可靠性。5G 网络的低时延、超高可靠、海量连接等特性，使得闭环控制以及协同制造应用通过无线网络连接成为可能。

20.4.4　边缘云应用

边缘云应用是指在靠近工厂的网络边缘就近提供边缘智能服务，以满足智能制造在敏捷连接、实时业务、数据优化、应用智能、安全与隐私保护等方面的关键需求。其主要应用在工业流数据实时分析、边缘侧智能计算、分布式实时控制等智能制造典型场景。智能工厂中大量的智能化终端和设备通过工业网络接入工业云平台，其中海量工业数据的传输、计算和处理会带来巨大的网络压力。同时，工业场景中存在大量毫秒级的实时处理需求。为了对现场多源、异构数据进行归一化处理，同时兼顾计算和网络资源及数据传输的有效性等，智能工厂需要对云端与边缘计算资源进行合理和优化的配置。既要保留数据的原始属性，又要避免无谓的网络与存储和计算资源开销，这需要配置数据采集区域的服务器资源。

生产人员的管理以及产品质量的检测等场景需要采集大量的视频数据，然后应用人工智能（AI）技术对视频数据进行分析和智能化应用，给工业企业带来了高昂的数据计算和传输成本。

边缘计算的应用能满足工业场景对低时延、高安全性、高集成性和低成本的要求。边缘计算部署在本地，可提供低时延的特性，非常适合工厂自动化环境，还可以激发出创新应用，例如，利用新的人机界面引入异地协同场景下的增强现实等。边缘计算将尽可能多的数据在边缘侧进行存储和处理，不必发送到云端，可降低安全风险。还可以在本地与工厂车间的数据、ERP 系统等直接集成，从而实现工厂信息集成。边缘计算可智能化收集数据，过滤无用数据，从而降低成本。

边缘云应用场景如图 12-10 所示。

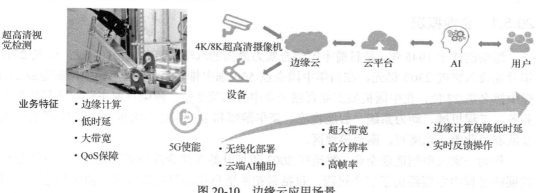

图 20-10 边缘云应用场景

20.4.5 多样化网络服务

工业网络包括办公网、生产网、视频监控网等对数据传输速率、带宽、时延等要求不一样的网络，例如，既要支持大带宽的图像、视频业务，又要支持泛连接且低速率的传感器和控制信号业务，同时还要支持传统的与人交互的各类业务，网络支持的各种业务特点和需求差异巨大。这需要通信运营商提供满足多样化场景需求的网络服务。

在工厂内部，承载控制类业务的网络需要具备低时延（端到端时延毫秒级，抖动微秒级）、超高可靠（数据传输成功率 99.999%）、高同步精度（百纳秒级）的能力；承载采集业务的网络需要具备高连接数密度（百万个/km²）、低功耗（使用超过 10 年以上）的能力；承载交互类业务的网络需要具备高数据传输速率（用户体验速率 Gbps 级）的能力。

在工厂外部，承载远程控制类业务的网络需要具备低时延（端到端时延几十毫秒级）、超高可靠（数据传输成功率 99.999%）、高同步精度（百纳秒级）的能力；承载采集业务的网络需要具备高连接数密度（百万个/km^2）、低功耗（使用超过 5 年以上）、高移动速度（500km/h）的能力；承载交互类业务的网络需要具备高数据传输速率（用户体验速率 Gbps 级）的能力；单项传送类业务的网络需要具备高数据传输速率（用户体验速率 Gbps 级）的能力。

多样化的网络服务对于 5G 网络的关键需求在于网络切片能力。网络切片技术为工业应用分配专属的低时延、超高可靠网络切片，并通过网络切片内部参数进行监控，可根据业务需求变化自动优化网络参数，并可针对不同企业的多样产品需求分配更细粒度的网络切片，从而可以较低成本来满足垂直行业的需求。要创建和管理网络切片，需要 NFV 和 SDN 两大技术。NFV 技术负责各种网元的虚拟化，它将传统电信设备的软硬件解耦。而 SDN 技术负责将每个网络节点的控制平面和数据平面分离，并将控制平面抽取出来组成一个独立的、集中的控制器（Controller），通过下发指令来统一管理网络中的多层转发，实现对网络的集中智能管理。

20.5　5G 边缘云应用案例

20.5.1　企业概况

潍柴创建于 1946 年，是目前中国综合实力最强的汽车及装备制造集团之一。其 2018 年营业收入突破 2300 亿元，在当年中国企业 500 强中排名第 84 位，在中国制造业 500 强中排名第 27 位，在中国机械工业百强企业中排名第 2 位。潍柴目前主营业务包括汽车业务、工程机械、动力系统、智能物流、豪华游艇和金融服务六大板块，其分/子公司遍及欧洲、北美、东南亚、南亚等地区。

作为一家大型制造业企业，潍柴在 2003 年便开始关注企业信息化建设。其在信息化发展的过程中主要经历了三个过程，包括最初的信息化项目建设阶段、流程信息化建设阶段及数字化转型阶段。伴随着每个信息化建设阶段，企业的营业收入及规模也获得了高速提升。在信息化项目建设阶段，主要实现对核心业务的支撑，包括 ERP、OA、MES 等信息化系统的上线。在流程信息化建设阶段，主要实现提质增效，包括企业流程 IT 战略的规划，并根据企业实际情况针对 ERP 等业务系统进行升级改造，逐步迈向高端，向智能制造转型。在数字化转型阶段，主要实现推动企业业务创新，包括大数据、人工智能等技术与业务场景的融合，成立专业化数字科技子公司等，推动智能制造向集成级、引领级发展。潍柴在 5G 技术应用上同样走在前列，支撑企业业绩不断创高。

20.5.2　智能制造实践

智能制造系统的实施包括数字化研发体系、数字工厂、智能物流园、智能服务和智能终端的研发和建设。5G 边缘云作为支撑智能制造转型的重要使能技术，引入边缘计算、网络切片等新技术，为工业客户提供更专业、更安全的云网一体化新型智能基础设施和轻量级、易部署、易管理的智能制造应用平台。

1. 数字化研发体系

潍柴以工业互联网平台及 5G 技术为依托，建设了数字化研发体系，如图 20-11 所示。5G 网络的大带宽及移动性，可以支持使用移动终端进行 CAD 设计，使得潍柴内部、潍柴的研发共同体之间可以更好地进行协同设计。该体系使用数字孪生技术，在产品研发方面以虚拟原型代替物理原型，实现设计与工艺过程的全数字化；通过传感器实时传递数据，改善产品设计；同时发展工艺仿真、工厂仿真技术，应用到产品开发生产中。

图 20-11　数字化研发体系

2. 数字工厂

潍柴基于 5G 技术搭建了数字工厂，如图 20-12 所示。数字工厂通过 5G+云专线，打通陕重汽、潍柴、供应商等上下游企业，打造协同产业链。在工厂内部，智能机器、传感器、在制品等生产现场设备和物品将直接连接到 IT 网络中，以实现对生产现场的实时数据采集等功能。5G 网络为智能设备的端端、端云连接提供大带宽、低时延及移动性支持。

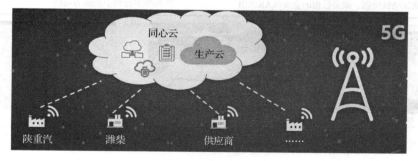

图 20-12　数字工厂

3. 智慧物流园

潍柴利用 5G 网络大带宽、低时延、泛连接的特性，大幅提升了各项物联网设备的连接能力和交互能力，打造的智慧物流园如图 20-13 所示。通过 5G+IoT+AI 技术融合创新应用，全面提升人员、车辆、生产、安防、运维五大领域的管理能力，迎来从"被动型传统管理"到"主动型智能管理"的巨大转型。应用 5G 技术，提升了网络稳定性，降低了时延，避免了 AGV 小车或周转箱在拐点的等待，提升了配送效率。5G 的 uRLLC 特征及边缘计算提供了对智慧物流控制类应用的支持，并可以接入云端，基于 AI 能力进行流程优化。

立体仓库　　　　　　　　　多层穿梭车区　　　　　　　　AGV小车

> 智慧物流园
> □ 自动化立体库管理、多层穿梭车区管理实现GTP拣选
> □ "静态仓库"变为"动态仓库"，实时监控货物进/出/存

图 20-13　智慧物流园

4．智能服务

潍柴在生产、销售过程中开展多项创新型智能服务，将 AR/VR/MR 技术广泛应用在生产过程中，其中 AR 技术应用探索和典型应用方向如图 20-14 所示。相对于 Wi-Fi 接入，5G 网络提供了更大的带宽及更灵活的移动性，支撑各类工业应用场景；与 3G/4G 网络相比，5G 网络的大带宽、低时延特性能够支持更丰富的数据交互，更精细且还原能力更高的 AR 模型，企业级实时数据的动态响应，以及更优的置于同场景中的远程交互能力。

> AR技术应用探索　　　　　　　　　　　　典型应用方向
>
> AR内容管理及发布平台　　　　　　　　发动机产品面向主机厂的应用配套
>
> 基于AR场景的远程专家坐席　　　　　　面向技师培训的更优体验
>
> 集成发动机数据、服务数据的企业级AR应用　　实际维修过程中的能力辅助

图 20-14　AR 技术应用

5．智能终端

基于 5G 网络的大带宽、高连接数密度、超高可靠、低时延等特性，潍柴已经在推土机、重型卡车等产品中开展多项智能终端试点应用，包括多媒体分发、自动驾驶等应用，实现了终端、路侧、云端的智慧协同，如图 20-15 所示。

智能终端基于 5G 网络的大带宽特性，实时传输路面超高清影像，结合图像识别技术，实现智能驾驶与智能检测。

智能终端基于 5G 网络的高连接数密度特性，在生产环境中布置海量智能通信终端，

将生产数据实时传递回边缘云及工业互联网平台中，结合机器学习行为分析，实现智能制造。

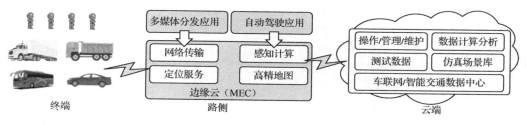

图 20-15　智能终端

智能终端基于 5G 网络的超高可靠、低时延特性，通过聚类分析及行为预测技术，结合各类实时运行工况，助力智能运输的实现。

20.6　小结

工业互联网已成为产业升级发展的必然趋势。它利用 5G 网络大带宽、超高可靠、低时延的特性，以及感知泛在、连接泛在、智能泛在的特点，赋能工业、能源行业，能够有效推动我国产业下一轮转型升级。5G 边缘云是工业互联网的核心，为工业生产全要素的网络化、信息化、智能化持续带来覆盖整个价值链的资源生产率和效率的提升。

第21章

智慧城市

21.1 概述

"城市"这一概念有着悠久的历史，城市是"城"与"市"的组合词。"城"主要是指为了防卫，用城墙围起来的地域，《管子》记"内为之城"；"市"则是指进行交易的场所，"日中为市"。经过数千年的发展演变，始终围绕人、物、景的核心要素来展开的地理学意义上的城市，是指地处交通方便位置的且覆盖有一定面积的人群和房屋的密集结合体。一座城市一般包括住宅区、工业区和商业区及行政管辖区域。城市的行政管辖功能涉及较其本身更广泛的区域，其中有居民区、街道、医院、学校、公共绿地、写字楼、商业卖场、广场、公园等公共设施。

什么样的城市是智慧城市呢？城市怎么具有智慧呢？智慧城市是一个通过运用高新技术更好地实现人与基础设施交互的使能平台。城市具备了现代信息通信技术（ICT）推动下的 ICT 基础设施，实现了更加聪明的自然资源管理，能够持续促进经济发展并提高人的生活质量，即城市具有了"智慧"，成为智慧城市。城市智慧化的过程如同 5G 边缘云的建设一样，也涵盖了规划、实施、运维三部曲。智慧城市作为现代化城市运行和治理的一种新模式与新理念，建立在完备的网络通信基础设施、海量的数据资源、多领域业务流程整合等信息化和数字化建设的基础上，是现代化城市发展进程的必然阶段。

全球智慧城市发展已进入新的阶段。5G 技术作为智慧城市发展的新引擎，将会推动城市进入新的文明阶段。城市中的人、物、景，都将成为智能个体而被连接起来。5G 网络为城市智能个体提供随时随地的连接能力，进而构成了数字孪生城市。人、物、景在数字孪生城市中实时连接、交换数据，与物理城市无缝集成，推动城市中的智能个体连接成为一个分布式"大脑"。城市将变得智能化，以满足每一个智能个体的需求。

几乎所有国家都面临着自然资源的可持续使用压力和现代生活方式引发的环境问题，这使得"智慧"越来越成为城市建设的必须。城市社区要建立高效能的供水、供电、交通和运输体系，需要网络连接和数字化系统的辅助，通过数据将人、物、景连接起来。边缘计算在靠近数据源或者用户终端的位置提供计算、存储等基础能力，为边缘应用提供云服务和基础设施环境。相对于传统的集中部署的云计算服务，边缘计算解决了时延长、汇聚流量大的问题，为带宽密集型业务和实时性业务提供了更好的支撑。同时形成了基于城市运行数据的分析和服务，包括大数据技术支持的对数据进行了解、管理、分享和使用的过程。

5G 边缘云的薄雾层（Mist Layer）、雾层（Fog Layer）作为边缘侧的计算能力中心，为城市构建了边缘计算能力基础设施，同时云层（Cloud Layer）结合大数据、区块链技术，构成集中计算 PaaS 能力，实现了中心智能+边缘智能的有机结合。我们基于 5G 边缘云的这种架构进行应用开发，能够满足智慧城市在智慧安防、智慧交通和智慧社区等主要领域的发展需求。

智慧城市建设兴起于欧美地区，中国在政府的支持和企业的参与下，智慧城市建设也取得阶段性进展。截至 2019 年 2 月，中国 100%的副省级以上城市、93%的地级以上城市，总计 700 多个城市（含县级市）提出或正在建智慧城市，占同期全球总量的 70%。

21.2　智慧城市发展趋势

21.2.1　产业发展现状

　　智慧城市是一种新理念和新模式：基于信息通信技术（ICT），全面感知、分析、整合和处理城市生态系统中的各类信息，实现各系统间的互联互通，以便对城市运营管理中的各类需求及时做出智能化响应和决策支持，优化城市资源调度，提升城市运行效率，提高市民生活质量。

　　IBM 公司在《智慧的中国，智慧的城市》报告中提到，智慧城市能够充分运用信息和通信技术手段感测、分析、整合城市运行核心系统的各项关键信息，从而对于包括民生、环保、公共安全、城市服务、工商业活动在内的各种需求做出智能的响应，为人类创造更美好的城市生活。

　　我国的现代化城市发展大致经历了信息化建设、数字化建设和智慧化建设三个阶段。信息化建设为城市治理奠定信息通信基础，以计算机辅助人工，实现网络互通，促使以数字形式记录信息；数字化建设借助云计算和系统应用软件技术，搭建电子政务的基本架构，并实现各垂直领域的信息化；智慧化建设通过大数据、物联网、人工智能等技术进行跨行业业务流程的整合，构建智慧化生态，实现数据共享和万物互联。

　　5G 作为数字经济时代的一项通用技术是具有普遍性的。作为关键基础设施，5G 网络使得人、物、景随时随地按照标准化和一致性的接口接入，获得接入数字孪生城市的能力。3GPP 为 5G 指定的三大基本特征，即 eMBB、mMTC 和 uRLLC，提供了面向万物的连接服务，使得城市中的建筑、道路、社区、公园可以永远在线，使得城市成为一个不断产生数据和消费数据的智能体。边缘计算将用户平面数据分流到 MEC（Multi-access Edge Computing）服务器上，进行本地化的运算处理，省去了数据传输，降低了响应时延，增强了智慧网络对人、物、景的感知能力。5G 边缘云将促进智慧城市的智能车联网、智能楼宇、智能家居和物流等应用场景的快速发展。

21.2.2　产业发展趋势

　　自住建部 2013 年 1 月公布首批智慧城市试点以来，中国已公布了三批试点城市，数量达 290 个。众多城市在年度工作报告和规划中均提出了建设智慧城市。截至 2019 年 2 月，中国有超过 700 个城市（含县级市）已提出或正在推进智慧城市建设，未来智慧城市的试点数量还将持续增加。智慧城市建设已进入机遇与挑战并存、竞争与合作并存的时代。

　　近年来，中国政府陆续开展和推广智慧城市试点工作，智慧城市相关的政策红利不断释放，同时吸引了大量社会资本加速投入。根据 IDC《全球半年度智慧城市支出指南》，2018 年中国智慧城市技术相关投资规模为 200.53 亿美元，2019 年中国智慧城市技术相关投资达到了 228.79 亿美元，如图 21-1 所示。

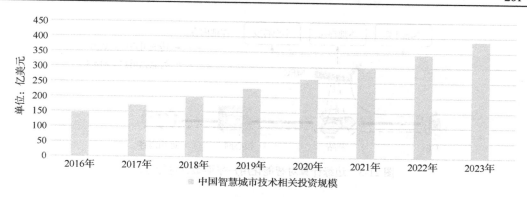

图 21-1　中国智慧城市技术相关投资规模（图来源：IDC 中国）

随着我国城镇化水平不断提高，未来中国智慧城市市场规模将进一步扩大。物联网、云计算等技术性领域的快速发展，为中国智慧城市建设打下了坚实的基础。预计到 2022 年，中国智慧城市市场规模将达到 25 万亿元，如图 21-2 所示。

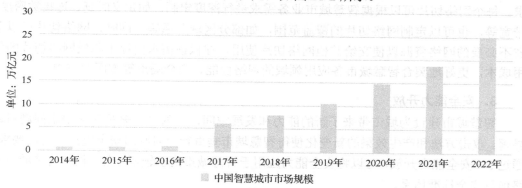

图 21-2　中国智慧城市市场规模（图来源：IDC 中国）

21.2.3　关键技术要求

智慧城市的实现与深化依赖于人、物、景的广覆盖和实时连接，城市顶层规划、运营管理和产业发展需要精准、全面、实时、高价值的数据分析和决策的支撑。边缘计算、网络切片、安全能力开放等关键技术能够为智慧城市的发展赋能。

1．5G 边缘云

5G 边缘云的薄雾层和雾层协同助力智慧城市在各个领域场景落地。理论上，终端不需要强大的运算能力。由于云计算面临传输成本和响应速度的限制，把终端数据直接传输到云层并不现实，这需要边缘计算在邻近终端的 MEC 服务器上部署计算能力，对智能化用户平面数据进行分流，如图 21-3 所示。边缘计算与云计算协同，使智慧城市的智慧安防等领域在实际场景中实现全程监控和智能决策。

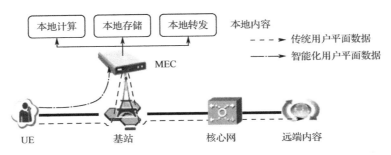

图 21-3　边缘计算对智能化用户平面数据进行分流

2. 网络切片

智慧城市的不同领域对通信网络的带宽、时延等指标有不同的要求，需要在统一的网络资源中划分出独立的端到端网络资源并进行深度功能定制。网络切片依靠通信运营商近年来应用的 NFV（网络功能虚拟化）和 SDN（软件定义网络）技术，满足了上述要求。每个网络切片可以根据智慧城市业务需求进行深度定制，如定义时延、连接数密度、带宽等，也可以定制网络切片的覆盖范围，如部分区域开通等。同时，网络切片可以节省不必要的网络资源以便交给其他网络切片使用，在保证需求前提下降低网络切片的使用成本，更好地契合智慧城市各应用领域的网络性能、安全隔离等方面的需求。

3. 安全能力开放

智慧城市建设为城市带来了新的能力和发展空间，但随之而来是网络安全问题日趋显著。攻击方法和产生效果的新变化使得智慧城市垂直行业对网络安全提出了更高要求。通过 5G 安全能力开放，可以将安全能力应用于智慧城市诸多领域，全面构建智慧城市网络信息安全标准体系。

5G 网络支持通信运营商将认证、授权、审计、入侵检测、安全防护等安全能力与 SDN、业务链等技术结合，高效、快速、灵活地为智慧城市垂直行业提供业务所需的安全能力。具体来说，在为垂直行业提供网络切片服务时，以服务等级协议（SLA）的形式确定特定网络切片的安全配置参数，如加密算法、密钥长度、用户平面完整性保护等，以确定安全基线。垂直行业也可以向通信运营商申请调整安全配置及其参数。另外，通信运营商通过网络能力开放功能（Network Exposure Function，NEF），以开放可编程接口（API）的形式，将网络和安全能力如基于蜂窝网的定位、身份管理、会话密钥协商、移动性管理等提供给垂直行业应用，让应用开发者可以在业务逻辑中按需调用。进一步，通信运营商通过部署安全设备或者安全功能模块，使用流调度的方式让特定应用流量经过此安全模块，可以提供纵深防御。

21.3　5G 智慧城市应用场景

如同一座城市的市政规划一样，智慧城市所规划的应用场景日益丰富，如智慧安防、智慧交通、智慧社区、智慧商业、智慧环保等。目前，需求最高、落地较快、技术与服务相对成熟的三大领域是智慧安防、智慧交通和智慧社区。

智慧安防为智慧城市搭建底层基础设施，同时为其他环节建设提供关键技术支撑。

智慧交通为通畅的公众出行和可持续经济发展服务，是智慧城市的重要组成部分。

智慧社区致力于实现居住智能化、服务智能化，是智慧城市不可或缺的组成部分。

通常，一个智慧城市的 ICT 基础架构自下而上包含 5 层，依次为：物联感知层、网络通信层、计算存储层、数据服务层、智慧应用层，还包含建设管理体系、安全保障体系和运维管理体系，其参考模型如图 21-4 所示。这符合 5G 边缘云 CT+IT 融合平台的理念。

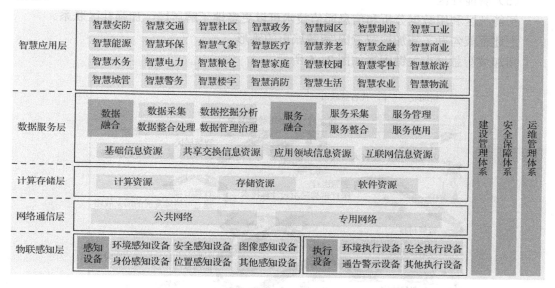

图 21-4 智慧城市 ICT 基础架构参考模型

21.4 新加坡智慧城市实践

被誉为世界花园城市的新加坡是智慧城市的典范。在智慧城市建设方面，新加坡政府提出了"智能国 2015"和"智慧国 2025"计划，致力于全球第一个智慧国的建设，强调连接（Connect）、收集（Collect）和理解（Comprehend）的 3C 核心理念，以创新（Innovation）、整合（Integration）和国际化（Internationalization）的 3I 作为建设原则。目前，"智能国 2015"计划已经完成，正在实施"智慧国 2025"计划。

那么，怎样的城市或者国家可以称得上是智慧城市或国家呢？宜居、高效、安全和生态是四大特征，而新加坡为此确定了具体框架，主要涉及以下 5 个方面。

（1）智能规划

智能规划运用计算机模拟和数据分析来改善城镇、区域和建筑的规划与设计方式，例如，充分考虑老少群体居住活动的需要，设计功能布局、建筑结构、道路规划和路面宽度等。

（2）智能环境

智能环境将居住地和传感器网络联系起来，实时获取温度/湿度数据信息，创造更舒适的居住环境。新加坡计划到 2030 年实现 80%楼宇达到"绿色认证"。

（3）智能交易

智能交易将相关地产商业交易活动设置在网络交易平台上，便于交易和信息汇总。

（4）智能生活

智能生活包含医疗、教育、工作、休闲等方方面面。住宅内的智能基础设施为智能家居铺平了道路。

（5）智能社区

智能社区利用数据分析和信息通信技术可以更多地了解居民，加强社区联系。

上述框架勾勒了新加坡智慧国/智慧城市的雏形。

新加坡智慧城市关键因素如图 21-5 所示。

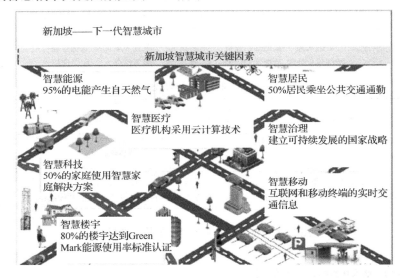

图 21-5　新加坡智慧城市关键因素

新加坡政府宣布携通信运营商打造多达 4 个 5G 网络，让该国 4 家通信运营商，即新加坡电信、第一通（M1）、星和、TPG 电信，都有机会自行提供 5G 网络服务。这 4 个 5G 网络将包括两个独立的全国网络，以及两个网速较快、覆盖特定范围的局域网。局域网最快可在 2020 年商用，全国网络则预计在 2021 年商用。如果一切顺利，到 2022 年年底，5G 网络将覆盖至少半个新加坡。5G 网络一方面提供连续广域覆盖的连接，另一方面支持多种用户信息，例如位置、轨迹、上网行为、身份、社交和支付等，提供基于信令数据的重大公共场合和活动监控，助力新加坡智慧城市的建设。

在 5G 边缘云推动下，将有望形成一个"虚拟新加坡"。"虚拟新加坡"是一个包含语义及属性的实境整合 3D 虚拟空间，通过先进的信息建模技术为该模型注入静态与动态的城市数据和信息。"虚拟新加坡"是一个配备丰富数据环境和可视化技术的协作平台，可帮助新加坡公民、企业、政府和研究机构开发不同的工具与服务以应对新加坡所面临的新型复杂挑战。"虚拟新加坡"是一个动态 3D 数字模型，该模型将利用数据分析与仿真建模功能来测试概念和服务、制定规划和决策、研究技术，并促成社区协作。

21.5 小结

5G 边缘云为智慧城市的发展迎来了新机遇。城市中的人、物、景借助 5G 网络连接起来成为智能个体。边缘计算通过在城市数据源邻近地带提供计算能力，满足了人、物、景在数字孪生城市中实时连接、交换数据的需求。5G 边缘云赋能城市运营，形成闭环，为快速发展数字经济、助力城市升级打下基础。

结 束 语

　　读者和我们已经以 5G 为无线接入技术，Run edge computing in a cloud fashion。经历了 5G 边缘云计算：规划、实施、运维三部曲，试图创作 5G 边缘云计算的大型交响乐。在 5G 边缘云计算炙热的当下，除去技巧上关于素材的取舍，以及对内容在高度、广度、深度等方面的平衡把握，坦白来说，撰写本书的过程是比较枯燥的。然而，反复琢磨又几经易稿的经历，激发了笔者更深入一步的思考：5G 边缘云计算的本质和意义究竟是什么？5G 边缘云计算能给相关方带来什么？5G 边缘云计算的未来可能会是什么样子？这些问题萦绕在笔者的脑中，似乎又回到了原点。

　　在结束之前，笔者想再次强调一下本书希望传达的一些理念。

1．规划

　　规划是需要调研的，离开了具体的业务场景来谈 5G 边缘云计算是没有意义的。规划阶段是一个了解 5G 边缘云计算整体图像的过程，也是了解 5G 边缘云计算提供者和消费者自身的过程。

　　在内部，要考虑的问题可能有：

- 现在有哪些应用？有多大体量的数据？有哪些格式？未来数据量的增长率如何？哪些是原始数据？哪些是衍生数据？中心云和边缘云的占比如何？边缘云的整体发展状况如何？
- 企业自身的核心业务场景有哪些？在 IT 基础设施的应用上有何特点？这些业务对网络的带宽、连接数密度、时延等性能的要求有哪些？对计算能力、存储、安全等基础设施有哪些共性及特性的需求？
- 现有的 IT 基础设施能否满足企业应用？又存在哪些不足？哪些业务真正需要使用新的 5G 技术？
- 企业提供了哪些产品和服务？客户/用户是谁？他们的分布情况如何？什么时间段用得最多？峰值情况如何？企业应用在边缘云与中心云上如何分工和协同？使用感觉如何？
- 企业未来的发展目标有哪些？这些愿景需要何种 IT 基础设施的支撑？企业中长期的战略规划与转型需要哪些技术及人才储备？技术转型是否会带来安全、成本及法规方面的风险？应该采取何种方式进行规避和解决？

　　在外部，要考虑的问题可能有：

- 竞争对手的应用和数据情况是什么样子的？我们的产品具有何种价值？应该采用什么样的差异化推广方式？
- 企业处在商业生态系统（Business Ecosystem）中的什么位置？上下游的合作关系或竞争关系怎样？如何站在企业角度对产业链进行整合？如何进行生态体系的培育？
- 在圈外，关于企业产品和服务的口碑或舆情怎样？

　　如果想要从纯业务的层面去回答上述问题，并有系统地采用相应的策略，可以参考原通用电气 CEO 杰克·韦尔奇的著作《赢》。按投资人巴菲特的说法，"有了这本书，你不再需要任何其他的管理书籍了"。至于 5G 边缘云计算本身所关心的，是你的数据，以及数据和数据之间的关系、体量的增长趋势，其底线还是数据和算法。高质量的数据是基础，算法使数据变现、产生价值。弄清楚了这些，才能规划好 5G 边缘云计算，使之派上用场，并且当变化来临时具有可扩展性，应对自如。

外部世界的变化越来越快，企业需要更多的信息来快速应对市场、竞争对手、商业环境的变化。企业组织结构正在变得扁平化，管理不再等于控制，而要依托强烈的集体责任感。以前不被重视的生产过程信息，现在对企业的重要性变得越来越高。企业逐渐变得开放，生态系统一环扣一环。企业之间需要加强上下游的协作，而竞争对手在一定程度上也可以成为合作伙伴。为了让企业的运作变得更快（Faster）、更好（Better）、更经济（Cheaper），企业需要 5G 边缘云计算。

企业对 5G 边缘云计算进行全面、深入、实时的分析和应用，能够使自己更加精准地洞察客户需求，提升自身智能化水平和行业信息化服务能力，并对外提供数据挖掘和分析的新业务及服务。在大量数据产生、收集、存储和分析的过程中，企业会面临数据保密、用户隐私、商业合作等一系列问题。因此，系统安全在 5G 边缘云计算环境中变得尤为重要，具体包括基础设施安全、边缘云安全和边缘安全服务。

软件定义一切，数据驱动未来。IT 进入了第三平台，以云计算（Cloud）、大数据（Analytics）、移动互联网（Mobile）、社交网络（Social Network）——简称 CAMS——为代表。云（C）使得计算成为日用品（Commodity），为 AMS 提供了必要的基础。科学、工程应用、数据挖掘、游戏和社交网络，以及其他诸多依赖于信息的活动，均可以从 5G 边缘云计算中获益。

2. 实施

实施是需要取舍的，是规划的落地和实践。为了做出明智的选型，将 5G 边缘云计算规划落地，需要选择具体的技术路径。这需要从规划阶段的"时间（Schedule）—范围（Scope）—成本（Cost）"这个项目铁三角转变为实施阶段的"功能（Function）—性能（Performance）—成本（Cost）"产品铁三角。5G 边缘云计算的实施相当复杂，涉及的技术组件很多，而这些组件本身发展也比较快。企业需要分析在 5G 边缘云计算实施过程中所应遵循的一般方法和特别之处，以及关键技术点。由于 5G 边缘云计算涉及 5G、边缘计算、云计算，是多技术的交织，因此对于它的了解更应该偏重直接相关性，其中包括以 ETSI 为代表的 5G 边缘云计算参考框架，生态圈中常规云服务提供商向网络边缘扩展的各种处理系统，以及推向边缘的相关认知计算等。

5G 边缘云计算的实施涉及技术的选型、建设过程的治理以及企业业务的迁移。为确保规划的数据架构、技术架构能够被切实应用到企业生产中，这个过程需要兼顾技术体系及建设方案的完整性、可扩展性、开放性和服务提供商的成熟性。

在传统 IT 领域，"实施"一般被认为是做一个工程，内容包括计算资源池、网络规划方案、存储资源池、防火墙安全策略等。这些内容在实施 5G 边缘云计算时不仅同样需要考虑，还要以系统工程的方法，纵观全局、端到端地去考虑。既然是边缘云，那就要以云的范式去协调、编排资源，以云的架构去写应用。

5G 边缘云计算的分层特征使得相关的技术选型有章法可依。良好的实施，不但能满足基本的业务需求，而且能够为未来的业务发展建立良好的可扩展架构。这需要明确 5G 边缘云计算实施的主体和基本要素，并且分析实施方案的技术特点及关键要素，做好风险管控。

在技术体系内进行合理技术选型，是 5G 边缘云计算实施的关键。总的来说，5G 边缘云计算技术体系主要涉及以下 5 种。

（1）无线接入网技术体系。5G 边缘云计算更多的是面向产业界，为行业应用提供 IT 基础设施支持。各行业对网络的带宽、连接数密度、时延等性能提出了差异化及更加极致的要求。5G 引入了丰富灵活的新空口技术，包括全频谱、新型多址、超密集组网、全双工等技术，通过对多种无线技术的组合，以适应多样性的网络需求。企业应根据具体的业务选择合适的无线接入技术。以全频谱技术为例，可将低频段用于低时延、泛连接、广覆盖的业务场景，将高频段用于热点高容量的业务场景。

（2）核心网技术体系。5G 核心网采用云化部署的设计思路，使用 SDN、NFV、MEC、网络切片等一系列技术的组合，构建了按需服务、灵活控制的网络传输技术体系。SDN 技术以控制与转发分离的方式，用程序重新规划网络，为控制网络流量转发提供了新的方法。NFV 技术实现了网络功能的软件化、虚拟化部署，既节省了建设成本又实现了资源的灵活调配。MEC 技术降低了移动网络的时延，提升了用户体验。网络切片技术构建了适配各种类型服务的网络集群和转发路径，可以满足不同业务的 QoS 需求。

（3）云计算技术体系。边缘计算无法替代云计算。云计算在企业 IT 基础设施建设中仍将占据很大比重，云边协同将成为未来企业 IT 的主流模式。云计算涉及的主要技术包括虚拟化、云管理、云安全、云存储等，同时随着应用场景的进一步丰富，孵化出微服务、无服务器（Serverless）技术、混合云架构、DevOps 等相对新的主流云计算技术。

（4）边缘计算技术体系。边缘计算是计算能力从云端向边缘侧延伸的一种 IT 模式，是对云计算应用场景的进一步补充和丰富。计算、存储、网络、安全这 4 个维度构成了边缘计算的主要技术体系。边缘计算往往采用轻量级的虚拟化技术，并提供异构计算能力。边缘基础设施包括边缘网关、边缘一体机、边缘服务器等。边缘计算通常需要处理现场数据，并将处理后的数据发往云端。云边协同的存储方式是边缘存储的重要组成。边缘网络包括边缘云接入网络、边缘云内部网络及边缘云互联网络，涉及 5G、TSN、Spine-Leaf、SD-WAN 等主流网络技术。边缘安全包括边缘基础设施安全、边缘网络安全、边缘数据安全、边缘应用安全等，主流技术包括漏洞扫描、抗 DDoS、数据加密、应用监控等。

（5）边缘人工智能技术体系。人工智能具备自主学习、判断、决策的能力，在 5G 边缘云组网和运维领域得到了广泛应用。通过感知、挖掘网络数据并进行智能化的预测、推理，人工智能能够优化 5G 网络频谱、提高网络覆盖率、优化网元部署，能够实现智能管理、智能监控、故障关联告警等功能，提升运维效率。人工智能还能够提供自主灵活的网络分配及路径选择，进行自动的网络连接健康状态分析，从而提升 5G 网络的服务质量。同时，5G 网络也为人工智能使用的数据提供了一条超高可靠、低时延的高速通道，为人工智能向边缘产业化打下了基础，推动了人工智能在制造、医疗、新媒体等领域的发展。

3. 运维

运维是个持久战，"三分建设，七分运维"。在已交付的情况下，企业要保证业务运营的正常运行，需要投入必要的技术手段和人力资源。实际上，运维（Maintenance Monitoring）和运营（Operation）是略有区别的，前者主要是"看"，后者则偏重于"干"。由于 5G 边缘云具有分散特性，编排器（Orchestrator）通常构建在常规云数据中心之上，因此 5G 边缘云系统的运维也包含了对云数据中心的运维。但又由于 5G 边缘云的 End Node 具有数量大、数据类型多样、处理要求速度快和功能相对专一等特点，对运维提出了新的需求与挑战。运维的内涵对应于不同的产业模式，在技术上主要表现为以下 4 个方面。

（1）网络运维

5G 边缘云平台基于传统数据中心网络架构实现可扩展网络。现有数据中心一般采用三级树状架构，即由核心层、汇聚层和接入层构成。这种传统网络架构具备结构简单、易于实现等特点，但是可扩展性差。当应用服务规模扩大时，容易引发成本因素和性能因素等问题。同时，现有数据中心网络架构不适用于 5G 边缘云业务的分布式计算产生的业务流量模型。5G 边缘云应用的海量数据处理需求及分布式流量特性，对网络架构提出了新需求：网络连接必须是健壮的，以保证数据快速、高效传输；必须有足够的网络资源池来支持 5G 边缘云忽高忽低、脉冲式流量的传输与分布；需要具备灵活的交换机配置能力以提升网络效率；另外，网络切片功能的智能运维将实现高度自治的全网联动，大幅度提升网络生命周期管理效率。

（2）云环境的监管

5G 边缘云的实施从在边缘数据中心进行正式部署开始，合理的运维离不开对云环境的科学监管。云服务提供商和行业客户从各自角度提出建立 IT 运维系统的需求，该系统涵盖网络、服务器、数据库、中间件和应用等监控对象。系统通过制定监控策略，包括定义告警条件、告警内容标准、告警通知方式，将集中式监控和分布式监控相结合，可及时发现云环境中的系统故障，减少故障处理时间。云环境的监管是 5G 边缘云运维的重要组成部分，最终目的是保证系统可用（不出问题）。

（3）边缘云的治理

5G 边缘云内不同层次上数量庞大的主机、器件为运维管理带来了巨大的挑战。除了一般云环境的监管，还需要做到以业务为中心，自动探测"云边协同"与"万物互联"场景下网络设备、服务器和应用的可用性、使用率、吞吐量；提供更强的自动化操作和远程处理能力；在面向用户业务的边缘侧提供更高的可靠性和更为丰富的开放接口。一套完整的边缘云治理方案包括对基础设施平台、无线接入平台的管理，数据平面的加速优化，以及提供运营商级别的可靠性、安全性和可管理性等。

（4）运维人员

高效的 5G 边缘云运维离不开运维人员对故障处理的应急能力。完善运维流程管理有助于企业提高运维人员自身的能力，以开展高效的运维工作。同时，运维工作要求运维人员具备全面的素质：在云计算方向的研发能力，能够配合开发团队进行快速迭代部署；具备 IT 行业广阔的知识面，在应用业务向云上迁移过程中能够辨识功能、性能和容量要求，更好地使用云资源；能够对应用业务和数据进行分析，理解业务、读懂数据。运维人员只有具备如上素质，才能得心应手地进行硬件维护和软件维护、监控资源变化、收集性能指标、执行性能优化、进行运维方案的编制。

运维从 Passive 的方式变为 Pro-active 进而升级到 Active，使得 5G 边缘云从 IT 系统最早的 RAS（Reliability,Availability,Security）达到 RASSM（Reliability,Availability,Security,Scalability,Manageability），即可靠性、可用性、安全性、可扩展性、易管性，进一步引入智能化（Intelligence），最终达到 RASSM-I。最后进入涅槃（Nirvana）后重生的境界，达到运维的终极目标。

4．5G 边缘云计算架构

5G 边缘云计算作为云计算的扩展自然应该具备云计算的特性，主要包括：弹性、自服务、Web Service 标准接口，以及用多少付多少。这些特性要求通过软件来完成工程实现，也就是用软件定义"一切"（SDx），如软件定义的数据中心、网络、服务器、存储等。这最终带来了软件和应用架构上的范式变化。

多年来，支持大规模的分布式计算一直都是很困难的。用户发现，很难定位到应用所运行的系统，并且很难动态地纵向增加或减少计算能力，以应对工作负载的变化、系统失败后的恢复，以及对检查点或重启过程的有效支持。云计算的类效能计算成本（Utility Based Computing Cost）和及时（Just-in-Time，JIT）计算设施的实现使得上述努力变为现实。

5G 边缘云计算的应用受制于云计算本身，即受制于工作负载在计算、I/O、消息交互带宽等资源使用方面的不平衡。当系统变得很大，需要进行分布式和数据密集型的多重处理时，这些不平衡因素就会显得尤为突出。应用开发者必须将需要处理的数据放在最近的地方，并以最佳的方式来处理数据 I/O 和存储。另外，并行计算的复杂任务工作流（Workflow）需要对多个计算任务进行分解、协同和汇聚，还要对整个 5G 边缘云计算工作流生命周期的各个阶段进行管理。

关于 5G 边缘云计算架构，分以下三个方面进行讨论。

（1）软件架构

并行和分布式计算是云计算的基础。5G 边缘云计算下的软件架构也离不开并行和分布式计算架构。

并行计算的"并行"可以在多个层面上实现，最简单的是在 CPU 层面上的实现。根据 CPU 可以同时处理的指令数目和数据流，计算系统可分为以下 4 种。

① 单个指令，单数据（Single-Instruction,Single-Data，SISD）系统。

② 单个指令，多数据（Single-Instruction,Multiple-Data，SIMD）系统。

③ 多个指令，单数据（Multiple-Instruction,Single-Data，MISD）系统。

④ 多个指令，多数据（Multiple-Instruction,Multiple-Data，MIMD）系统。

MIMD 系统是一个多 CPU 系统，能够执行多个指令处理数据流。每个处理元（Processing Element，PE）在 MIMD 模式中有独立的执行指令和数据流，并且各个 PE 可以是非同步的。从内存的利用上，MIMD 分为共享式和分布式。在共享式内存模式中，所有的 PE 都连接到单根内存总线上，对内存的取用及 PE 之间的联系都通过这根内存总线来完成。这类系统通常又被称为紧耦合多 CPU 系统。在分布式内存模式中，所有的 PE 都有当地的内存，PE 之间的联系通过网络连接和进程间通信（Inter-Process Communication，IPC）来完成。这类系统通常又被称为松耦合多 CPU 系统。

在分布式计算系统中，各个计算资源之间的耦合度更为松散。它是多个独立计算机的组合。但这种组合在用户看来，就好像是一个完整的系统。系统主要通过消息传递来报告数据处理的状态并协调各个计算资源，从而完成整个计算任务。理想状况是，系统使用一个抽象层来屏蔽底层计算资源的异构性，将资源以统一的方式展现给上层应用并供其调用。

针对高性能计算，各大学和研究机构已经进行了大量研究，单系统镜像（Single System Image，SSI）就是其中一个例子。单系统镜像可以使并行计算的开发工作大大简化。它的效果可以类比多 CPU 计算机在操作系统层面采取了 SMP（Symmetrical Multiple Processing，多对称处理）架构。这样软件开发人员无须考虑底层有几个 CPU，就可以进行多 CPU 编程。分布式计算系统开发人员可以充分利用操作系统提供的服务和 SSI 或类似的中间件，开发出相关的协议、数据格式、编程语言、整体框架，并将所有这些以统一的接口形式提供给软件开发人员。5G 边缘云计算应用要面对数目众多、异构、松耦合的边缘单元，其价值是巨大的。

针对 5G 边缘云计算不同场景的特点与复杂性，应用软件架构可有多重选择。对于数据密集型、复杂的工作流，分布式内存，MIMD 模式是软件设计方面的一种有效选择。其中的网络连接和 IPC 是保证计算效率、近实时性和完整无误的重要部分。

另外，现在核心网的网络连接大多通过以太网实现，协议是基于 IP 的 TCP。然而 TCP/IP 并不是最好的消息协议，特别对于大量短消息的传播而言。这是因为，要完成一次 TCP 对话所需要的开销是很大的，建立对话需要 3 次握手，关闭对话则需要 4 次握手。因此，寻找或改进消息协议是有必要的。计算节点之间新的连接技术会给明天的 5G 边缘云计算带来重要的进步，并且这方面的努力已经在进行中。从改进协议上看，软件设计可以采用 UDP 而不用 TCP。在物理连接上，业界在探索新的方式来增大带宽、提高速率、降低迟滞性，从而弥补以太网的不足。以开放标准为基础的 InfiniBand 在云计算中的应用，就是这方面的一个例子。

（2）系统架构

系统构架主要涉及各个组件和执行进程在 5G 边缘云计算环境中的实际组织形态和分布。主流架构有两种：多对一的客户-服务器（Client/Server，C/S）模式和一对一的 P2P（Peer-to-Peer）模式。

在 C/S 模式下，用户方进行的操作是请求、接收（Request, Accept），服务器方进行的操作是听、执行和回应（Listen, Processing, Response）。C/S 模式的请求与回应都是单向的，通常由用户发起。根据客户端的处理能力，C/S 模式可演变为以下三种：浏览器-服务器（B/S）模式、瘦客户-服务器模式和胖客户-服务器模式。其中 B/S 模式是随着 Internet 技术的兴起，对 C/S 模式的一种改进。在这种模式下，软件应用的业务逻辑完全在应用服务器端实现，用户表现则完全在 Web 服务器端实现，而客户端只需要浏览器即可进行业务处理。这种结构是当今应用软件的主流体系结构。对于大多数企业应用，三排架构、Web、应用、数据都是可行的。但这里存在一个很大的问题，就是应用不容易扩展。这对于在 5G 边缘云计算环境中的"大"企业级应用，是不可忽视的。所谓"大"，意味着两个主要方面，一是终端数量大，二是相应的工作流复杂。

5G 边缘在云计算的环境中，C/S 模式或者 B/S 模式应用的开发将受益于分布式系统基础架构。用户可以在不需要了解分布式系统底层细节的情况下开发分布式程序，对所开发系统的可扩展性带来了很大的方便。Hadoop 的 HDFS（Hadoop Distributed File System，Hadoop 分布式文件系统）和 MapReduce 就提供了这样的基础架构和并行任务处理。

面向服务的体系结构（Service Oriented Architecture，SOA）已经存在多时。在这个模型下，应用的不同功能单元称为服务。服务之间定义了若干接口，服务可以通过这些接口和协议联系起来。接口采用中立的方式进行定义，它应该独立于实现服务的硬件平台、操作系统和编程语言。SOA 使得构建在各种系统中的服务能够以一种统一和通用的方式进行交互。SOA 带来整个软件系统的互联成本、维护成本、升级成本的大幅降低，并成为支撑新 IT 的技术标准。随着云原生应用的不断发展，轻量级虚拟化容器技术及微服务架构的流行，SOA 很可能爆发出新的生命力。因为微服务与 SOA 在产生背景、关键属性和应用场景上都是非常相近的。其关键的技术和属性实现了可以从多个服务提供商得到多个服务（一个服务便是一个功能模块），并通过不同的组合机制形成自己所需的新服务。这样设计出的大数据系统的牢固性会增强，软件的开发及维护的成本会降低，这将有助于 5G 边缘云计算产业的快速发展。

（3）联邦计算

5G 边缘云计算的复杂性体现在"中心云—边缘云"各个层次的协作及与其他信息系统的集成上，在任务分配（Task Partition）与协同（Orchestration）等方面将出现"中心云—边缘云"不同程度的耦合。基于紧耦合、松耦合和半松半紧耦合的自治体系催生了一种全新的合众计算范式（Computing Paradigm），即本书倡导的联邦计算（Federated Computing）。

如同联邦制一样，边缘云根据自身形态、体量和能力与中心云形成不同程度的耦合关系。紧耦合的边缘云，形态较小，自治性较弱，一般用作数据采集和设备控制，需要中心云提供治理和功能支持。松耦合的边缘云，形态较大，往往内部嵌套着另一层"中心云—边缘云"结构，形同几何学中的"分形"——每一部分近似地是其整体缩小后的形态，自治性很强，具备在一定时间内断开中心云控制平面独立运行的能力，在极端情况则以私有云形式运行在企业内部。半松半紧耦合的边缘云，介于两者之间，实现"中心云—边缘云"多维度多场景的协作，这将是在设计应用时最为讲究、最具艺术性的，是联邦计算的核心内容。

在联邦计算的旗帜下，5G 边缘云计算将满足产业互联网在数字化转型过程中对海量异构连接、业务实时性、数据优化、安全与隐私保护等方面的关键需求。在机器学习领域中的联邦学习（Federated Learning）实现了大规模用户在保护数据隐私情况下的协同学习，是联邦计算在边缘侧人工智能场景的重要应用。

5. 应用的可移植性

对于企业来说，IT 系统的未来不再仅仅是俗称的"上云上平台"，而是更多地关注应用的可移植性。云层（Cloud Layer）公有云提供的弹性资源划分能力对于在雾层（Fog Layer）或薄雾层（Mist Layer）的边缘云部署应用的企业来说，具有同样重要的价值。如何才能保证应用软件在公有云和边缘云上都能够一致地运行，互相协作？这开启了对下一代计算平台的探索。可以预见，建设下一代计算平台要面对的情景如下。

（1）支持异构计算

搭载了 GPU 的新一代计算平台将进驻本地数据中心。为了满足大数据业务需求，计算能力需要支持机器学习并从公有云逐步延伸到边缘云本地数据中心。为了支持 IoT 行业应用，在边缘云部署的计算平台将具有前所未有的丰富多样性。在 AR/VR 应用场景驱使下，计算能力向多样异构的发展仍将继续。

（2）提升本地数据中心利用率

当越来越多的应用从本地数据中心迁移到公有云上时，为了使全局的资源利用率达到本地数据中心的水平，需要付出更大的努力。另外，相较于软件更新迭代的频率，本地数据中心硬件基础设施的需求变化是稍慢的。在总体容量不变的前提下，随着应用被迁移到公有云上，本地数据中心的资源利用率会出现骤降。

（3）建立统一控制平面

一个新产品就需要一个新控制平面的时代将成为历史。使用统一的控制平面将提高基础设施管理效率，是有效管理异构平台和产品的更好方式。同时，资源自动伸缩成为控制平面的一个基础功能，帮助用户聚焦于自身应用业务逻辑，使用户从确保资源使用的运维任务中解脱出来。

（4）运维复杂度加剧

从公有云到边缘云计算资源的自动化连续性运维不是一个简单的工作。业务优先级、时序、更新周期等因素将影响应用的何种工作负载何时运行在公有云上，何时运行在边缘云上。同时，未来应用的多样化工作负载也将加剧运维工作的复杂度。

（5）合规性的压力

由于要在异构计算平台上运行多样化的应用，企业面临着更大的合规性压力。数据的私密性和位置属性需要企业将工作负载迁移到特定的物理地点，这在很大程度上就是从公有云上迁回到边缘云。数据安全合规性需求使得企业要用更灵活、敏捷的方式移动它的应用。

（6）对公有云的质疑

虽然很多应用更适合在公有云上运行，仍然有一些对公有云的质疑声音存在，包括硬件更新、与边缘云特定计算资源（如小型机）的衔接等。所以企业在未来一段时间还将在本地数据中心运行一定的工作负载，需要确保应用的工作负载的可移植性。

其实，公有云、私有云的划分来自云计算的初期，其划分是基于网络边际的，而非设备放在什么地方。未来将不存在公有云、私有云之分。其实现需要基于以下三方面：第一，立法以保证私密性；第二，提供端到端安全技术的保障；第三，提升性能，特别是网络传输、网络存储、集群计算能力等方面的性能。这正是像亚马逊这样的云服务提供商能够迅速发展的原因，其虽然延续了最初公有云的名字，但绝大部分收入来自私有云。

6. IoT 和 IoE

5G 边缘云计算使人类社会正在走向"全连接"（Always Connected）的现实。在新技术和新观念作用下，互联网在不断变化，其中一个重要的观点是物联网（Internet of Things，IoT）。IoT 是指一种基于互联网的全球现象，被广泛用于服务和物品的信息交换，它描绘出一种"物品是互联网一部分"的新现实。IoT 代表着互联网发展的又一波浪潮。

可以从两个视角看待 IoT 的愿景，分别以互联网为中心和以物品为中心。在以互联网为中心的架构中，互联网服务是焦点，物品贡献数据。反之，以物品为中心的架构则聚焦于获得网络连接的现实世界中的物品及其提供的能力，如 RFID。

IoT 背后的核心观念是，每样物品都具有感知和跟踪的能力；进而，物品通过 5G 边缘云计算进行复杂的运算处理和获得网络连接能力去感知环境，并与人类交互。像任何信息系统一样，IoT 依靠硬件、软件和架构的有机组合。IoT 需要的软件能力是支持大量异构设备的互操作和数据处理，其中语义技术是解决异构世界互联物品互操作的关键技术。IoT 是一种形式的物品语义网（Semantic Web of Things）。IoT 的未来将可能看到新的"小设备"的加入，特别是纳米尺寸的器件互联形成的纳米网（Network of Nano-Things）。IoE（Internet of Everything）是 IoT 的增强，包括机器直通（Machine-to-Machine，M2M）、终端直通（D2D）、机器与人（Machine-to-People，M2P）、人与人（People-to-People，P2P）的通信方式，实现了个体、数据、方法和设备的连接，融合了云计算、移动网络、大数据分析等众多技术环境。联邦计算的框架是满足 IoT、IoE 分布式应用在异构硬件上高效运行和标准化方面的基本保障。

7. 超越 5G

移动通信也有一个摩尔定律，也就是"10 年周期法则"，即自 1982 年第一代移动通信系统诞生以来，大约每 10 年将会更新一代。合理地平衡第四代（4G）移动通信与第五代（5G）移动通信，以及最相关的 Wi-Fi 6 技术，并针对不同的应用场景，聪明又经济地进行取舍以获得最大的投资回报，这是当下的主要任务。

随着一系列 5G 技术标准的逐渐完成，以及 5G 网络在全世界范围内的商用，对于下一代移动通信系统的研究和布局也将被紧锣密鼓地提上日程。与此同时，5G 技术在各行业的应用创新将会不可避免地催生新的网络需求。例如，建设海、地、天、空一体化的新一代网络，大规模 IoT 设备、超高清影像、全息通信带来的带宽和时延需求，工业互联网等领域需要更加低的时延等。未来的数据量将呈现出比 5G 时代更加陡峭的爆发增长趋势。下一代移动通信系统的愿景是，满足未来 10 年的社会信息化需求：在峰值速率方面，将进入 Tbps 级别；在连接能力方面，将建立覆盖海、陆、天、空的泛在无线接入网，为个人终端、传感器终端提供无所不在的接入；在能耗方面，随着总数据量、天线数量的大规模上升，将面临巨大挑战。未来的移动通信技术是在 5G 现有众多技术基础上的进一步提升，是多种技术协同创新的发展。在无线接入方面，通过与人工智能技术的融合，采用云化部署方式，满足复杂异构的网络接入需求。未来将综合应用太赫兹通信、可见光通信、频谱共享、全双工、新型编码、大规模天线阵列等无线技术，满足未来应用的需求。世界各国均已在空间网络领域进行大规模的预研及商业应用，将空间网络纳入移动通信领域，因此建设全球覆盖、随遇接入、按需服务的移动通信系统将是一个趋势。

一个全新的后 5G 时代将会来临。然而，万变不离其宗。IT 系统的发展依然是为了更好地实现高质量的数据采集与数据价值的应用提升这两个最基本的目标。IT 系统将继续围绕着更好地完成数据采集、传输和利用而发展，在数据处理能力、网络传输能力方面进行持续的创新，为全产业的数字化变革提供强大支撑。

5G 商用刚刚起步，人们已经开始了对 6G 的研究。当前，我们对 6G 和它的潜在驱动力所知甚少。回顾 5G 的发展历程，可以推断的是，向 6G 的演进过程依旧将会在需求导向、社会经济效益创造等多重驱动下进行。在技术方面，5G 的主要性能指标将是 6G 指标的起点。6G 技术将在 5G 技术基础上进一步演进，例如，3 倍的频谱效率，10 倍的数据传输速率，1/10 的单向时延，10 倍的功率效率等。我们以 5G 为参照系做出设想，推测 6G 会有以下趋势。

（1）在更高的频段实现更大的系统带宽

电磁波谱中较低频率的频段已所剩无几，6G 需要利用更高的频段。5G 采用 Sub-6GHz 作为主要频段，采用 28GHz 频段用于非移动应用。6G 的候选频段将达到 THz 级，但其更加受限的覆盖性会使其作为 6G 的第二频段来利用。

（2）Massive MIMO 依旧是关键技术

由于信道编码和调制技术逐渐达到性能饱和，Massive MIMO 技术将成为获取更高频谱效率的突破点。6G 将继续关注 Massive MIMO 技术。

（3）继续提升数据传输速率和频谱效率

6G 系统设计将尝试把系统操作区域向频谱效率和功率效率两个方向延伸，更多的是向频谱效率方向延伸，提供更高的峰值速率。

（4）更大的芯片密度

3G 芯片使用 65nm 制造工艺，4G 和 5G 芯片分别采用 28nm 和 7nm 制造工艺。照此趋势，6G 系统的复杂性将要求 3nm 制造工艺，接近了量子力学的极限，对半导体行业提出更高的挑战。

（5）多种模式共存

从 4G 开始，使用 LTE-WLAN 技术将 Wi-Fi 集成进了蜂窝系统，其他模式如 Multihop、D2D 也在 4G 网络中并存。可以展望，卫星通信将被引入 6G 网络，以应对未来约 45%的世界人口居住于郊区或旷野的现实。

5G 的到来使得计算能力从传统云端的数据中心扩展到了无线接入网、客户现场等统称为"边缘"的各种网络"神经末梢"，构成了云、雾、薄雾和器件的多层体系；同时，把分布在各个层次上的器件、网关、节点的计算能力以云的形式运行起来，即"Run edge computing in a cloud fashion"。这一直是贯穿本书的主旨。后 5G 时代的计算能力将不仅仅固守在"边缘"，而会释放到网络中的"每一跳"上，进一步地结合 AI 和机器学习。试想 6G 的云计算在 5G 边缘云计算的基础上，将器件、薄雾、雾、云和基站、接入网、核心网、数据中心及传输网的集合演变为汇集人工智能与大数据分析并根据用户意图提供服务的新一代计算平台。

最后，再回到反复萦绕在笔者脑海中的关于 5G 边缘云计算的基本思考。我们生活在一个富饶的星球上，从宏观到微观可谓千姿百态。在立体而多态的世界基础上，再加之时间这一维度的不断推进，就有了动态的世间万象。笔者看技术发展，常常会想到动物或生物，如果用一个 fancy 的名词，就是所谓的"仿生学"。例如，对于 5G 边缘云计算，看似奇葩的问题蹦了出来：人类的主要感觉器官为什么长在脑袋上（为什么眼睛没长在屁股上呢）？因为采集的信息是在人脑里被处理的，眼睛、耳朵、鼻子、嘴巴都在离"处理器"最近的地方。这是不是可以说，边缘计算就来自仿生学呢？人类文明发展至今，已产生了海量的数据，新兴的传感器和记录设备每秒都在产生和记录大量的数据。这些数据就是对这世间万象的不同粒度、不同视角的快照，这种快照的数量可以达到无穷无尽的地步。人类天生具有对事物的掌控欲，始终希望让一切尽在掌握之中。而人类从个体到集体，其掌控能力都非常有限。当面对无穷无尽的数据之时，无力感难免会油然而生。分久必合，合久必分，周而复始。以现代 IT 技术和相关学科理论为基础的"数据技术"，其目的和本质就是让人类借助计算能力来重新获得对世间万事万物的掌控能力，来提取出藏在数据背后的规律，并用以预测将来。因此，"预测"这个词就是开展数据业务的终极目的所在。

虽然本书以科学的态度围绕着 5G 边缘云计算这一概念在展开论述，但它本身不是一个单独的学科，不具备清晰的学科边界。它是数据科学的一部分，并会使大数据变得更大，变大的速度更快。数据科学的产生来源于数据大爆炸时人类对数据处理的需求，而其研究的解决方案则是对各种数学理论和工具的综合运用。所以说，数据科学这个概念或许只是人类的技术文明发展到特定阶段的称谓。各种各样的架构和架构的组合就是一种现象。

5G 边缘云计算也是一种现象，正因如此，我们很容易陷入一种为了做 5G 边缘云计算而做的无的放矢的迷途。需要时刻警醒的是，我们要以实际需求为驱动来建立 5G 边缘云计算体系，过滤掉其中的泡沫。用一种投资者常用的说法：5G 有风险，投资需谨慎，做好算术，把控风险。

笔者接触 5G 边缘云计算，是因为笔者所从事工作的业务需求，而笔者写这本书，是希望能与读者分享自己在做这些业务时所获得的经验和体会。如果能给读者带来一些启迪，笔者会倍感荣幸。对读者而言，阅读本书的契机可能来自实际工作中遇到的问题，也可能出于对 5G 边缘云计算这个热词的兴趣，但无论是哪一种，本书都只是一个开始。

最后，请你与笔者一起（E-mail：jerry.z.xie@live.com）继续 5G 边缘云计算的旅程，带着问题，在实践中学。我们对 5G 边缘云计算的掌控，同样会经历波浪式的前进，螺旋式的上升。随着 5G 边缘云计算实践能力的提升，联邦计算范式如何发展等那些萦绕在我们脑海中的问题可能就迎刃而解了。

附　录

HPE、Saguna 和ＡＷＳ的边缘 云解决方案

5G 边缘云计算作为最令人兴奋的新概念之一，打破了传统云计算的边界，使得来自各种行业的各种规模的公司都可以参与其中，其中不乏强强联手推出的案例。

下面介绍一个由 HPE、Saguna 和 AWS 联合开发的移动边缘计算（Mobile Edge Computing，MEC）平台（内容取自 AWS 白皮书）。

Saguna 开发了一套运行在 HPE 边缘基础设施之上的 MEC 虚拟化接入网（vRAN）解决方案。本方案使得应用开发者可以使用 AWS 云服务来创建移动边缘应用，同时支持通信运营商在其移动网络内高效地部署 MEC 并运营边缘应用。

A.1　方案架构

MEC 方案架构分为以下三个层次，如图 A-1 所示。

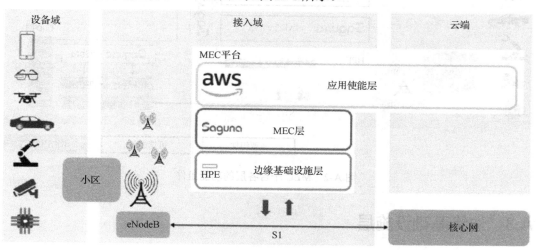

图 A-1　MEC 方案架构

（1）边缘基础设施层。基于 x86 计算平台，本层提供边缘侧的计算、存储和网络资源，支持从无线接入网基站（eNodeB）、回传汇聚节点到区域汇聚节点的广泛部署选项。

（2）MEC 层。本层帮助在无线接入网内布置应用，并提供一系列服务，包括流量本地分流、流量分流、注册服务、认证服务和无线网络信息服务（RNIS）。同时为核心网服务（如计费、合法监听）提供可选的集成点。

（3）应用使能层。本层为构建、部署和维护边缘应用提供工具和框架。其支持将特定应用模块（如要求大带宽或低时延的组件）置于本地边缘侧，同时保持其他应用模块在云端。

MEC 方案架构内在设计的灵活性能够支持其根据具体应用场景对边缘组件进行扩展。可以将边缘组件部署在极远边缘（Far Edge，如无线接入网站点与基站设备共址），使得要求大带宽和低时延的应用组件被部署在接近终端设备的位置；也可以在从基站到核心网之间的任意流量汇聚节点部署边缘组件，用于从多个基站提供服务。

借助在网络边缘接近终端设备的位置运行特定服务的能力，MEC 平台让人们重新审视 C/S 模式应用的设计，为新一代应用体验赋能。典型的应用领域包括工业、自动驾驶和消费电子。

A.2　功能组件

MEC 平台各层的功能组件如图 A-2 所示，下面分三节进行介绍。

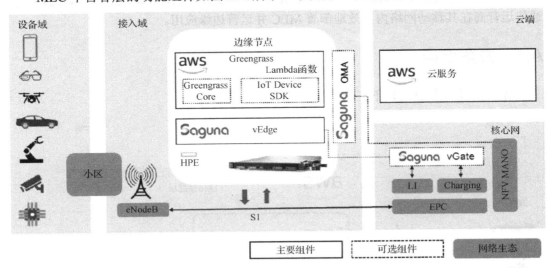

图 A-2　MEC 平台各层的功能组件

A.3　边缘基础设施层

一个 MEC 节点的基础设施采用针对边缘进行优化的 HPE Edgeline EL4000 平台，其使用的机箱和 m710x 刀片服务器如图 A-3 所示。其在 1U 高度的机箱内集成了 4 个 SoC（System on Chip，片上系统），提供多至 64 个 Xeon-D 核心。这种设计相比传统数据中心，带来了 2～3 倍的计算密度，提供了多样化的计算和硬件加速能力。其使用 x86 架构运行一般负载，内置 GPU 用于加速图形运算，支持 4 个 PCI-E 扩展插槽便于使用 FPGA，支持需要不同计算能力的工作负载运行。另外，其能够在严苛的物理环境条件下运行。

图 A-3　HPE Edgeline EL4000 平台使用的机箱和 m710x 刀片服务器

平台可运行物理环境条件对比见表 A-1。

表 A-1　平台可运行物理环境条件对比

参　数	RAN 基带装置	典型数据中心平台	HPE Edgeline EL4000 平台
温度/℃	+10~+50	+10~+35	0~+55
耐冲击（用重力加速度 g 的倍数表示）	30g	2g	30g
失败平均时间/年	30~35	10~15	>35

A.4　MEC 层

A.4.1　Saguna OpenRAN 组件

MEC 层是基于 Saguna OpenRAN 方案设计的，包括以下组件。

1. Saguna vEdge

Saguna vEdge 位于 MEC 节点上，如图 A-2 所示。其通过提供一系列 MEC 服务，如注册、认证、流量卸载、无线网络信息服务、DNS 等，支持应用在无线接入网中运行。在无线接入站点或者回传汇聚节点上部署虚拟化软件节点，为多个基站提供服务，也便于在异构网络（HetNet）中扩展支持 Wi-Fi 或其他通信标准。

Saguna vEdge 连接到 LTE 网络的 S1 接口上，根据配置策略将流量分发到适宜的本地或者远端，实现了本地 LTE 流量分发的多种模式（如 Inline Steering、Breakout、Tap）。其通过 Saguna OpenRAN 传输协议（OPTP）连接可选的 Saguna vGate，为平台管理开放 REST（Representational State Transfer，描述性状态迁移）API。

2. Saguna vGate

Saguna vGate 位于核心网站点上，是一个可选组件，其负责保留无线接入网产生流量的核心功能，包括合法监听（LI）、计费和策略控制，并且为应用会话提供移动性支持，如图 A-2 所示。Saguna vGate 运行于虚拟机上，紧邻核心网的 EPC。其通过 Saguna OpenRAN 传输协议连接 Saguna vEdge，实现 LI 和计费在移动网络中的集成。

3. Saguna OMA（Open Management and Automation）

Saguna OMA 位于 MEC 节点上或者若干 MEC 节点的汇聚节点上，是一个可选的子系统。它为 MEC 节点提供一个管理层，以便集成到网络功能虚拟化（NFV）环境当中，包括 NFV 编排器、虚拟化基础设施管理系统（VIM）和运营支撑系统（OSS）。

Saguna OMA 运行于虚拟机上，使用 Saguna 和第三方插件根据流程引擎管理应用上架。

A.4.2　Saguna OpenRAN 服务

作为 MEC 层，Saguna OpenRAN 方案提供以下服务。

1. 移动网络集成服务

（1）移动性。这包括连接到同一个 MEC 节点的跨站（Cell）移动事件（指用户终端位置变化触发的事件）的移动性管理，以及跨 MEC 节点和跨站移动事件的移动性管理。

（2）合法监听（LI）无线接入生成数据。其支持 X1（Admin）、X2（IRI）、X3（CC）接口，并被预集成到 Utimaco 和 Verint LI 系统中。

（3）计费。其支持根据计费数据记录（CDR）的应用计费（基于 3GPP TDF-CDR），以及由时间、会话和数据触发的应用计费。

（4）管理。其通过 Saguna vEdge 的 REST API 提供 MEC 服务发现、服务注册、MEPM（MEP 管理）和 VNFM（VNF 管理），并能够被集成到已有 NFV 环境中，确保应用高效运行。

2. 边缘服务

（1）注册。其提供动态的服务注册和服务认证，将 MEC 应用注册到平台提供的其他 MEC 服务上，并设置应用类别。

（2）流量卸载（Traffic Offload Function，TOF）。其根据用户配置将流量分发给相关应用，同时支持隧道协议，包括 LTE 的 GPRS 隧道协议、CDMA 的标准 A10/A11 接口和 Wi-Fi 的 IP 协议。

（3）DNS。其提供 DNS 缓存服务，以加强移动网络的 DNS 功能，为指定域预先配置 DNS，使得用户设备的 TCP 会话连接到本地应用上。

（4）无线网络信息服务（RNIS）。其支持同时管理多个服务提供商的无线网络信息，支持 ETSI 查询跨站信息和通知机制，如接收由无线接入承载（RAB）发出的事件。

（5）即时消息服务。其提供智能消息，为特定区域（如体育场馆）内的用户设备发送短消息（SMS）。

3. 移动边缘应用

（1）吞吐量引导应用。其使用 RNIS 算法为指定的 IP 地址或者域名进行吞吐量引导。

（2）DDoS 消除应用。其监控已连接设备的各类 DDoS（ICMP 泛洪、IP 扫描、死亡之 Ping、TCP Sync 攻击等）。被标记为产生 DDoS 流量的设备将被报告给网络管理，同时流量被丢弃。

A.5　应用使能层

应用使能层由布置在 MEC 节点上的 AWS Greengrass 服务构成，如图 A-2 所示。AWS Greengrass 是被设计用于支持各种类型设备连接云端并彼此相连的 IoT 方案，其本地功能和部分应用需要在网络边缘运行。

AWS Greengrass 基于 AWS IoT 和 AWS Lambda 函数构建，可以访问其他 AWS 服务，为离线运行和本地数据处理带来便利。在本地运行的 Lambda 函数负责收集、过滤、汇聚数据并发送至云端做持久化存储和进一步处理。

AWS Greengrass 包括两部分：Greengrass Core 和 IoT Device SDK，两者均可以运行

在客户侧。

Greengrass Core 被设计为运行在至少 128MB 内存的 x86 架构设备或者至少 1GHz CPU 频率的 ARM 架构设备上。其在本地运行 Lambda 函数，并与 AWS 云交互，进行安全管理，以使用其他 AWS 服务。

IoT Device SDK 用于开发设备应用并连接 Greengrass Core（一般通过本地局域网）。应用通过订阅消息（MQTT Topic）从传感器中获取数据，并使用 IoT Device Shadow 保存和恢复状态信息。

运行着 Greengrass Core 的设备作为枢纽，可以与安装了 IoT Device SDK 的设备通信。这些连接起来的设备可以被配置进入一个 Greengrass Group。如果 Greengrass Core 设备断开了与云端的连接，Greengrass Group 可以在本地网络上继续通信。Greengrass Group 代表设备的本地组装，例如，可以是一层建筑、一辆卡车或者一个房屋。

AWS Greengrass 作为枢纽部署在 MEC 节点上，将 MEC 平台和 AWS IoT 方案集成起来，提供了一个强大的开发、部署和管理 MEC 应用的使能环境。图 A-4 展示了使用 AWS 服务建立的一个无缝 IoT 流水线。终端（Endpoints）经 Amazon FreeRTOS 或者 IoT SDK 使用 MQTT 或者 OPC-UA 协议连接到运行 AWS Greengrass 的边缘网关上，Lambda 函数提供数据处理能力，再上传给云端的 IoT Core、IoT Device Defender、IoT Analytics 等服务。

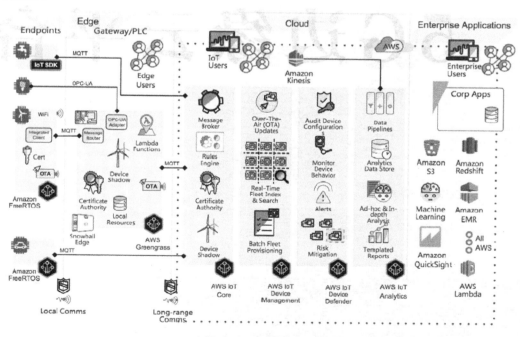

图 A-4　无缝 IoT 流水线

搭建一个开源
5G边缘云平台

开源技术凭借其开放性、灵活性、创新性及低成本等特点迅速被大众所接受。目前，已涌现出一批开源边缘云软件栈，它们从各自的视角进行架构设计、功能实现和推广落地，覆盖多种边缘云场景。

这里首先介绍一个"重量级"的 5G 边缘云平台，其中包括一个中心云和多个边缘云。中心云通常由两个主机构成一对高可用性控制器（HA Controller Pair）。边缘云则根据需要由多个主机构成超融合工作节点，承载行业 PaaS 平台，提供行业应用开发所需要的数据库、缓存和消息组件，并运行一般功能和性能要求的应用工作负载；也可以是一个搭载 GPU 的主机，承载 AI 运行框架，通过 GPU 计算能力加速 AI 应用。

为简单起见，下面将重量级的"一个中心云+多个边缘云"简化为"一个中心云+一个边缘云"。最后搭建一种轻量级边缘云，用于资源受限的场景。

B.1　系统架构

开源物联网边缘云平台是一个典型的由"中心云+边缘云"构成的 5G 边缘云平台。中心云（Central Cloud）作为整个平台的系统控制器（System Controller），负责各个边缘云（Sub Cloud）的管理和编排，同时中心云要提供一个区域（RegionOne）承担一部分 IoT 应用的工作负载。每个边缘云均是一个 Kubernetes 集群，用于承载 IoT 应用的边缘组件，同时将自身产生的告警信息发送给中心云。

如上所述的系统架构实现了"一个中心云+多个边缘云"的分布式云边协同平台，其中的边缘云部署在如工业园区的车间厂房等客户现场，其形态可以是一个超低成本需求的单独节点，也可以随着边缘应用需求的增长而进行扩展。在苛刻环境下布置的边缘云在脱离中心云控制平面时，支持独立继续运行，并可以在重新连接中心云后做信息同步。这里介绍的中心云是独立部署的，也可以整体打包做成镜像运行在公有云上。

开源物联网边缘云平台（以下简称平台）包括基础设施层和 IoT 中间件层。基础设施层基于开源边缘计算及物联网云平台 StarlingX 3.0 版本；IoT 中间件层基于开源边缘计算 IoT 框架 EdgeX Foundry 的 Edinburgh 版本。参考架构如图 B-1 所示。

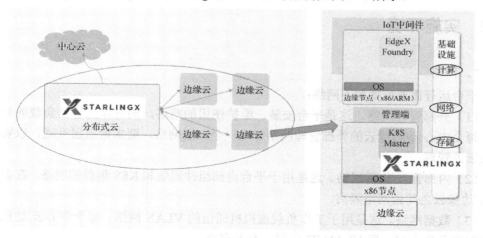

图 B-1　开源物联网边缘云平台参考架构

StarlingX 提供了一个可扩展的高可靠的边缘基础设施平台，在 CentOS 操作系统基础上提供以下服务。

① KVM、Open vSwitch（OvS）、Docker 等基础能力组件。

② StarlingX 自定义的一套 Flock Service，包括主机管理（Host Management）、配置管理（Configuration Managerment）、故障管理（Fault Management）、软件管理（Software Management）、服务管理（Service Management）组件，形成基础设施编排能力。

③ Kubernetes 集群及其 Armada、Helm 工具等。

④ 最上层的 OpenStack 作为应用运行在 Kubernetes 上，提供进一步的资源供给能力。StarlingX 系统架构如图 B-2 所示。

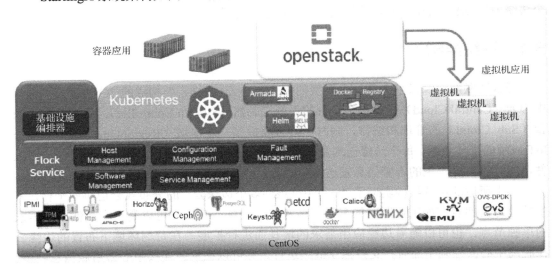

图 B-2　StarlingX 系统架构

用户可以直接在 StarlingX 提供的 Kubernetes 集群上运行工作负载，也可以使用 StarlingX 提供的 OpenStack 划分虚拟机来部署业务。

B.2　实施环境

1．网络

平台运行需要配置如下网络：

（1）外部管理网络。这是平台安装、维护使用的网络，同时作为容器负载的外部网络。每个中心云/边缘云的外部管理网络都是一个二层网络，要求做三层互通，以实现分布式云的管理。

（2）内部管理/集群网络。这是用于平台内部组件通信和 K8S 集群的网络，在各个中心云/边缘云之间做网络隔离。

（3）数据网络。这是用于工作负载虚拟机通信的 VLAN 网络。每个中心云/边缘云的数据网络各自占据一段 VLAN ID 范围，互不交叠。

平台网络划分见表 B-1。

表 B-1　平台网络划分

	主　机	外部管理网络	内部管理/集群网络	数 据 网 络
中心云	cen1	10.10.1.3/24		
	cen2	10.10.1.4/24		
边缘云 1	sub11	10.10.2.3/24	用于平台内部组件通信和 K8S 集群的网络	用于工作负载虚拟机通信的 VLAN 网络
	sub12	10.10.2.4/24		
边缘云 2	sub21	10.10.3.3/24		
边缘云 3	sub31	10.10.4.3/24		

2．硬件

CPU：2 路 Intel Xeon（至强）　Silver 4114 CPU，主频 2.20GHz（10C）。

内存：256GB。

系统盘：2 块 1.8TB SAS 硬盘作为 RAID1。

数据盘：4 块 8TB SATA 硬盘作为 RAID0。

网络接口：外部管理网络接口为 1GE，内部管理/集群网络接口为 10GE，数据网络接口为 10GE。

BIOS 设置：开启超线程、虚拟化和 VT for Direct I/O。

B.3　安装 StarlingX

安装一套"一个中心云+一个边缘云"分布式架构 StarlingX 环境的过程比较复杂，但是可以概括为两步：① 安装中心云；② 安装边缘云，并加入中心云。下面介绍主要安装步骤。

1．安装中心云

下面按照 StarlingX 3.0 的 All-in-one Duplex 部署方式安装中心云。

（1）安装 controller-0

controller-0 是第一个控制节点，也是最先需要安装好的节点，后面节点的安装和加入均依赖于它的运行。

首先下载安装介质 bootimage.iso 文件,这是一个在 CentOS 操作系统中打包 StarlingX 软件及其依赖组件的安装镜像。其下载地址为：

http://mirror.starlingx.cengn.ca/mirror/starlingx/release/3.0.0/centos/outputs/iso/bootimage.iso

通过浏览器登录 controller-0 节点的 Web Console 远程控制界面，选择从 ISO 启动，使用 bootimage.iso 安装操作系统。在菜单中依次选择"All-in-one Controller Configuration"→"Graphical Console"→"Standard Security Profile"。安装过程持续 5～10 分钟。安装结束后进入操作系统，平台默认使用 sysadmin 用户进行操作系统层面的维护。首次登录操作系统时，需要重置 sysadmin 用户的密码。

接下来，设置外部管理网络接口地址，例如设置 enp7s1 地址为 10.10.1.3/24。

StarlingX 的安装采用了自动化运维工具 Ansible。Ansible 是一个集成 IT 系统的配置管理、应用部署、执行特定任务的开源工具，常用于较复杂开源软件的安装过程。

Playbook 是 Ansible 使用的配置、部署和编排语言，可以看成一个在远程主机中执行命令的方案，或者一组命令集合。根据网络地址划分不同，需要修改 Playbook 配置项。此时要创建一个 localhost.yml 文件，其中的配置项将覆盖 Playbook 的默认配置项。

创建 localhost.yml 文件：

```
cd ~
cat <<EOF > localhost.yml
system_mode: duplex

dns_servers:
  - 114.114.114.114

external_oam_subnet: 10.10.1.0/24
external_oam_gateway_address: 10.10.1.1
external_oam_floating_address: 10.10.1.2
external_oam_node_0_address: 10.10.1.3
external_oam_node_1_address: 10.10.1.4

admin_username: admin
admin_password: <sysadmin-password>
ansible_become_pass: <sysadmin-password>

distributed_cloud_role: systemcontroller
management_start_address: 192.168.104.2
management_end_address: 192.168.104.50
EOF
```

然后，运行 Playbook：

```
ansible-playbook /usr/share/ansible/stx-ansible/playbooks/bootstrap.yml
```

安装时间持续 5～10 分钟。安装结束后继续配置 controller-0 节点，包括设置外部管理网络、内部管理/集群网络及数据网络接口，配置 Ceph 存储集群，设置 OpenStack 相关配置项。具体步骤可以参考 StarlingX 3.0 官方文档的安装指南。最后，使用 system 命令解锁 controller-0 节点：

```
controller-0:~$ source /etc/platform/openrc
[sysadmin@controller-0 ~(keystone_admin)]$ system host-unlock controller-0
```

解锁过程持续 5～10 分钟，之后重启 controller-0 节点的操作系统。

（2）安装 controller-1

通过浏览器登录 controller-1 节点的远程控制界面，设置 controller-1 节点上电（power on），使之进入 pxe boot 模式，如图 B-3 所示。此时，需要在 controller-0 节点上设定

controller-1 节点的角色。

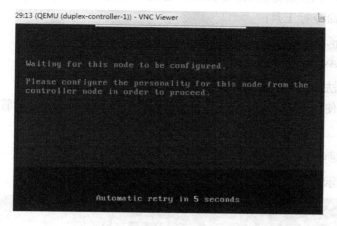

图 B-3　controller-1 的 pxe boot 模式

登录 controller-0 节点，在 controller-0 节点上设置 controller-1 节点的角色为 controller，命令如下：

```
[sysadmin@controller-0 ~(keystone_admin)]$ system host-update 2 personality=controller
```

此时在 controller-1 节点的远程控制界面中可以看到，其在 All-in-one Duplex 部署方式下开始安装，如图 B-4 所示。安装过程持续 5～10 分钟。

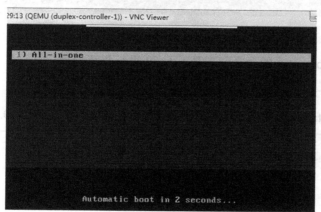

图 B-4　开始安装 controller-1 节点

接下来配置 controller-1 节点，包括设置外部管理网络、内部管理/集群网络及数据网络接口，配置 Ceph 存储集群，设置 OpenStack 相关配置项。最后登录 controller-0 节点，使用以下命令解锁 controller-1 节点：

```
[sysadmin@controller-0 ~(keystone_admin)]$ system host-unlock controller-1
```

解锁过程持续 5～10 分钟，之后重启 controller-1 节点的操作系统。

至此，一个 All-in-one Duplex 部署方式的中心云已经搭建好了，其具有一个使用 Ceph 存储后端的 Kubernetes 集群。

那么如何访问已安装好的 Kubernetes？首先可以使用命令行工具。system 是 StarlingX 主机管理组件的命令行工具：

```
controller-0:~$ source /etc/platform/openrc
[sysadmin@controller-0 ~(keystone_admin)]$ system host-list
```

更多使用方法参见 system help。

另外，可以使用 fm 命令进行集群故障管理。fm 是 StarlingX 故障管理组件的命令行工具：

```
[sysadmin@controller-0 ~(keystone_admin)]$ fm alarm-list
```

故障列表显示如图 B-5 所示。

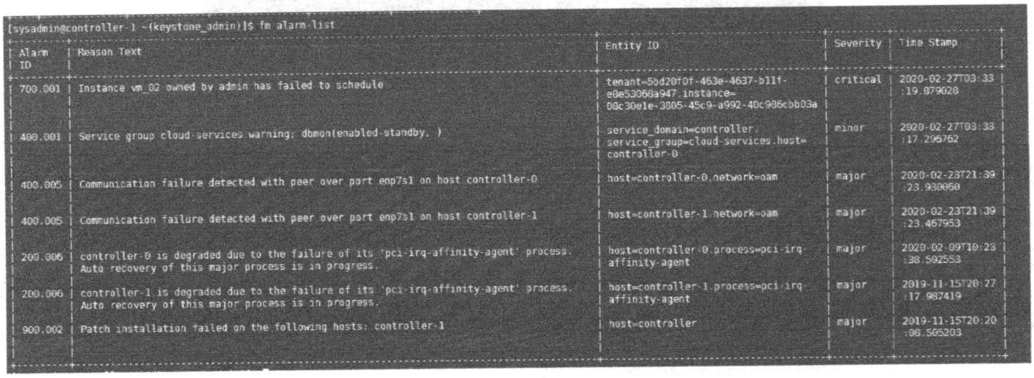

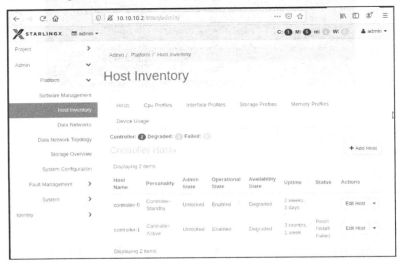

图 B-5　故障列表显示

可以使用 Kubernetes 的命令行工具 kubectl 进行集群管理：

```
controller-0:~$ kubectl get nodes
```

也可以使用 StarlingX 图形界面，如图 B-6 所示，访问地址为http://10.10.1.2:8080/admin。

图 B-6　StarlingX 图形界面

（3）安装 OpenStack

要在 StarlingX 中使用 OpenStack，需要先进行安装，将 OpenStack 作为一组应用部署在 StarlingX 的 Kubernetes 集群中。

首先安装 application manifest 和 helm charts，可以从 CENGN 镜像站点下载，地址为：

http://mirror.starlingx.cengn.ca/mirror/starlingx/release/3.0.0/centos/outputs/helm-charts/stx-openstack-1.0-19-centos-stable-latest.tgz

将 stx-openstack 应用包的.tgz 文件转载到 StarlingX 中，.tgz 文件中包含 application manifest 和 helm charts。

登录 controller-0 节点，使用以下命令进行上传和安装：

```
[sysadmin@controller-0 ~(keystone_admin)]$ system application-upload stx-openstack-1.0-19-\
        centos-stable-latest.tgz
[sysadmin@controller-0 ~(keystone_admin)]$ system application-apply stx-openstack
```

安装过程持续 5～10 分钟。使用以下命令查看安装结果：

```
[sysadmin@controller-0 ~(keystone_admin)]$ system application-list
```

OpenStack 安装成功后显示如图 B-7 所示。

```
[sysadmin@controller-1 ~(keystone_admin)]$ system application-list
+---------------------+------------------------------+-------------------------------+-------------------+---------+-----------+
| application         | version                      | manifest name                 | manifest file     | status  | progress  |
+---------------------+------------------------------+-------------------------------+-------------------+---------+-----------+
| platform-integ-apps | 1.0-7                        | platform-integration-manifest | manifest.yaml     | applied | completed |
| stx-openstack       | 1.0-17-centos-stable-latest  | armada-manifest               | stx-openstack.yaml| applied | completed |
+---------------------+------------------------------+-------------------------------+-------------------+---------+-----------+
[sysadmin@controller-1 ~(keystone_admin)]$
```

图 B-7 OpenStack 安装成功

可以使用命令行方式访问 OpenStack。登录 controller-0 节点，使用以下命令设置命令上下文环境：

```
sudo su -
mkdir -p /etc/openstack
tee /etc/openstack/clouds.yaml << EOF
clouds:
  openstack_helm:
    region_name: RegionOne
    identity_api_version: 3
    endpoint_type: internalURL
    auth:
      username: 'admin'
      password: '<sysadmin-password>'
      project_name: 'admin'
      project_domain_name: 'default'
      user_domain_name: 'default'
      auth_url: 'http://keystone.openstack.svc.cluster.local/v3'
EOF
exit
```

```
export OS_CLOUD=openstack_helm
```

也可以使用图形界面进行访问，访问地址为http://10.10.1.2:31000。

至此中心云就安装完成了。总体来看，是按照先安装 controller-0 节点、controller-1 节点形成 Kubernetes 集群，然后安装 OpenStack 的顺序进行的。

2．安装边缘云

安装边缘云的过程和安装中心云的类似。要确保边缘云的外部管理网络和内部管理/集群网络分别为二层网络，与中心云的对应网络做三层互通。按照前面安装中心云的方法，先安装边缘云的 controller-0 节点。

首先，通过外部管理网络（OAM 网络）接口建立到中心云 System Controller 的三层网络连接。可以使用脚本工具 config_management，需要提供如下信息：

- 边缘云 OAM 网络接口名称 enp7s1
- 边缘云 OAM 网络接口地址 10.10.2.3/24
- 边缘云 OAM 网络网关地址 10.10.2.1
- 边缘云 OAM 网络子网 10.10.2.0/24

然后，在边缘云的 controller-0 节点上执行以下命令：

```
controller-0:~$ sudo config_management
```

登录中心云的 controller-0 节点，创建边缘云配置项文件 bootstrap-values.yml：

```
system_mode: duplex
name: "subcloud1"
description: "Beijing Site"
location: "shangdi"

management_subnet: 192.168.101.0/24
management_start_address: 192.168.101.2
management_end_address: 192.168.101.50
management_gateway_address: 192.168.101.1

external_oam_subnet: 10.10.2.0/24
external_oam_gateway_address: 10.10.2.1
external_oam_floating_address: 10.10.2.2

systemcontroller_gateway_address: 192.168.204.101
```

用以下命令使用上述配置项创建边缘云：

```
[sysadmin@controller-0 ~(keystone_admin)]$ dcmanager subcloud add --bootstrap-address\
    10.10.2.3 bootstrap-values bootstrap-values.yml
```

安装过程持续 5～10 分钟。继续按照前面安装中心云的方法安装边缘云，做到解锁步骤。在解锁后的边缘云 controller-0 节点上添加内部管理/集群网络路由，命令如下：

```
[sysadmin@controller-0 ~(keystone_admin)]$ system host-route-add <host id> <mgmt.interface>\
<system controller mgmt.subnet> <prefix> <subcloud mgmt.gateway ip>
[sysadmin@controller-0 ~(keystone_admin)]$ system host-route-add 1 enp7s2 192.168.204.0 24\
192.168.101.1
```

至此，"一个中心云+一个边缘云"安装成功。读者可以参考前面步骤安装平台架构中余下的两个边缘云。由于安装过程比较复杂，这里仅介绍关键的配置项和步骤，详细步骤可以参考 StarlingX 3.0 官方文档的安装指南。

B.4　安装 EdgeX Foundry

EdgeX Foundry 社区提供了快速安装指南，通过 docker-compose 工具使用社区给出的默认配置，可以便捷地在一个主机上安装一套 EdgeX Foundry 环境。本平台要求在 StarlingX 提供的 Kubernetes 环境下运行所有工作负载，所以需要对默认 EdgeX Foundry 安装过程进行改造，使其能够迁移到 Kubernetes 环境下。

1. 迁移到 Kubernetes 环境下

首先选择某个边缘云的一个 worker node，如边缘云 1 的第 2 个 node。EdgeX Foundry 是由一系列微服务构成的，这里使用 Kubernetes 的 Service 和 Deployment 形态对其进行管理。我们以 consul 服务为例。

创建 consul-service.yaml 文件：

```yaml
apiVersion: v1
kind: Service
metadata:
  labels:
    io.kompose.service: edgex-core-consul
  name: edgex-core-consul
spec:
  externalIPs:
  - 169.10.10.1
  ports:
  - name: "8400"
    port: 8400
    targetPort: 8400
  - name: "8500"
    port: 8500
    targetPort: 8500
  - name: "8600"
    port: 8600
    targetPort: 8600
  selector:
    io.kompose.service: edgex-core-consul
status:
  loadBalancer: {}
```

创建 consul-deployment.yaml 文件：

```
apiVersion: extensions/v1beta1
kind: Deployment
metadata:
  labels:
    io.kompose.service: edgex-core-consul
  name: edgex-core-consul
spec:
  replicas: 1
  template:
    metadata:
      labels:
        io.kompose.service: edgex-core-consul
    spec:
      containers:
      - image: edgexfoundry/docker-core-consul:latest
        name: edgex-core-consul
        ports:
        - containerPort: 8400
        - containerPort: 8500
        - containerPort: 8600
        resources: {}
        volumeMounts:
        - mountPath: /data/db
          name: data-db
        - mountPath: /edgex/logs
          name: edgex-logs
        - mountPath: /consul/config
          name: consul-config
        - mountPath: /consul/data
          name: consul-data
      restartPolicy: Always
      volumes:
      - name: data-db
        hostPath:
          path: /data/db
      - name: edgex-logs
        hostPath:
          path: /edgex/logs
      - name: consul-config
        hostPath:
          path: /consul/config
      - name: consul-data
        hostPath:
          path: /consul/data
status: {}
```

启动 consul 微服务：

```
controller-0:~$ kubectl create -f /root/edgex-on-kubernetes/services/consul-service.yaml
controller-0:~$ kubectl create -f /root/edgex-on-kubernetes/deployments/consul-deployment.yaml
```

edge-core-config-seed 微服务是用来初始化数据的，我们用 Kubernetes 的 Job 形态来运行它。

创建 seed-job.yaml 文件：

```yaml
apiVersion: batch/v1
kind: Job
metadata:
  name: edgex-core-config-seed
spec:
  template:
    spec:
      containers:
        - name: edgex-core-config-seed
          image: edgexfoundry/docker-core-config-seed-go:1.0.0
          volumeMounts:
          - mountPath: /data/db
            name: data-db
          - mountPath: /edgex/logs
            name: edgex-logs
          - mountPath: /consul/config
            name: consul-config
          - mountPath: /consul/data
            name: consul-data
      restartPolicy: Never
      volumes:
      - name: data-db
        hostPath:
          path: /data/db
      - name: edgex-logs
        hostPath:
          path: /edgex/logs
      - name: consul-config
        hostPath:
          path: /consul/config
      - name: consul-data
        hostPath:
          path: /consul/data
```

运行 edge-core-config-seed 微服务：

```
controller-0:~$ kubectl create -f /root/edgex-on-kubernetes/jobs/seed-job.yaml
```

EdgeX Foundry 的其他微服务均按照 Service 和 Deployment 的形态进行改造，要注意应按照一定顺序启动它们，见表 B-2。

表 B-2   微服务启动顺序

启 动 顺 序	微 服 务	形 态
1	consul	Service, Deployment
2	edge-core-config-seed	Job
3	mongo	Service, Deployment
4	logging	Service, Deployment
5	notifications	Service, Deployment
6	metadata	Service, Deployment
7	data	Service, Deployment
8	command	Service, Deployment
9	scheduler	Service, Deployment
10	export-client	Service, Deployment
11	export-distro-rulesengine	Service, Deployment

2．安装消息组件

EdgeX Foundry 使用 Eclipse Mosquitto——一个开源的 MQTT broker——作为消息组件。该消息组件以容器形式在节点上运行：

```
controller-0:~$ docker run -d --rm --name broker -p 1883:1883 eclipse-mosquito
```

3．安装图形界面

EdgeX Foundry 默认带有一个 edgex-ui 微服务作为控制台使用，依旧可以采用 Service 和 Deployment 的形态将其部署在 Kubernetes 上。值得注意的是，一个 edgex-ui 可以管理多套 EdgeX Foundry，即多个 EdgeX 网关。在本平台架构下，一个边缘云的 worker node 部署一套 EdgeX Foundry，作为一个 EdgeX 网关使用。edgex-ui 图形界面如图 B-8 所示。

图 B-8   edgex-ui 图形界面

B.5　效果演示

　　本案例构建了"一个中心云+多个边缘云"的开源物联网边缘云平台，边缘云节点上的 IoT 中间件实现了"软件网关"的功能，可以在边缘侧客户现场收集遵从各种协议的设备的数据，并对这些设备进行操作管理。

　　如图 B-9 所示为 ModbusPal 模拟器界面，展示了如何对一个用 Windows 10 模拟的 ModbusPal 设备进行管理，并设置和获取设备的 Holding registers 等参数。

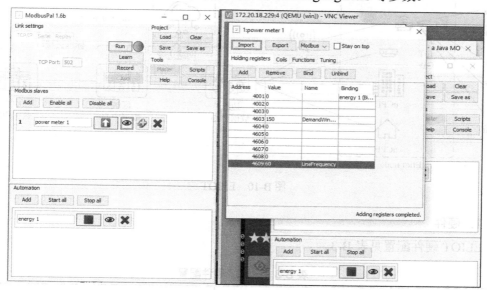

图 B-9　ModbusPal 模拟器界面

　　进一步，我们可以在中心云上部署时序数据库和 AI 能力，把边缘节点上采集到的设备数据进行实时分析和模型训练，再将训练模型分发到边缘节点上实现边缘推理，这就实现了一个简单的云边协同的 AI 物联网应用。当然这是一个普适的平台，可以承载多样的应用。

B.6　轻量级部署

　　5G 边缘云体系中的薄雾层（Mist Layer）会延伸到客户侧的"极远边缘"（Far Edge）位置。不同于一般中心云位于的大型数据中心和雾层所在的通信机房，薄雾层的运行环境往往比较苛刻，这就要求针对条件受限环境提供一套部署方案，支持在电力、温度、冲击等严苛的物理环境条件下运行。

　　ELIOT（Edge Lightweight and IoT）是 LF Edge 组织旗下的 Akraino 项目的一个蓝图（Blue Print），支持 IoT 网关和 uCPE（通用用户驻地设备）的应用场景。针对工业物联网、智能城市和 uCPE，ELIOT 支持轻量级软件栈，可以部署在硬件容量有限的边缘节点上。

ELIOT 由 Eliot manager 和 Eliot node 组成，支持灵活多样化的硬件设施，如图 B-10 所示。Eliot manager 可以是客户私有化部署的一个物理主机或虚拟机，也可以是中心云/公有云上的虚拟机。Eliot node 可以是客户现场的 x86 服务器，也可以是 AArch64 设备。对于一个极简场景来说，可以用一个售价 35 美元的树莓派（Raspberry Pi）作为 Eliot node。随着市场需求的增多，平台对通信接口、计算能力和安全提出更多要求时，成本会相应增加。另外，为了确保 Eliot manager 和 Eliot node 的网络连通性，Eliot manager 可以使用 SSH（安全外壳协议）与 Eliot node 通信。

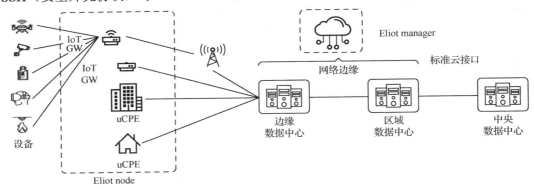

图 B-10 ELIOT

1．硬件

ELIOT 硬件配置见表 B-3。

表 B-3 ELIOT 硬件配置

	Eliot manager	Eliot node
主机	支持物理机/虚拟机 CPU：4 个 内存：16GB 存储：500GB	支持 x86_64/ARM 64 CPU：>1 个 内存：>1GB 存储：20～256GB
主机名	centre	edge01
操作系统	ubuntu-18.04.1.0-live-server-amd64	ubuntu-18.04.1.0-live-server-amd64
IP 地址	10.10.1.41/24	10.10.1.42/24

2．安装 Eliot manager

（1）准备工作

首先禁用操作系统的 swap：

```
celiliu@centre:~$ sudo swapoff -a
```

下载安装工具：

```
celiliu@centre:~$ git clone "https://gerrit.akraino.org/r/eliot"
```

修改配置项文件 eliot/scripts/cni/calico/calico.yaml：

```
diff --git a/scripts/cni/calico/calico.yaml b/scripts/cni/calico/calico.yaml
index a6a2d8d..2dea295 100644
--- a/scripts/cni/calico/calico.yaml
+++ b/scripts/cni/calico/calico.yaml
@@ -84,7 +84,7 @@ spec:

   # This manifest creates a Deployment of Typha to back the above service.

-apiVersion: apps/v1beta1
+apiVersion: apps/v1
  kind: Deployment
  metadata:
    name: calico-typha
@@ -103,6 +103,9 @@ spec:
    # we recommend running at least 3 replicas to reduce the
    # impact of rolling upgrade.
    replicas: 0
+   selector:
+      matchLabels:
+        k8s-app: calico-typha
    revisionHistoryLimit: 2
    template:
      metadata:
@@ -199,7 +202,7 @@ spec:
  # as the Calico CNI plugins and network config on
  # each master and worker node in a Kubernetes cluster.
  kind: DaemonSet
-apiVersion: extensions/v1beta1
+apiVersion: apps/v1
  metadata:
    name: calico-node
    namespace: kube-system
```

关闭操作系统防火墙：

```
celiliu@centre:~$ sudo systemctl stop ufw
celiliu@centre:~$ sudo systemctl disable ufw
```

更新源，将文件/etc/apt/sources.list 替换为下列内容：

```
deb https://mirrors.tuna.tsinghua.edu.cn/ubuntu/ bionic main restricted universe multiverse
deb-src https://mirrors.tuna.tsinghua.edu.cn/ubuntu/ bionic main restricted universe multiverse
deb https://mirrors.tuna.tsinghua.edu.cn/ubuntu/ bionic-updates main restricted universe multiverse
deb-src https://mirrors.tuna.tsinghua.edu.cn/ubuntu/ bionic-updates main restricted universe multiverse
deb https://mirrors.tuna.tsinghua.edu.cn/ubuntu/ bionic-backports main restricted universe multiverse
```

```
deb-src https://mirrors.tuna.tsinghua.edu.cn/ubuntu/ bionic-backports main restricted universe multiverse
deb https://mirrors.tuna.tsinghua.edu.cn/ubuntu/ bionic-security main restricted universe multiverse
deb-src https://mirrors.tuna.tsinghua.edu.cn/ubuntu/ bionic-security main restricted universe multiverse
deb https://mirrors.tuna.tsinghua.edu.cn/ubuntu/ bionic-proposed main restricted universe multiverse
deb-src https://mirrors.tuna.tsinghua.edu.cn/ubuntu/ bionic-proposed main restricted universe multiverse
```

添加 Kubernetes 国内源：

```
celiliu@centre:~$ sudo cat <<EOF > /etc/apt/sources.list.d/kubernetes.list
deb https://mirrors.aliyun.com/kubernetes/apt kubernetes-xenial main
EOF
```

更新软件包：

```
celiliu@centre:~$ sudo apt-get update
celiliu@centre:~$ sudo apt-get upgrade
celiliu@centre:~$ sudo gpg --keyserver keyserver.ubuntu.com --recv-keys BA07F4FB
celiliu@centre:~$ sudo gpg --export --armor BA07F4FB | sudo apt-key add -
```

（2）安装并启动 Docker

安装 Docker：

```
sudo apt-get install apt-transport-https ca-certificates curl software-properties-common gnupg2
curl -fsSL https://download.docker.com/linux/ubuntu/gpg | sudo apt-key add -
sudo add-apt-repository "deb [arch=amd64] https://download.docker.com/linux/ubuntu \
    $(lsb_release -cs) \
    stable"
sudo apt-get install -y containerd.io=1.2.13-1 docker-ce=5:19.03.8~3-0~ubuntu-$(lsb_release -cs)\
    docker-ce-cli=5:19.03.8~3-0~ubuntu-$(lsb_release -cs)
sudo cat > /etc/docker/daemon.json <<EOF
{
    "exec-opts": ["native.cgroupdriver=cgroupfs"],
    "log-driver": "json-file",
    "log-opts": {
        "max-size": "100m"
    },
    "storage-driver": "overlay2"
}
EOF
sudo mkdir -p /etc/systemd/system/docker.service.d
```

启动 Docker：

```
celiliu@centre:~$ sudo systemctl daemon-reload
celiliu@centre:~$ sudo systemctl restart docker
```

（3）配置 Kubernetes 集群

安装 Kubernetes 工具：

```
celiliu@centre:~$ sudo apt-get install -y kubelet kubeadm kubectl
```

获取 Kubernetes 组件的版本信息：

```
celiliu@centre:~$ kubeadm config images list
k8s.gcr.io/kube-apiserver:v1.18.0
k8s.gcr.io/kube-controller-manager:v1.18.0
k8s.gcr.io/kube-scheduler:v1.18.0
k8s.gcr.io/kube-proxy:v1.18.0
k8s.gcr.io/pause:3.2
k8s.gcr.io/etcd:3.4.3-0
k8s.gcr.io/coredns:1.6.7
```

使用以下脚本获取上述版本的 Kubernetes 组件镜像：

```
celiliu@centre:~$ cat pull_img.sh
#!/bin/sh
for imageName in $(cat imgs)
do
    sudo docker pull registry.cn-hangzhou.aliyuncs.com/google_containers/$imageName
    sudo docker tag registry.cn-hangzhou.aliyuncs.com/google_containers/$imageName\
        k8s.gcr.io/$imageName
    sudo docker rmi registry.cn-hangzhou.aliyuncs.com/google_containers/$imageName
done
```

初始化 Kubernetes 集群：

```
celiliu@centre:~$ sudo kubeadm init --apiserver-advertise-address="10.10.1.41"\
        --pod-network-cidr="192.168.0.0/16" --service-cidr="10.96.0.0/12"
```

如果得到如下输出，则表示 Kubernetes 集群初始化完毕：

```
To start using your cluster, you need to run the following as a regular user:

    mkdir -p $HOME/.kube
    sudo cp -i /etc/kubernetes/admin.conf $HOME/.kube/config
    sudo chown $(id -u):$(id -g) $HOME/.kube/config

You should now deploy a pod network to the cluster.
Run "kubectl apply -f [podnetwork].yaml" with one of the options listed at:
    https://kubernetes.io/docs/concepts/cluster-administration/addons/

Then you can join any number of worker nodes by running the following on each as root:

kubeadm join 10.10.1.41:6443 --token jt2isx.nv11yplkfff4z3hj \
    --discovery-token-ca-cert-hash
sha256:84558b5d0e82996ac84b428c0c015debdac6f13caf285388bb6efd4ade761a62
```

设置 Kubernetes 访问配置文件：

```
mkdir -p $HOME/.kube
    sudo cp -i /etc/kubernetes/admin.conf $HOME/.kube/config
    sudo chown $(id -u):$(id -g) $HOME/.kube/config
```

安装 Kubernetes 的网络插件：

```
celiliu@centre:~$ kubectl apply -f eliot/scripts/cni/calico/rbac.yaml
celiliu@centre:~$ kubectl apply -f eliot/scripts/cni/calico/calico.yaml
```

3．安装 Eliot node

执行以上"2.安装 Eliot manager"从"（1）准备工作"到"（2）安装并启动 Docker"的步骤。

4．设置 Eliot manager

下载 kubeedge 安装包：

```
celiliu@centre:~$ wget
https://github.com/kubeedge/kubeedge/releases/download/v1.2.1/keadm-v1.2.1-linux-amd64.tar.gz
celiliu@centre:~$ tar xzvf keadm-v1.2.1-linux-amd64.tar.gz
```

启动 kubeedge：

```
celiliu@centre:~$ sudo keadm-v1.2.1-linux-amd64/keadm/keadm init --kubeedge-version=1.2.1\
      --kube-config=/home/celiliu/.kube/config
```

向 Eliot node 分发配置：

```
celiliu@centre:~$ sudo scp -r /etc/kubeedge celiliu@10.10.1.42:~/
celiliu@centre:~$ sudo scp keadm-v1.2.1-linux-amd.tar.gz celiliu@10.10.1.42:~/
```

5．设置 Eliot node

加入集群，与 Eliot manager 建立连接：

```
celiliu@centre:~$ sudo keadm-v1.2.1-linux-amd64/keadm/keadm-v1.2.1-linux-amd64/keadm/keadm\
      join --cloudcore-ipport=10.10.1.41:10000
```

6．安装监控软件

在 Eliot manager 和 Eliot node 上分别安装 cAdvisor：

```
celiliu@centre:~$ sudo docker run   --volume=/:/rootfs:ro --volume=/var/run/:/var/run:ro\
      --volume=/sys:/sys:ro --volume=/var/lib/docker/:/var/lib/docker:ro --volume=\
      /dev/disk/:/dev/disk:ro --publish=8081:8080 --detach=true --name= cadvisor-${HOSTNAME}\
      google/cadvisor:latest
```

在 Eliot manager 中生成 prometheus 配置文件：

```
cat <<EOF > ~/prometheus.yml
---
global:
  scrape_interval: 15s

scrape_configs:
  - job_name: 'prometheus'
```

```
      scrape_interval: 5s
      static_configs:
        - targets: ['localhost:9090']

    - job_name: cadvisor
      scrape_interval: 5s
      static_configs:
        - targets: ['10.10.1.42:8081']
  EOF
```

在 Eliot manager 中安装 prometheus：

```
celiliu@centre:~$ sudo docker run -p 9090:9090 -v ~/prometheus.yml:/etc/prometheus/\
  prometheus.yml -d prom/prometheus --config.file=/etc/prometheus/prometheus.yml
```

至此，一套 ELIOT 环境安装完毕，在 Eliot manager 中可以看到，Eliot node 已加入集群，其状态为 Ready：

```
celiliu@centre:~$ kubectl get nodes
NAME      STATUS    ROLES     AGE       VERSION
centre    Ready     master    4d17h     v1.18.0
edge01    Ready     <none>    4d15h     v1.17.1-kubeedge-v1.2.1
```

7. 运行示例程序

下面运行应用 Light Mapper。这是一个示例程序，包含控制树莓派手机连接 LED 灯的代码。

首先将 LED 灯通过 GPIO（通用 I/O 接口）与树莓派进行连接，如图 B-11 所示。该应用会根据用户在中心云上的操作改变 GPIO18 口的供电。

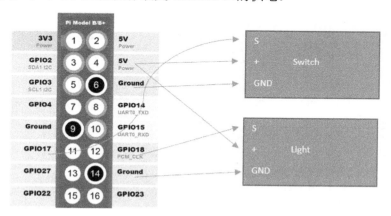

图 B-11　LED 灯与树莓派连接图

下载示例源代码（需在操作系统中配置 golang）：

```
celiliu@centre:~$ git clone https://github.com/kubeedge/examples.git $GOPATH/src/github.com/\
  kubeedge/examples
```

创建 LED 灯设备模型和设备实例：

```
cd $GOPATH/src/github.com/kubeedge/examples/led-raspberrypi/sample-crds
celiliu@centre:~$ kubectl apply -f led-light-device-model.yaml
celiliu@centre:~$ kubectl apply -f led-light-device-instance.yaml
```

更新配置文件中的设备实例名称，使之与前面创建的设备实例名称一致，并更新 MQTT 的地址：

```
cat $GOPATH/src/github.com/kubeedge/examples/led-raspberrypi/configuration/config.yaml
mqtt-url: tcp://10.10.1.42:1883
device-name: led-light-instance-01
```

构建应用：

```
cd $GOPATH/src/github.com/kubeedge/examples/led-raspberrypi/
make led_light_mapper
docker tag led-light-mapper:v1.1 ${docker-registry}/led-light-mapper:v1.1
docker push ${docker-registry}/led-light-mapper:v1.1
```

更新配置项文件 deployment.yaml 中的<edge_node_name>为 edge01，部署应用：

```
cd $GOPATH/src/github.com/kubeedge/examples/led-raspberrypi/
kubectl create -f deployment.yaml
```

当在中心云上将配置项文件 led-light-device-instance.yaml 中的电源状态（power-statue）属性由 OFF 修改为 ON 时，应用将点亮 LED 灯并将实际状态反馈给中心云。

附录C

Linux系统性能分析工具

企业采用 5G 边缘云计算，期望通过从中心云到边缘侧广泛覆盖的弹性计算能力得到提升的应用性能表现。云不是完美的，从网络带宽限制到处理器计算能力强弱，这些关乎性能的问题总是在"困扰"着云的高效运行。

在性能优化工作中，除了借助 IT 运维系统，运维人员还应从 Linux 操作系统层面对性能不足的局部有针对性地进行手工性能度量和调试。这十分重要。下面主要介绍 Linux 操作系统的性能调优思路和可供使用的性能分析工具。

影响 Linux 操作系统性能的因素涉及 CPU、内存、磁盘 I/O、网络带宽等方方面面。图 C-1 展示了 Linux 操作系统性能调优的着手点和分析工具。

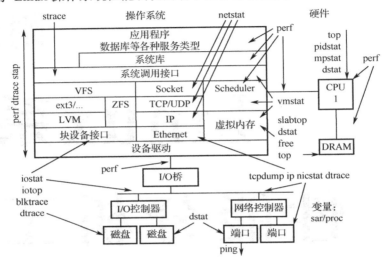

图 C-1　Linux 操作系统性能调优的着手点和分析工具

1．vmstat

vmstat（Virtual Meomory Statistics，虚拟内存统计）是 Linux 操作系统中监控内存的工具，可报告进程、虚拟内存、块 I/O、磁盘和 CPU 的活动信息。

vmstat 的用法是：vmstat interval times，即每隔 interval 秒采样一次，共采样 times 次。如果省略 times，则一直采集数据，直到用户按 Ctrl+C 组合键为止。

vmstat 的运行结果如图 C-2 所示，第 1 行显示自系统启动以来的各项平均值，第 2 行开始显示现在正在发生的情况，接下来的各行显示每 5 秒间隔的各项数值。各列的含义说明如下。

- procs：r 列显示处于可运行（包括正在运行和等待运行）状态的进程数，b 列显示处于不可唤醒的睡眠状态的进程数。
- memory：swpd 列显示被换出磁盘（虚拟页面交换）的内存大小，free 列显示可用内存大小（未被使用），buff 列显示用作缓冲区的内存大小，cache 列显示用作缓存的内存大小。
- swap：显示交换活动。si 列表示每秒从磁盘写入内存的字节大小，so 列表示每秒从内存写入磁盘的字节大小。

- io：通常用于反映硬盘 I/O 情况。bi 列显示每秒从块设备中读取的块（block）数量，bo 列显示每秒向块设备中发送的块数量。
- system：in 列显示每秒中断的数量，cs 列显示每秒上下文切换的数量。
- cpu：显示 CPU 时间花费在各类操作上的百分比，包括执行用户代码（非内核）、执行系统代码（内核）、空闲和等待 I/O 以及 Steal Time（指在虚拟化环境中，Hypervisor 为了服务其他虚拟机，使得某 vCPU 等待物理 CPU 的时间）。

```
celiliu@dev0:~$ vmstat 5
procs -----------memory---------- ---swap-- -----io---- -system-- ------cpu-----
 r  b   swpd   free    buff   cache   si   so    bi    bo   in   cs us sy id wa st
 4  0  15628 6135196 775832 8993012    0    0     5     1    0  1 1 96  1  2
 1  0  15628 6135196 775832 8993104    0    0     0   464  688  1 2 92  0  5
 0  0  15628 6135196 775832 8993104    0    0     0     4  381  533  1 2 83  9  6
 0  0  15628 6132220 775832 8993104    0    0     0     0  393  552  1 2 92  0  6
 0  0  15628 6132220 775832 8993104    0    0     0     0  347  469  1 2 91  0  6
 0  0  15628 6132220 775832 8993104    0    0     0     9  437  633  1 2 90  0  7
 0  0  15628 6128872 775840 8993104    0    0     0    11  369  509  1 2 83  7  8
 2  0  15628 6128748 775840 8993104    0    0     0     0  417  578  1 2 90  0  7
```

图 C-2　vmstat 的运行结果

2. iostat

iostat 可报告 CPU 统计信息和设备/分区的 I/O 统计信息，供运维人员变更系统参数以得到更佳的物理磁盘 I/O 负载平衡。

iostat 的用法是：iostat -dx interval，即每隔 interval 秒采样一次，显示设备的使用率报告和扩展统计信息。

iostat 的运行结果如图 C-3 所示，第 1 行显示自系统启动以来的各项平均值，然后显示增量的平均值，每个设备一行。

```
celiliu@dev0:~$ iostat -dx 5
Linux 4.15.0-74-generic (dev0)   03/31/2020    _x86_64_    (6 CPU)

Device     r/s     w/s    rkB/s    wkB/s   rrqm/s   wrqm/s  %rrqm  %wrqm r_await w_await aqu-sz rareq-sz wareq-sz  svctm  %util
loop0     0.00    0.00     0.00     0.00     0.00     0.00   0.00   0.00  164.23    0.00   0.00     9.01     0.00  20.78   0.00
loop1     0.00    0.00     0.00     0.00     0.00     0.00   0.00   0.00   50.67    0.00   0.00     1.10     0.00   1.77   0.00
loop2     0.01    0.00     0.01     0.00     0.00     0.00   0.00   0.00   28.43    0.00   0.00     1.06     0.00   1.14   0.00
loop3     0.00    0.00     0.00     0.00     0.00     0.00   0.00   0.00    3.45    0.00   0.00     1.22     0.00   0.17   0.00
loop4     0.00    0.00     0.00     0.00     0.00     0.00   0.00   0.00    1.57    0.00   0.00     1.12     0.00   0.04   0.00
loop5     0.00    0.00     0.35     0.00     0.00     0.00   0.00   0.00    4.21    0.00   0.00   575.24     0.00   1.89   0.00
loop6     0.00    0.00     0.00     0.00     0.00     0.00   0.00   0.00    4.79    0.00   0.00     1.08     0.00   0.12   0.00
loop7     0.00    0.00     0.00     0.00     0.00     0.00   0.00   0.00    3.20    0.00   0.00     1.60     0.00   0.80   0.00
sda       0.10    1.22     0.93   218.91     0.03     1.51  21.74  55.27   11.62   93.38   0.11     9.40   179.53  33.67   4.44
scd0      0.00    0.00     0.00     0.00     0.00     0.00   0.00   0.00    3.62    0.00   0.00    19.24     0.00   3.62   0.00
```

图 C-3　iostat 的运行结果

常见的 Linux 操作系统物理磁盘 I/O 指标的缩写习惯说明如下：rq 是 request，r 是 read，w 是 write，qu 是 queue，sz 是 size，a 是 average，tm 是 time，svc 是 service。

图 C-3 中主要列的含义说明如下。

- rrqm/s 和 wrqm/s：每秒合并的读和写请求。"合并的"意味着操作系统从队列中拿出多个逻辑请求合并为一个请求送到物理磁盘中。
- r/s 和 w/s：每秒发送到设备中的读和写请求数。
- rkB/s 和 wkB/s：每秒读和写的扇区数（单位为 KB）。
- aqu-sz：向设备发起的请求的平均队列长度。
- rareq-sz 和 wareq-sz：向设备发起的读请求和写请求的平均大小（单位为 KB）。

- svctm：向设备发起的实际请求（服务）时间（单位为 ms）。
- %util：活跃请求的时间占比，代表了设备的带宽利用率。

3．dstat

dstat 是一个通用的生成系统资源统计的工具，可以与 vmstat 和 iostat 等工具配合使用，得到当前系统资源的全貌，例如，在同一个时间间隔内检视网络带宽和磁盘吞吐量。

dstat 的用法是：dstat -cglmnpry --tcp，将输出 CPU、分页、负载、内存、网络、进程、I/O 请求、中断/上下文切换和 TCP 会话的各项统计指标。

dstat 的运行结果如图 C-4 所示。

```
celiliu@dev0:~$ dstat -cglmnpry --tcp
--total-cpu-usage-- ---paging-- ---load-avg--- ------memory-usage----- -net/total- ---procs--- --io/total- ---system-- ------tcp-sockets-------
usr sys idl wai stl| in   out | 1m   5m  15m | used  free  buff  cach| recv  send|run blk new| read  writ| int   csw |lis act syn tim clo
  0   1  97   1   1|   0    2B|0.16 0.13 0.04|2382M 5165M  447M 9013M|   0     0 |  0   0 0.1|0.07  0.83 | 243   399 |  6   3   0   0   0
  0   1  96   0   3|   0     0 |0.16 0.13 0.04|2382M 5165M  447M 9013M| 396B 2060B|  0   0   0|   0     0 | 311   489 |  6   3   0   0   0
  1   4  74   0  21|   0     0 |0.16 0.13 0.04|2383M 5165M  447M 9013M| 132B  676B|3.0   0 2.0|   0     0 | 652   660 |  6   3   0   0   0
  1   2  91   0   6|   0     0 |0.16 0.13 0.04|2383M 5165M  447M 9013M|  66B  574B|  0   0   0|   0     0 | 271   308 |  6   3   0   0   0
  1   1  98   0   1|   0     0 |0.16 0.13 0.04|2383M 5165M  447M 9013M| 132B  676B|  0   0   0|   0     0 | 227   389 |  6   3   0   0   0
  0   0  99   0   0|   0     0 |0.15 0.12 0.04|2383M 5165M  447M 9013M|  66B  574B|  0   0   0|   0     0 |  80   129 |  6   3   0   0   0
  0   0  99   0   0|   0     0 |0.15 0.12 0.04|2383M 5165M  447M 9013M|  66B  574B|  0   0   0|   0     0 |  95   158 |  6   3   0   0   0
  0   0  99   0   0|   0     0 |0.15 0.12 0.04|2383M 5165M  447M 9013M|  66B  574B|  0   0   0|   0     0 |  73   119 |  6   3   0   0   0
  0   0  97   0   2|   0     0 |0.15 0.12 0.04|2383M 5165M  447M 9013M|  66B  574B|  0   0   0|   0  2.00 | 240   428 |  6   3   0   0   0
  0   0  99   0   1|   0     0 |0.15 0.12 0.04|2383M 5165M  447M 9013M|  66B  582B|  0   0   0|   0     0 |  75   130 |  6   3   0   0   0
  0   0  99   0   0|   0     0 |0.14 0.12 0.04|2383M 5165M  447M 9013M|  66B  574B|  0   0   0|   0     0 |  68   124 |  6   3   0   0   0
  0   1  97   0   2|   0     0 |0.14 0.12 0.04|2383M 5165M  447M 9013M|  66B  574B|  0   0   0|   0     0 | 288   478 |  6   3   0   0   0
  0   0  98   0   1|   0     0 |0.14 0.12 0.04|2383M 5165M  447M 9013M| 132B  676B|  0   0   0|   0     0 | 200   335 |  6   3   0   0   0
  0   0  99   0   0|   0     0 |0.14 0.12 0.04|2383M 5165M  447M 9013M|  66B  574B|  0   0   0|   0     0 | 103   176 |  6   3   0   0   0
  0   0  98   0   1|   0     0 |0.14 0.12 0.04|2383M 5165M  447M 9013M| 132B  676B|  0   0   0|   0     0 | 194   325 |  6   3   0   0   0
  0   0  99   0   0|   0     0 |0.12 0.12 0.04|2383M 5165M  447M 9013M|  66B  574B|  0   0   0|   0     0 |  97   159 |  6   3   0   0   0
  0   0  99   0   0|   0     0 |0.12 0.12 0.04|2383M 5165M  447M 9013M| 132B  676B|  0   0   0|   0     0 |  99   170 |  6   3   0   0   0
```

图 C-4　dstat 的运行结果

4．iotop

iotop 是一个简捷的类似 top 的 I/O 监控工具。iotop 检查 Linux 内核输出的 I/O 使用信息，显示当前系统中各个进程的 I/O 使用情况。

iotop 的用法是：iotop -bod interval，将以非交互方式查看结果。

iotop 的运行结果如图 C-5 所示。

```
Total DISK READ :       0.00 B/s | Total DISK WRITE :       9.56 K/s
Actual DISK READ:       0.00 B/s | Actual DISK WRITE:      15.93 K/s
  TID  PRIO  USER     DISK READ  DISK WRITE  SWAPIN     IO>    COMMAND
  355 be/3 root        0.00 B/s    9.56 K/s  0.00 %  7.90 % [jbd2/sda2-8]
    1 be/4 root        0.00 B/s    0.00 B/s  0.00 %  0.00 % systemd --system --deserialize 36
    2 be/4 root        0.00 B/s    0.00 B/s  0.00 %  0.00 % [kthreadd]
    4 be/0 root        0.00 B/s    0.00 B/s  0.00 %  0.00 % [kworker/0:0H]
    6 be/0 root        0.00 B/s    0.00 B/s  0.00 %  0.00 % [mm_percpu_wq]
    7 be/4 root        0.00 B/s    0.00 B/s  0.00 %  0.00 % [ksoftirqd/0]
    8 be/4 root        0.00 B/s    0.00 B/s  0.00 %  0.00 % [rcu_sched]
    9 be/4 root        0.00 B/s    0.00 B/s  0.00 %  0.00 % [rcu_bh]
   10 rt/4 root        0.00 B/s    0.00 B/s  0.00 %  0.00 % [migration/0]
   11 rt/4 root        0.00 B/s    0.00 B/s  0.00 %  0.00 % [watchdog/0]
   12 be/4 root        0.00 B/s    0.00 B/s  0.00 %  0.00 % [cpuhp/0]
   13 be/4 root        0.00 B/s    0.00 B/s  0.00 %  0.00 % [cpuhp/1]
   14 rt/4 root        0.00 B/s    0.00 B/s  0.00 %  0.00 % [watchdog/1]
   15 rt/4 root        0.00 B/s    0.00 B/s  0.00 %  0.00 % [migration/1]
   16 be/4 root        0.00 B/s    0.00 B/s  0.00 %  0.00 % [ksoftirqd/1]
   18 be/0 root        0.00 B/s    0.00 B/s  0.00 %  0.00 % [kworker/1:0H]
   19 be/4 root        0.00 B/s    0.00 B/s  0.00 %  0.00 % [cpuhp/2]
   20 rt/4 root        0.00 B/s    0.00 B/s  0.00 %  0.00 % [watchdog/2]
   21 rt/4 root        0.00 B/s    0.00 B/s  0.00 %  0.00 % [migration/2]
   22 be/4 root        0.00 B/s    0.00 B/s  0.00 %  0.00 % [ksoftirqd/2]
   24 be/0 root        0.00 B/s    0.00 B/s  0.00 %  0.00 % [kworker/2:0H]
```

图 C-5　iotop 的运行结果

5．pidstat

pidstat 可报告系统的任务统计信息，主要用于监控全部或指定进程占用系统资源的情况，如 CPU、内存、I/O、任务切换、进程等。

统计 I/O 使用信息：

```
pidstat -d interval
```

统计 CPU 使用信息：

```
pidstat -u interval
```

统计内存使用信息：

```
pidstat -r interval
```

查看某个进程的 I/O：

```
pidstat -d PID
```

6. top

top 是最常用的 Linux 性能诊断和调优工具，很多时候也是运维人员手中的第一个"武器"。top 提供了操作系统运行时的动态、实时的视图，既包含系统运行总结，又包含当前存在的进程。

top 的汇总区域显示以下 5 个方面的系统性能信息：

- 负载：时间、登录用户数、系统平均负载。
- 进程：运行、睡眠、停止、僵尸。
- CPU：用户态、核心态、NICE 值、空闲、等待 I/O、中断等。
- 内存：总量、已用、空闲（系统角度）、缓冲、缓存。
- 交换分区：总量、已用、空闲。

top 的任务区域默认显示：进程 ID、有效用户、进程优先级、NICE 值、进程使用的虚拟内存、物理内存和共享内存、进程状态、CPU 占用率、内存占用率、累计 CPU 时间、进程命令行信息。

7. htop

htop 是 Linux 操作系统中一个支持互动的进程查看器，使用前需要先安装 ncurses 软件。htop 允许用户进行交互式操作，支持颜色主题，界面如图 C-6 所示。

与 top 相比，htop 有以下特点：

- 可以横向或者纵向滚动浏览进程列表，以便看到所有的进程和完整的命令行。
- 启动速度比 top 快。
- 终止进程时不需要输入进程号。
- 支持鼠标操作。

8. mpstat

mpstat 是 Multiprocessor Statistics 的缩写，可以报告处理器相关的统计信息。这些统计信息存放在操作系统的/proc/stat 文件中。在多 CPU 系统里，使用该命令不仅能查看所有 CPU 的平均状况信息，还能够查看特定 CPU 的信息。

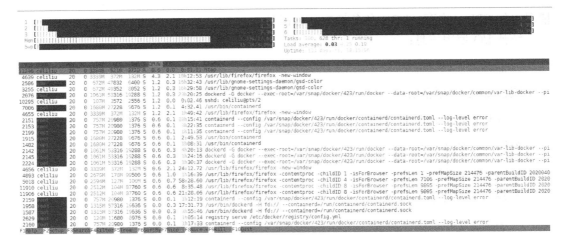

图 C-6　htop 界面

mpstat 的用法是：mpstat -P ALL interval times。

mpstat 的运行结果如图 C-7 所示。

```
celiliu@dev0:~$ mpstat -P ALL 5
Linux 4.15.0-74-generic (dev0)  06/07/2020      _x86_64_        (6 CPU)

02:49:43 AM  CPU    %usr   %nice    %sys %iowait    %irq   %soft  %steal  %guest  %gnice   %idle
02:49:48 AM  all    0.33    0.00    0.13    0.00    0.00    0.00    0.47    0.00    0.00   99.07
02:49:48 AM    0    0.20    0.00    0.20    0.00    0.00    0.00    0.20    0.00    0.00   99.40
02:49:48 AM    1    0.00    0.00    0.40    0.00    0.00    0.00    0.40    0.00    0.00   99.20
02:49:48 AM    2    0.80    0.00    0.00    0.00    0.00    0.00    0.60    0.00    0.00   98.61
02:49:48 AM    3    0.80    0.00    0.20    0.00    0.00    0.00    1.00    0.00    0.00   98.00
02:49:48 AM    4    0.00    0.00    0.20    0.00    0.00    0.00    0.40    0.00    0.00   99.40
02:49:48 AM    5    0.00    0.00    0.00    0.00    0.00    0.00    0.00    0.00    0.00  100.00

02:49:48 AM  CPU    %usr   %nice    %sys %iowait    %irq   %soft  %steal  %guest  %gnice   %idle
02:49:53 AM  all    0.33    0.00    0.36    0.00    0.00    0.03    0.86    0.00    0.00   98.41
02:49:53 AM    0    0.00    0.00    0.20    0.00    0.00    0.00    0.60    0.00    0.00   99.20
02:49:53 AM    1    0.00    0.00    0.40    0.00    0.00    0.00    0.40    0.00    0.00   99.20
02:49:53 AM    2    1.00    0.00    0.20    0.00    0.00    0.00    1.39    0.00    0.00   97.41
02:49:53 AM    3    0.99    0.00    0.00    0.00    0.00    0.20    1.97    0.00    0.00   96.84
02:49:53 AM    4    0.00    0.00    0.60    0.00    0.00    0.00    0.60    0.00    0.00   98.80
02:49:53 AM    5    0.00    0.00    0.60    0.00    0.00    0.00    0.40    0.00    0.00   99.00
```

图 C-7　mpstat 的运行结果

9. netstat

netstat 用于显示与 IP、TCP、UDP 和 ICMP 协议相关的统计数据，一般用于检验本机各端口的网络连接情况。

查看要打开的端口是否已经打开：

```
netstat -npl
```

打印路由表信息：

```
netstat -rn
```

提供系统中的接口信息，打印每个接口的 MTU、输入分组数、输入错误、输出分组数、输出错误、冲突、当前输出队列的长度：

```
netstat -in
```

10．ps

ps 用于显示当前进程的状态。其参数很多，具体使用方法可以参考 man ps。
ps 常见用法如下：

```
ps aux   #hsserver;ps -ef |grep #hundsun
```

杀掉某个程序：

```
ps aux | grep mysqld | grep -v grep | awk '{print $2 }' xargs kill -9
```

杀掉僵尸进程：

```
ps -eal | awk '{if ($2 == "Z"){print $4}}' | xargs kill -9
```

11．strace

strace 可以跟踪程序执行过程中产生的系统调用及接收到的信号，帮助分析程序或命令执行中遇到的异常情况。

查看 mysqld 在 Linux 上加载了哪种配置文件：

```
strace -e stat64 mysqld -print -defaults > /dev/null
```

12．uptime

Uptime 用于打印系统总共运行了多长时间和系统的平均负载。uptime 命令最后输出的三个数字的含义分别是 1 分钟、5 分钟、15 分钟内系统的平均负载。

13．lsof

lsof（List Open Files）是一个可以列出当前系统已打开文件的工具。运维人员可以通过 lsof 命令的输出对系统进行检测及排错。

查看文件系统阻塞：

```
lsof /boot
```

查看端口号被哪个进程占用：

```
lsof  -i : 3306
```

查看用户打开哪些文件：

```
lsof -u username
```

查看进程打开哪些文件：

```
lsof -p  4838
```

查看远程已打开的网络连接：

```
lsof -i @192.168.34.128
```

14．perf

perf 是 Linux Kernel（内核）自带的系统性能调优工具。其优势在于能够与 Linux 内核紧密结合。它可以被最先应用到加入 Linux 内核的新功能中，用于查看热点函数，查看缓存未命中（Cache Miss）的比率，从而帮助开发者优化程序性能。

系统性能调优工具（如 perf、profile 等）的基本原理都是对被监测对象进行采样。Linux 内核周期性发出 timer interrupt——IRQ 0 中断，Hz 用来定义每秒发生 timer interrupt 的次数，tick 是 Hz 的倒数，即每发生一次 timer interrupt 的时间。最简单的情形是，根据 tick 中断进行采样，在 tick 中断内触发采样点，在采样点处判断程序当时的上下文。假如一个程序 90% 的时间都花费在函数 foo() 上，那么可以推理 90% 的采样点都应该落在 foo() 的上下文中。只要采样频率足够高，采样时间足够长，以上推论就比较可靠。因此，通过 tick 触发采样点，我们便可以了解程序中哪些地方最耗时间，以便进行有针对性的分析。

附录D

部分英文

缩略词

缩　略　词	英 文 全 拼	中 文 释 义
5GC	5G Core Network	5G 核心网
AMF	Access and Mobility Management Function	接入和移动性管理功能
AR	Augmented Reality	增强现实
AUSF	Authentication Server Function	认证服务器功能
BBU	Building Baseband Unit	基带处理单元
CAGR	Compound Annual Growth Rate	复合年均增长率
CAPEX	Capital Expenditure	资本支出
CDN	Content Delivery Network	内容分发网络
C-RAN	Centralized Radio Access Network	集中式无线接入网
CU	Centralized Unit	集中单元
DU	Distributed Unit	分布单元
D2D	Device-to-Device	终端直通
eMBB	Enhanced Mobile Broadband	增强型移动宽带
eNodeB	Evolved Node B	演进型 Node B 基站
EMS	Element Management System	网元管理系统
EPC	Evolved Packet Core	演进型分组核心网
FDD	Frequency Division Duplexing	频分双工
gNB	gNodeB	5G 基站
IPRAN	IP Radio Access Network	IP 无线接入网
LDPC	Low Density Parity Check	低密度奇偶校验
LTE	Long Term Evolution	长期演进
MEC	Multi-access Edge Computing	多接入边缘计算
MIMO	Multiple Input Multiple Output	多输入多输出
mMTC	Massive Machine-type Communications	大规模机器类型通信
MUSA	Multi-User Shared Access	多用户共享接入
NFV	Network Functions Virtualization	网络功能虚拟化
NFVI	Network Functions Virtualization Infrastructure	网络功能虚拟化基础设施
NOMA	Non-Orthogonal Multiple Access	非正交多址接入
NEF	Network Exposure Function	网络能力开放功能
NRF	NF Repository Function	NF 存储库功能
NSSF	Network Slice Selection Function	网络切片选择功能
OFDM	Orthogonal frequency division multiplex	正交频分复用
OFDMA	Orthogonal Frequency Division Multiple Access	正交频分多址
OLT	Optical Line Terminal	光线路终端
OPEX	Operating Expense	运营支出
PCF	Policy Control Function	策略控制功能

缩　略　词	英　文　全　拼	中　文　释　义
PDCP	Packet Data Convergence Protocol	分组数据汇聚协议
PDMA	Pattern Division Multiple Access	图样分割多址接入
PLMN	Public Land Mobile Network	公共陆地移动网
QAM	Quadrature Amplitude　Modulation	正交振幅调制
RRU	Remote Radio Unit	射频拉远单元
SCMA	Sparse Code Multiple Access	稀疏码分多址接入
SDN	Software Defined Network	软件定义网络
SMF	Session Management Function	会话管理功能
S-NSSAI	Single Network Slice Selection Assistance Information	单一网络切片选择辅助信息
SSD	Solid State Disk	固态硬盘
TDD	Time Division Duplexing	时分双工
TSN	Time-Sensitive Networking	时间敏感网络
UDR	Unified Data Repository	统一数据存储库
UDM	Unified Data Management	统一数据管理
UE	User Equipment	用户设备
UPF	User Plane Function	用户平面功能
uRLLC	Ultra-Reliable and Low Latency Communication	超高可靠和低时延通信
VNF	Virtual Network Function	虚拟网络功能
VR	Virtual Reality	虚拟现实

本书参考资料

关于 5G、边缘计算、云计算的文献不少，但将其融合成为 5G 边缘云计算的并不多。以下给出若干文献资料，希望引导读者对所关心的课题有更进一步的了解。

[1] Don Tapscott and Art Caston. Paradigm Shift: The New Promise of Information Technology. McGraw-Hill，1993.

这本书描述了当信息技术由大型机系统发展到开放式系统时，因范式变化所导致的企业转型升级。5G 边缘云计算所带来的范式变化，与之前的变迁又是何等的相似。

[2] Jack Welch with Suzy Welch. Winning. HarperCollins，2005.

这是一本关于企业管理的著作，作者是被称为世界第一 CEO 的杰克·韦尔奇。按投资人巴菲特的说法，"有了这本书，你不再需要任何其他的管理书籍了"。5G 边缘云计算只有给企业带来效益，才有存在的价值。这方面的立项正在成为许多企业整体战略的一部分。

[3] Clayton M. Christensen. The Innovator's Dilemma: When New Technologies Cause Great Firms to Fail. Harvard Business Press，1997.

这本书中译本为《创新者的窘境》。在面临新的技术范式变化时，业绩很好的企业由于太习惯于原有的业务模式，往往更容易落伍。5G 边缘云计算的到来，逼迫企业必须创新才能生存。

[4] 谢朝阳. 云计算：规划、实施、运维. 北京：电子工业出版社，2015.

这是笔者对中国电信实践云计算的总结，实用性专著。

[5] 谢朝阳. 大数据：规划、实施、运维. 北京：电子工业出版社，2018.

这是笔者对大数据方面实践的总结，实用性专著。

[6] 李正茂，等. 5G+：5G 如何改变社会. 北京：中信出版社，2019.

这是来自通信运营商的力作。

[7] https://en.wikipedia.org/wiki/edge_computing

这是维基百科（Wikipedia）关于边缘云计算的描述，可以用来了解众多技术领域的入口，如移动、边缘计算、云计算等。

[8] http://www.etsi.org

这是欧盟标准组织（ETSI）的官方网站，在这里可以找到业界颇具影响力的边缘云参考架构。

[9] http://www.dmtf.org

这是 DMTF（Distributed Management Task Force）的官方网站，在这里可以找到 Web Service-Management，WS-MAN，WS-CIM 相关的协议标准，是云计算的基础。

[10] http://www.imt2020.org.cn

这是 IMT 的官方网站，在这里可以找到多个相关的白皮书。

[11] http://www.ecconsortium.org

这是边缘计算产业联盟官方网站，在这里可以找到多个相关的边缘计算白皮书。